U0228448

国家科学技术学术著作出版基金资助出版

平原河流动力学及水力调控

唐洪武　著

科学出版社

北　京

内 容 简 介

平原河网地区因地势低洼、河道比降平缓、纵横交错、水体流动性差等自然禀赋以及强人类活动的影响，水资源、水灾害、水环境、水生态等问题十分突出。本书在综合分析平原河流特点和水安全问题的基础上，发展和完善了平原河流动力学理论，厘清了床面界面以及河道滩槽、交汇河道物质输移规律；创新性地提出了弱动力平原河网区水动力重构理论和多目标水力调控技术，以平原区闸、泵等水工程体系为手段，重构水力要素与目标需求时空协调的水动力格局，满足河网地区复合水问题统筹治理的需求。本书详述了平原河流水力调控工程系列技术，保障工程体系多重效益的发挥。

本书可为水力学及河流动力学领域的科研工作者及工程技术人员提供参考。

图书在版编目（CIP）数据

平原河流动力学及水力调控/唐洪武著. —北京：科学出版社，2023.2
ISBN 978-7-03-068034-1

Ⅰ.①平… Ⅱ.①唐… Ⅲ.①平原-河流-流体动力学 ②平原-河川水力学-研究 Ⅳ.①TV143 ②TV133

中国版本图书馆 CIP 数据核字（2021）第 025673 号

责任编辑：刘宝莉 / 责任校对：王 瑞
责任印制：师艳茹 / 封面设计：蓝正设计

科 学 出 版 社 出版
北京东黄城根北街 16 号
邮政编码：100717
http://www.sciencep.com
三河市春园印刷有限公司 印刷
科学出版社发行 各地新华书店经销
*
2023 年 2 月第 一 版 开本：720×1000 1/16
2023 年 2 月第一次印刷 印张：20 3/4 插页：8
字数：418 000
定价：198.00 元
（如有印装质量问题，我社负责调换）

序　一

水是人类和一切生物赖以生存的物质基础。随着经济社会的不断发展，在世界范围内，水都已成为可持续发展的重要制约因素。在欧洲，除受莱茵河和多瑙河等主要水系滋润的国家之外，许多国家都遭受水资源不足的困扰。尼罗河、恒河、伏尔加河、亚马逊河、密西西比河等世界重要河流，都存在严重的洪涝灾害和水生态环境问题。如何协调用水户之间的矛盾冲突，杜绝人类对水资源无节制的利用和肆意污染，一直是困扰国际社会水管理的重大难题。

中国是世界上水资源问题最为突出的国家之一。尤其是东部平原地区，人口密集，城市化水平高，经济体量大，战略地位重要。但这些地区水资源原有条件欠佳，河网密布，水流往复，水动力弱，自净能力差，新老水问题复合交织，治理面临巨大困难，传统水利科学面临巨大挑战。国外也无成功经验可资借鉴，急需创新符合中国水情与国情的平原水治理理论、技术和方法体系。

唐洪武教授长期致力于平原河流动力学与河湖治理工程研究及实践，是平原水力学及河流动力学学科的领军人物。在平原水动力学理论、弱动力水问题治理工程规划设计与安全运行、物理模型试验及测控成套技术、多目标协同水动力调控理论方法等方面取得了巨大成就。为长江三角洲、淮河、太湖、珠江三角洲、赣江、香港等平原地区 100 余项重大或重点河湖治理工程规划、设计、运行做出了重大贡献。先后获国家科技进步奖二等奖 4 项，省部级一等奖、特等奖 4 项。

《平原河流动力学及水力调控》一书凝结了唐洪武教授 30 余年的心血。针对强人类活动影响下平原地区河流复合水问题，在传统河流动力学的基础上，聚焦平原河流特殊的水沙动力特征和生态环境响应机理，极大地发展了传统的河流动力学理论，开拓了河流动力学学科领域的研究新方向；从水动力的视角找到了复合水问题的核心，发现了水动力时空失衡是导致复合水安全问题的共同本源，指明了治水过程本质就是水动力过程重构，弥补了传统的水资源配置理论方法的局限，实现了平原区水资源更加精细化的调度和配置；从微尺度-界面尺度-河道尺度系统揭示了水动力与边界、水动力与介质、水动力与工程三大关系，提出了水动力重构理论，利用水利工程体系重构区域水动力，从水流能量的角度优化水资源的时空分布，满足平原河网地区防洪除涝、水资源、水生态、水环境等多目标需求。该书还提出了多目标水力调控技术体系，大量实践应用充分证明了技术的可行性，引领行业发展上了新台阶。

　　非常高兴地看到这样一本有着 30 余年积累的专著问世,该书既有对传统理论的继承,更有新理论、新方法、新技术的发展和实践。对于有志于献身水利科研事业的年轻学子是难得的科研指引,对于从事相关水利工作的技术和管理人员是很好的技术指南。当前我国正在"节水优先、空间均衡、系统治理、两手发力"新时期治水思路的指引下,实施河湖水系连通、黑臭河治理、中小河流治理等一系列重大战略举措,以太湖为代表的平原河网地区水灾害、水资源、水环境、水生态等复合水问题的综合治理是重中之重。相信此书的出版,将为推动河流动力学学科和我国治水事业的进一步发展增添新助力。

　　乐之为序。

中国工程院院士

2020 年 6 月 10 日

序　二

大江大河滋润了华夏大地、哺育了炎黄子孙，是中华文明的摇篮，但江河洪水泛滥也给两岸的人民带来深重的灾难。中华民族的发展史是一部利用水资源、抵御洪水灾害的历史。新中国成立以来，党和政府高度重视江河治理、开发与保护，江河防洪工程体系和应急机制已基本完备，极大地提升了防洪安全和水安全保障能力。随着我国社会、经济的快速发展，在强人类活动和自然气候变化的影响下，新老水问题交织，水安全情势面临一系列新情况和新问题：洪涝威胁依然存在，水生态系统受损严重、湖库富营养化程度加剧、供水保障能力不足、江湖关系失调等水问题越发突出，防洪除涝、河湖保护、绿色平衡发展、人民群众获得幸福感的需求更加凸显。

我国平原地区约占国土面积的 10%，是经济高度发达地区，居住了约 43% 的人口，平均产出近 60% 的 GDP，是京津冀协同发展、长三角区域一体化、粤港澳大湾区等国家战略集中区，战略地位十分重要，水安全的需求尤为迫切。该区域内河网密布，水系连通性差，水动力弱，加之强人类活动，使得洪涝排泄不畅、水污染严重、水资源短缺、水生态受损等水安全问题复合并存，治理难度极大。唐洪武教授在平原河网治理领域耕耘 30 多年，经过 100 余项重点(大)河湖治理工程实践，得出"复合水问题产生的共同本源是水动力的时空失衡，治水本质就是水动力过程重构"的重要论断，开创性地提出"平原河网区水动力重构"思想，在此基础上，建立了平原河流动力学理论，研发了平原河流多目标水力调控技术，并总结提炼形成《平原河流动力学及水力调控》一书。

2018 年习近平总书记在两院院士大会上指出，"学科之间、科学和技术之间、技术之间、自然科学和人文社会科学之间日益呈现交叉融合趋势，科学技术从来没有像今天这样深刻影响着国家前途命运，从来没有像今天这样深刻影响着人民生活福祉"[①]。学科交叉和融合将是未来一段时间科学发展的重要趋势。平原河流水问题的复合交织必然要求水力学、泥沙运动力学、水文学、环境科学、生态学、系统科学等多学科的交叉和融合，而该书阐述的平原河流动力学理论正是多学科理论融合的产物，也是水力学及河流动力学研究领域的国际前沿。该书深入探讨了平原河流特殊河道形态和河床形态下物质输移过程及其与水生态环境的响

---

① 《习近平谈治国理政》第三卷，外文出版社 2020 年版，第 245-246 页。

应机理，从微尺度、界面尺度和宏观尺度等多尺度探讨水、沙、污染物等生态环境因子的输移过程，发展了平原水力学及河流动力学理论，为平原河流复合水问题的治理奠定了理论基础。

该书还针对平原河流常存在交汇顶托、闸泵合建流动互扰、河床易冲易淤等特有问题提出了解决方法，给出了充分利用自然动力、优化配置河网内部水流能量等有效的工程技术，包括河网交汇节点动力再造技术、闸泵合建枢纽整流与消能技术、四面体透水框架群防冲技术、临海挡潮闸节能防淤技术、分层取水排沙新闸型和调控技术等，保障了平原河流水工程体系综合效益的发挥。该书还详细介绍了基于水动力重构思想的平原河流复合水问题治理的解决方法：以天然水动力为对象，以水工程体系为手段，通过调节比降和糙率等关键参数，重构水力要素与目标需求相协调的水动力时空格局；辅以智能方法解决密集工程调控下水动力的快速确定、多目标需求之间的平衡以及工程调控方案的实时决策等技术难题，从而达到平原河流复合水问题共治的目的。该书的理论和技术已应用于淮河、长江三角洲、珠江三角洲、香港等流域和城市平原区重大水问题治理中，为平原河流水问题的综合治理与保护提供了坚强的科技支撑。

该书从水力学视角探讨弱动力条件下平原河流复合水问题治理与保护的理论、方法和实践，具有十分重要的理论价值和广泛的应用前景，必将为推动水力学及河流动力学学科发展与我国江河治理事业走向世界前列做出新贡献，特此为序。

中国工程院院士

2020 年 5 月 23 日

序　三

　　人类社会发展到今天，水一直是人类赖以生存和发展的珍贵资源。自 20 世纪 80 年代开始，由于人口增长、社会经济发展和消费模式变化等因素，全球用水量每年增长 1%。到 2050 年，全球需水量将比目前用水量增加 20%～30%，预测将有 20 多个国家面临严重的水安全风险，约 40 亿人每年至少有一个月的时间遭受严重缺水的问题。随着需水量不断增长以及气候变化影响越来越加显著，水资源面临的压力还将持续升高，将会影响水资源的可持续利用，增加使用者之间的风险冲突。与此同时，全世界水污染形势同样严峻，每年有 4200 多亿 m³ 的污水排入江河湖海，污染了 5.5 万亿 m³ 的淡水，这相当于全球径流总量的 14% 以上。如何合理开发和保护水资源，已成为国际水利行业研究的焦点。国际水利与环境工程学会主办的 39 届(2021 年)国际水利学大会(39th IAHR World Congress)的主题是"从雪到海"，会议旨在共同关注全球气候变化和人类活动影响下的全球水资源危机、水灾害危机、水环境危机以及水生态危机。

　　当下，中国的水问题也十分突出，虽然中国的淡水资源总量占全球水资源的 6%，居世界第四，但人均只有 1971m³，约为世界平均水平的四分之一，且地域分布极不平衡。尤其是在平原地区，经济发达、人口众多，河网密布、水动力弱，由于强人类活动和特殊的水文地貌，洪涝频发、水污染严重、水生态恶化、水资源供需不平衡，水问题十分严峻。每年水危机导致的经济损失已约占中国 GDP 的 2.3%，严重阻碍了区域的经济社会发展，问题的解决迫在眉睫。

　　唐洪武教授是一位平原河流研究领域的领军学者。我们的合作始于 1997 年，当时我邀请他作为香港大学的博士后研究员。他对水力学与河流动力学基础理论的研究令我印象深刻，更为重要的是，他在物理模型试验和工程设计方面的创造性思维，使他善于理论联系实践以解决极为复杂的工程问题。当时，在他的帮助下，我们顺利完成了"元朗绕道排洪工程"这一具有挑战性的工程研究工作。他找到了新墟明渠支流入汇是导致元朗明渠水位抬高、排水不畅的症结，创造性地提出了在交汇口修建一道导流墙，利用支流卷吸干流构造水力射流流态，在不另占土地的条件下，最终使元朗明渠水位下降 1m 多，大幅度提升了元朗地区的防洪能力。该工作获得香港特别行政区政府授予的创新理念奖冠军。同时，该成果还荣获了 2010 年国家科技进步奖二等奖。唐洪武教授还有很多类似的河流治理创新技术，读者可以在《平原河流动力学及水力调控》一书中窥见一斑。

　　多年来，唐洪武教授一直致力于中国平原地区水问题治理的理论研究与工程实践，在复合水问题治理理论和技术研发方面有着突出贡献。他指出平原河流诸多水问题的根源在于水动力，并提出了平原河流动力学理论以及弱动力区复合水问题治理的多目标水力调控技术体系，利用现有水利工程(如水闸和泵站等)的联合调控进行防洪、水资源、水生态环境的综合治理。这一创新思想开辟了一系列河网复合水问题共治的基础研究和技术革新，提出了具有国际领先水平的新型研究范式，为中国流域、区域和城市复杂水问题治理提供了很好的理论依据，同时对全球水资源矛盾的解决也有很好的借鉴意义。

　　现在，唐洪武教授把他 30 多年的研究成果进行总结和凝练，最终著成此书。他邀请我为之作序，我欣然同意。此书的理论和技术均属国际前沿水平，将会成为一部很好的水力学及河流动力学领域研究人员的参考书。我竭诚推荐此书！

国际水利与环境工程学会主席
英国皇家工程院院士
2020 年 6 月 22 日

前　言

平原是最适宜人居的地貌形态，全球约有 27 亿人口居住在冲积平原。纵观全世界，著名的平原无一不是人口密集、城市林立、经济发达、文化繁荣。在我国，平原区约占国土面积的 10%，但居住了 43%的人口，产出近 60%的 GDP。正在实施的京津冀协同发展、长三角区域一体化、粤港澳大湾区等国家战略大都位于平原区，平原区战略地位可见一斑。

平原区也是水安全问题最为易发、高发的地区。地势平坦、比降平缓、滨江临海、边界复杂、河网纵横、内流无序、工程密布、连通性差等自然禀赋，叠加强人类活动的影响，导致水资源、水灾害、水环境、水生态等水安全问题复合并存。1998 年江淮特大洪水、2007 年淮河大洪水、2007 年太湖蓝藻污染、2013 年淮河氨氮污染等重大事件都造成了巨大的经济损失和严重的社会影响。

平原区水问题相互交织，治理难度极大，一直是国家水治理的主战场之一。我十分幸运地成为主战场中的一员，从 1991 年研究生毕业，30 年始终坚守在平原河流动力学以及工程治理理论、方法和技术研究的阵地，为平原河流动力学发展贡献了微薄之力。

平原河流动力学伴随着我国经济社会发展的进程而不断进步，学科发展得益于问题驱动。20 世纪 90 年代，我国水利工作的重心是防洪减灾，此间我积极承担并参与了淮河防御洪水方案制定、入海水道近期工程设计、长江中下游防洪整治、珠江河网综合整治等重大防洪工程规划设计的关键水动力问题研究，通过创新水力优化理论方法，为防洪体系布局优化、防洪工程规模选择以及不利影响的防范等贡献了力量，并在实践中逐步建立了植被、沙波等特质床面的水沙运动和河床演变理论，萌生了通过"动力场调整解决洪涝问题"的初步思想，发明了闸泵合建优化布置、河道防淤防冲、工程安全防护、河流深水整治等系列实用技术。主持完成的成果"平原河流防洪安全水动力关键技术及工程应用"获 2009 年国家科技进步奖二等奖。这部分研究成果构成了本书第 3 章和第 5 章的部分内容。

1997 年受英国皇家工程学院院士李行伟教授邀请，前往香港大学访学研究，参与香港元朗排水廊道设计，其核心问题是在有限空间条件下不另征土地解决元朗地区防洪这一难题。我基于"动力场调整解决洪涝"的思想，指出新墟明渠支流入汇对干流流态的影响是导致元朗明渠排水不畅的症结，并提出了利用支流急流卷吸干流缓流，构造水力射流流态的河网交汇节点动力再造技术，仅修建一段导流墙，使元朗明渠水位下降 1m 多，防洪能力由 10 年一遇提升至 50 年一遇，解决了多年困扰香港元朗地区的防洪治涝难题，成果被香港特别行政区政府授予创新理念奖冠军。2010 年，该成果作为主要技术创新之一获 2010 年国家科技进步奖二等奖。元朗的成功进一步催生了"水动力再造"的治水思想。相关成果构成了本书第 4 章和第 5 章的部分内容。

随着我国经济社会的高速发展，城市化进程的快速推进，平原区水系退化、水质恶化、生态退化现象日益突出，加上尚未根治的洪涝风险，形成了水灾害、水资源、水环境、水生态问题复合并存的复杂局面。迫切需要发展平原区复合水问题全面、科学、系统治理的新理论、新方法、新技术。

在淮河流域防洪-水环境综合治理、淮河流域应急水污染治理、上海世博园区水环境-防洪综合治理、太湖流域水环境-水资源-防洪综合治理、珠江流域航运-防洪-咸潮综合治理等一系列复合水问题治理研究中，我们发现不同水问题的表现虽然千差万别，但究其本质是水动力与目标需求之间的不协调：水动力过载引发洪涝灾害、过缓导致水环境恶化、分布不均引起水资源供需不平衡、时空失衡致使水生态退化，利用水利工程群实现水动力重构是复合水问题治理的本质。2012 年，我们正式提出了"水动力重构"的学术思想和理论框架，并基于"水动力重构"思想，开展了复合水问题形成机理、机制、规律和治理技术方法等的系统创新，建立了水动力与边界、水动力与介质、水动力与工程之间的三大关系，为弱动力区能量耗损控制、调控能量阈值确定和工程联合调控提供了理论方法；创建的水动力重构工程技术体系、研发的多目标水力调控平台，为河网防洪工程优化设计和安全运行构筑了安全保障。"水动力重构"理论方法得到了英国皇家工程院院士 Roger Falconer 教授、国际水利与环境工程学会前主席 Peter Goodwin 教授和现任主席李行伟教授等世界权威专家的高度认可，确立了我国在平原水动力学研究领域的世界前沿地位，"水动力重构"理论与方法在长江、淮河、珠江、太湖等大流域 100 多项平原河流治理中得到应用，正确性和有效性得到了验证，取得了巨大的社会经济效益。2014 年，"复杂河网多目标水力调控关键技术与应用"获国家科技进步奖二等奖，2019 年，"长三角地区城市河网水环境提升技术与应用"获国家科技进步奖二等奖。有关"水动力重构"的理论方法部分将在本书的第 3 章和第 4 章介绍，技术体系部分将在本书的第 5 章和第 6 章详细介绍。

"把论文写在祖国的大地上，把科技成果应用在实现现代化的伟大事业中"。为了系统整理"水动力重构"多年来的研究成果，将科研成果分享给更多的人，在国家科学技术学术著作出版基金的资助下，历时 2 年，完成了本书的撰写工作。感谢国家自然科学基金重点项目、面上项目，水利部公益性项目以及重点(大)工程项目等 100 余项项目的支持。本书的出版，得到了我的历届硕士、博士研究生和同事的无私帮助，他们是肖洋、俞国青、王玲玲、袁赛瑜、唐立模、吕升奇、闫静、金光球、李志伟、雷燕、曾诚等，同时也得到了科学出版社的大力支持。在此一并致谢！

　　本书凝结了我 30 多年的研究心得，希望能对同行学者和相关科技人员有所裨益。由于作者水平有限，书中难免存在不足之处，恳请读者提出宝贵意见！

目　　录

第1章 绪　　论

平原河流是指流经冲积平原地区的河流，主要地处河流的中下游地区。这些河流及其冲积平原对人类文明的发展至关重要，对经济社会发展起到关键作用。目前，全球约有 27 亿人口居住在冲积平原。在我国，七大江河中的下游地区均分布有平原区，从北向南主要有东北平原、海河平原、黄河出禹门口后的中下游平原、淮河平原、长江中下游平原(洞庭鄱阳两湖地区、江汉平原等)及珠江流域平原地区。这些平原地区人口密集、经济发达，虽然约占国土面积的 10%，但居住了 43%的人口，平均产出近 60%的 GDP[1]。现阶段正在实施的中原经济区、京津冀协同发展、长三角区域一体化、粤港澳大湾区等重大国家战略地区大部分处于平原区域，有着十分重要的战略地位。

平原地区地势低平，容易发生洪涝灾害，在入海口三角洲还容易受到风暴潮和台风等灾害的侵袭。我国的珠江、长江中下游平原均遭受过十分严重的洪涝灾害。美国的密西西比河曾经也一度洪灾泛滥，1927 年洪灾导致的损失就高达 20 多亿美元。因此，直到今天，密西西比河还在开展以防洪和航运为主要目的的河道整治工程。虽然水资源相对比较丰沛，但平原地区因为发展经济较早，人口和工业集中，农业需求大，区域水环境往往难以承受巨大的环境压力。与此同时，区域地势过于平坦，并且由于入海口潮汐作用的顶托，平原河网流速小，排水不畅。而河网水流滞缓，水体内含氧量低，自净能力低下，更易形成黑臭河道，由此导致水环境和水生态问题。

我国 1949 年由于防洪需求，兴建了大量闸坝、泵站、取水设施、输水渠道等水利工程，对河流的水位、流量、流向、泥沙等进行调控，洪涝得到了较大程度的控制。但随着经济发展和城镇化进程的加快，人类活动的影响不断增大，平原河网逐渐暴露出水系退化、小水大灾、水质恶化、水资源供需不平衡等问题。水灾害、水资源、水环境、水生态等水问题复合并存，制约了区域社会经济的可持续发展。

1.1　平原河流的特点

自然界的河流可分为山区河流和平原河流两大类型，两种河流由于地理、地质条件的显著差异，各有特点。这里主要从水文泥沙特征和河流形态特征两方面简述平原河流的特点。

1. 水文泥沙特征

1) 流量过程

平原河流的流量过程与山区河流的陡涨陡落差别很大，平原河流一般具有较大的集水面积，降雨的汇流时间较长，整个集水区域上的降雨分布不均匀，干支流涨水时间有差异，在向下游传递时，因为湖泊及水库的槽蓄作用和削平等因素，洪水涨落过程比较平缓，持续时间较长，流量变化与水位变幅都较小。同时，平原河流河床纵坡平缓，流速较小，水流的流态相对较为平顺，除局部地区存在回流外，总体没有显著的跌水、急流、急漩等流态。

2) 泥沙特性

泥沙颗粒的物理性质对泥沙运动状态具有重要的影响。平原地区地势低平，水流中挟带的泥沙颗粒形状较均匀，粒径较小；组成床沙的泥沙颗粒由于孔隙率较大，大多具有较小干容重；而对山区河流来说，平原河流的泥沙颗粒一般棱角尖锐，颗粒之间互相锁结，休止角比山区河流历经较多碰撞的光滑卵石的休止角大；由于颗粒较细，容易形成絮凝现象，絮团沉速将大于单颗粒的沉速。同时，平原河流的细颗粒泥沙因富含有机质、矿物元素或者表面的藓苔、微生物等，对重金属、磷、有机物等污染物都有很强的亲和力。当水体中的可溶活性磷浓度较大时，泥沙作为"汇"可以吸附一定量的活性磷，一定程度上改善下游水体水质；当水体中的可溶活性磷浓度较小时，泥沙作为"源"可以解吸一定量的活性磷，从而造成下游水体的二次污染。可见平原河流的泥沙在污染物迁移转化以及河流水环境变化中扮演着重要角色。

3) 水沙运动

由于流速变缓，水流挟带的大量泥沙易在平原区沉积，形成堆积层。平原河流中的悬移质主要为沙、粉沙及黏土，悬移质中的床沙质与床面泥沙持续交换，与冲泻质相比占比较大；推移质大多为中、细沙，以沙波形式运动，河流输沙以悬移质输沙为主，推移质输沙较小。泥沙颗粒的运动特性除与水流紊动息息相关之外，还与河道中的边界条件有关，如河床形态、植物、水流控制工程等。边界条件能够明显改变局部水流流速和紊流结构，影响河道局部水流环境，对泥沙颗粒的沉降特性、起动特性、输移特性等有显著影响，进而影响河床演变。近年来，河床沙粒阻力、沙波形态、植物、河道地形等因素对水沙运动以及水环境生态的影响日益受到关注。

2. 河流形态特征

河流的形态可以分为河床表面形态、河道断面形态及河道平面形态。

1) 河道平面形态

河流从山区汇入平原之后，地势平坦，横向约束大大降低，水流开始向平面扩散，河道在平面上不断地分汊、交汇、合并，形成弯道、辫状、网状甚至游荡型河道。支汊入流是平原河流流量、含沙量以及其他物质含量突变的重要原因。两股水流交汇会使得汇流口附近流场、水深等水力要素发生变化，从而产生水流分离、水流停滞和螺旋环流等独特的水力现象，以及独特的泥沙运动过程和深坑等特殊的床面形态。随着众多支流的汇入，大江大河主流沿程出现阶梯式的变化。平原河流还往往由于分支河流相互交错连通形成河网，河道断面形态与水流运动特点不同于单一河道。河网中任一汊点的水位或流量过程不仅与本河段有关，还与其相邻河段以及整个河网有关，河网的发展变化是一个相互影响的整体系统。

2) 河道断面形态

平原河流两岸常有大片的河漫滩，枯水期时水流在主槽内流动，洪水期时水流漫滩形成复式断面流动形态。在水流与河床的相互作用下，河流主槽往往在河漫滩上左右摆动。河漫滩通过缓洪落淤、滩槽水流交换，影响主槽的水流分布与泥沙冲淤过程，起到调节洪水、削减洪峰、存储泥沙的作用。河漫滩的沉积物特点在很大程度上决定了河流的边界条件。洪水时期，河道水位显著升高，水流从主槽到漫滩，滩槽交互区流速差促使复式河道产生横向动量交换，在滩槽交互区生成以一个大的横向剪切层为主要特征的复杂紊流结构，在河道底部产生横向压力梯度，使得地表水在滩地河床与主槽河床之间发生横向交换，特别是污染物在滩槽地表与地下水体之间的迁移和归宿。这样的水流结构促进了河流中水量、物质、能量的输运，决定了营养物质、污染物和生物群在地表水体与地下水体之间的循环与分布，最终影响河流系统水质与生态环境。

3) 河床表面形态

平原河流的河床一般由松散的泥沙颗粒构成。随着水流强度的增加，原本平整的沙质河床会逐渐发展形成沙纹、沙垄、动态平整、沙浪等不同的床面形态。对于不同床面形态，床面粗糙程度变化明显，会产生不同的沙波阻力，而沙波阻力是平原河流阻力的重要组成部分。床面形态的不同和沙波运动的产生是平原地区河床演变与山区河流的明显不同之处。水流在沙波表面顶部会产生分离，产生非常复杂的涡旋结构，进一步演变成猝发、喷射、泡漩等现象，对河流的泥沙运动有重要的影响。同时，沙波促进了水、溶质、颗粒、能量等在河流上覆水和河床之间的交换，在河床有机物的分解和水质净化过程中发挥着重要的作用。通常情况下，在河漫滩上还常常生长着各种类型的植物。植物为生物提供了栖息地，直接参与河流生态系统的能量物质交换，维护其多样性，对河流生态系统的发展十分重要。植物的存在也使得河道水位抬高，水流阻力变大，增大了洪灾的威胁。在植物的物理阻挡、水流结构的变化、植物作用导致的泥沙运动规律变化的多重影响下，污染物和营养物的输移也发生较大变化。可见，植物在平原河流水沙运动、物质输移以及水生态环境变化中都扮演着非常重要的角色。

1.2　我国平原河流水安全问题

1. 洪涝灾害

洪水是如今世界上给人类带来损失最严重的自然灾害。特有的地理因素和自然条件导致了我国洪涝灾害频发。从气象、水文、降雨、径流、地形和地貌等因素多方面考虑，平原区都是我国洪涝灾害频繁发生的地区。山区陡坡比降大，降雨来水汇集速度快，遇到相对平坦的区域，极易形成洪水。平原地区河道比降小，上游来水和下泄能力矛盾突出，是洪水的重灾区。再加上平原区人口众多，经济相对发达，洪涝灾害造成的社会影响巨大，洪涝灾害危险程度巨大，也是防洪重点地区。

洪涝灾害较为危险的地区主要位于我国东南部的平原地区，这些地区周围大多通江临湖或者地处入海河口三角洲。根据有关洪水资料统计[2-5]，上述平原区都曾遭受过较大的洪涝灾害，如长江流域 1954 年发生百年难遇的全流域特大洪水，汉江下游堤防决口 61 处，农田受灾面积 320 余万 km^2，受灾人口 1888 余万。1957年松花江洪水，黑龙江全省受灾人口 371 万，直接经济损失 2.4 亿元。1958 年黄河洪灾，受灾人口 74.08 万。1975 年淮河流域特大洪水，此次洪灾受灾人口超 1000万，洪水和山体滑坡淹没了约 30 个县市、1780 万亩[1)]农田，导致 500 余万间房屋倒塌，直接经济损失近百亿元。1991 江淮和太湖流域的暴雨洪涝灾害百年罕见，受灾农田面积 2460 万 hm^2，直接经济损失达 779 亿元。辽河流域出现过 15 次大范围的洪水，其中仅 1995 年洪水，辽宁省直接经济损失就高达 347.2 亿元。2006年东部平原多个流域同期发生严重洪涝灾害，如珠江流域的北江干流发生特大暴雨洪水，还有闽江流域、长江流域的湘江中游干流、淮河里下河等地发生较严重涝灾，成灾面积 155.6 万 hm^2，6623 万人受灾，直接经济损失 765 亿元。2003 年、2007 年，淮河发生了流域性大洪水，流域受灾面积共计 642 万 hm^2，直接经济总损失达 340.8 亿元。2009 年、2015 年，太湖流域均发生暴雨洪水，其中 2009 年苏南及浙江等地 73.72 万人受灾，直接经济损失 75.28 亿元。平原地区(平原坡地最多，其次是平原洼地和圩区)易涝易渍的耕地面积最大，以上三种类型涝渍面积约为 2418 万 hm^2，占总涝渍面积的 97.2%，达全国总耕地面积的 29%[6]。

2. 水资源问题

平原河网地区地势低平，河网交错复杂。由于紧靠江河湖泊，过境水量大，

---

1) 1 亩≈666.67m²，下同。

但是因为缺乏足够的调蓄能力,仅有有限的水资源能够利用,水资源问题仍然十分严峻。近年来,随着人口增加和城市化进程加速,安全供水和生态用水等水问题已经成为地区资源、经济、社会及环境协调发展的瓶颈,主要表现为以下几点:

(1) 资源型缺水。根据《中国统计年鉴 2019》[7],我国淡水资源总量为 27462 亿 m³,占全球水资源的 6%,居世界第四,但人均只有 1971m³,为世界平均水平的四分之一。平原河网地区人水矛盾突出,水资源时空分布不均,资源型缺水问题十分突出。以典型平原河网地区为例,2019 年北京市、上海市、天津市人均水资源量分别为 164.2m³、159.9m³、112.9m³ [7],属于严重缺水地区,极大地限制了平原河网地区的社会经济发展。

(2) 水质型缺水。工业和农业的快速发展不仅带来了人民生活质量的不断提高,还导致了生活和工业污废水的排放量逐渐增多。平原河网地区由于城市化进程快速,这种现象更加明显。2017 年广东省废水排放总量居全国首位,达到 882020 万 t[8]。此外,平原地区河流地处中下游,河流水动力较弱,水体自净能力较弱,多数河流纳污能力已超极限,生态功能退化,污染事件频发[8]。

(3) 工程型缺水。河流上游由于供水、防洪、灌溉及发电等目的,多建有水库、闸坝群等水利工程,水利工程的建设可以提升当地的水资源利用效率,但对中下游平原区来说,也会导致上游区间来水量减少,水资源形势更加严峻。以淮河流域为例,淮河上游干支流修建了南湾、白龟山、出山店、白沙等大中型水库,中游修建了临淮岗洪水控制工程和蚌埠闸大型蓄水枢纽工程,加剧了淮河下游区水资源的紧缺程度,导致淮河下游用水部分依靠引江济淮工程和开发地下水补充[9]。

3. 水环境问题

平原河网地区在城市化以及社会经济发展进程中,人口集中、工业发展、兴建居民区和自然演变等活动造成河道数目、长度和水面积急剧减少。同时,平原河网区高密度的开发产生大量污染物,有的被直接排放到河道中,造成河流水环境的恶化。平原地区水环境管理问题面临巨大挑战,水污染形势严峻,国控省界断面中,未达到水质标准要求的断面所占比例仍然较高,氨氮污染指标超标严重,湖库富营养化问题严重。平原河网地区水环境问题主要表现在以下几个方面:

(1) 水体流动缓慢、自净能力差。平原流域的河道比降很小、流速缓慢,如淮河干流比降平均仅为 0.02‰,水流往返流动,流向多变不定。因为水体自净主要靠污染物的降解衰减,流速缓慢导致水体复氧速度变缓、失去自净能力,整体水域的水质变化没有明显的自净梯度[10]。

(2) 污染负荷大、超过环境承载力。根据中国水资源公报统计,2001 年以来,我国废水排放总量呈持续上升趋势，2018 年全国废水排放总量达到 750 亿 t。淮河流域监测的 180 个水质断面中，Ⅳ类及以下占 42.8%[11]。全国开发利用程度较高和面积较大的 124 个湖泊中，Ⅳ～Ⅴ类、劣Ⅴ类湖泊占评价湖泊总数的 75%，富营养化湖泊占 73.5%[12]。

(3) 污染来源复杂、非点源污染严重。平原河网地区多为经济发达地区，三产发展相对均衡，所以导致污染物的来源复杂多变。非点源污染物具有覆盖面广、总量大、输移路径较短的特点。在地势平坦的平原区，降雨时特别是发生暴雨时，降雨后产生地表径流夹带大量非点源污染物流入沟渠中，经过较短停留或直接排入主要河道或入湖。

4. 水生态问题

生态状况良好的河道，其结构形态应该呈现纵向的蜿蜒性、横向的断面多样性、河床的透水性；水系连通性好，水质条件好，为鱼类、鸟类等动物以及各种植物提供生存环境和迁徙廊道，生态系统复杂，生物多样性高。但我国东部平原地区水生态形势严峻，随着国家水生态文明建设的不断推进，水生态修复已经成为当前我国水利工作的重要内容。我国平原地区水生态问题具体表现在以下三个方面：

(1) 湿地和湖泊等水面积大量减少。湿地和湖泊具有涵养水源、调蓄洪水的功能，是平原河网极具价值的水生态系统。但目前涵养水源的生态空间大面积减少，如湖泊萎缩甚至消失等，自然湿地减少和功能下降。刘海红等[13]的研究表明，1991～2016 年，黄河三角洲湿地总面积减少了约 91.39km²，2000～2010 年自然湿地面积以 30.21km²/a 的速率减少。长江两大通江湖泊(洞庭湖和鄱阳湖)萎缩也非常显著[14]，其中鄱阳湖以 54.76km²/a 的速率萎缩，洞庭湖以 25.08km²/a 的速率萎缩[15]。

(2) 江河流量减少、水系连通性降低。河流栖息地的连通性对河流生态系统具有重要作用，平原区水系的连通性被闸坝严重阻碍，水系的水文水动力条件发生改变，水生生物运动也受到阻碍，河网水生态功能因此发生退化。例如，对潍河流域诸城段的连通性研究发现，1980～2010 年研究段水系的连通性指数由 56.11 下降为 31.57，降低了 43.7%[16]。张建云等[17]的研究发现，1956～2018 年，除长江大通站外，中国主要江河代表性水文站实测年径流量均呈现下降趋势。21 世纪以来，黄河以北江河径流量显著减少，与 1980 年之前相比，减少幅度超过 25%，海河流域减幅更是高达 80%以上[18]。

(3) 水生生物多样性减少、外来物种入侵以及湖泊富营养化等。进入 21 世纪以来，河流水生生物群落结构趋于单一化，生物多样性下降。例如，由于水利工程、围湖造田、水污染、航运、挖沙等人类活动的影响，长江白鲟可能已经灭绝；

在 2017~2018 年长江流域生物多样性调查中,白鲟等 140 种过去存有记录的鱼类已经失去踪迹,其中 60%的鱼类被列为濒危物种[19]。Li 等[20]通过研究发现三峡水库 2003~2016 年蓄水期间,浮游植物生物量较蓄水前增加了 2.7 倍,长江支流藻华发生频率增加。当前我国湖泊面临的一大生态问题还有湖泊富营养化,富营养化后会使得湖泊生态系统产生一系列异常响应,这些响应主要有蓝藻问题频发、水生动植物消亡、生物多样性下降。我国湖泊富营养化问题严峻,69.5%的湖泊处于富营养化状态,高于世界平均水平[21]。

1.3 平原河流动力学的现状和挑战

平原河流因其特殊的水文地貌以及强人类活动影响,加上河网系统更是包含多个时空尺度的动力学过程,其蕴含的动力学机理极为复杂。平原河流泥沙颗粒较细,物化性质特殊,微观层面的动力过程和生态环境响应都需要关注。同时,平原河流存在特质床面形态(沙波、植物等)以及复杂河道形态(复式断面、河流交汇等),平原河流水沙运动和物质输移都呈现非常特殊和复杂的过程。传统河流动力学主要针对水沙运动和河道演变方面建立了比较完整的理论体系,但面对"水安全、水资源、水环境、水生态"复合水问题治理的需求,涉及河流中各种物质的输移过程和水生态环境响应机理,需要对传统河流动力学在理论上进行突破。微观、中观、宏观多尺度层面的理论需求具体有:

(1) 微观层面,泥沙的环境作用不可忽略。河道内水流和泥沙是污染物迁移转化的主要载体,研究河道内污染物迁移转化过程以及水沙运动对其影响对改善河流水环境非常重要。当河流泥沙颗粒较小时,常富含有机质和矿物元素,在天然条件下表面会附着苔藓、微生物等,这使泥沙颗粒对水中的磷、重金属、有机物等污染物表现出很强的亲和力。当泥沙处于高浓度可溶性活性磷水体中时,常表现为吸附作用,在一定程度上能减轻下游水体的污染;当可溶性活性磷浓度降低时,表现为解吸,从而造成下游水体二次污染。在截污纳管、污水处理厂等措施不断完善的当下,底泥污染已经成为非常重要的污染源之一。河流物质输移计算时,不能忽略泥沙对物质的吸附/解吸作用,其微观作用过程及其对水动力条件的响应机理需要深入探索。

(2) 中观层面,弱动力条件下特质河床作用下阻力特性和物质输移需要格外关注。平原河流坡降小、流动性差,明确水流能量在河网中的消耗过程是河网进行有效水力调控的重要前提。植物是平原河流生态修复的重要组成。植物河床与传统明渠水流相比,水流阻力特性和紊流结构发生了显著变化,明渠紊流一些基本理论不能直接应用于含植物明渠水流。沙波河床是平原河流常见的一种河床形态,也是平原河流推移质输沙的重要形式,沙波河床作用下的水沙运动和阻力特性需要深入探索。同时，沙波会形成河床界面压力场的不均匀分布，从而加快潜流交换过程，而且潜流交换会将上覆水中的污染物带入河床，从而成为二次污染的重要源头。

(3) 宏观层面，各种复杂河道形态下物质输移过程和机理需要突破。复式明渠、交汇河道是平原河流最常见的河道形态，对其中物质输移过程的把握是认识流域/区域等宏观层面物质输移的重要前提。传统水力计算一般把复式河道断面直接作为主槽和边滩断面的组合，这种计算方法忽视了动量由主槽向边滩传递所形成的附加阻力，常常带来物质通量计算的偏差。交汇河道是平原河流水、沙、污染物等物质输移的关键节点，也是水动力、含沙量、污染物浓度等沿程变化的突变点。交汇区水沙过程、河床冲淤、物质掺混输移及其在水系生态环境中扮演的角度都不清楚，缺少机理层面的突破。这些理论探索都需要水力学、河流动力学、水环境学、水生态学等多学科交叉，也是国际水利领域最前沿的研究方向之一。

综上所述，传统水力学及河流动力学理论大多数都适用于平原河流，但却不足以完全解释平原河流的动力过程。这里给出平原河流动力学的内涵。

平原河流动力学隶属于河流动力学，针对平原河流特殊的水文地貌、强人类活动影响、弱动力等特征以及复合水问题治理需求，聚焦平原河流特殊河道形态和河床形态下物质输移过程及其与水生态环境的响应机理，从而从水力学视角指导平原河流复合水问题治理实践的一门学科。

1.4　平原河流治理技术

针对这些平原河流的水问题，水利工作者提出了很多防洪除涝、水资源保障、水环境改善、水生态修复等技术。这里简要介绍一下这些常规的治理技术。

1. 防洪除涝

防洪除涝措施主要有工程措施和非工程措施两大类，平原区防洪减灾的主要工程措施包括[22]：

(1) 修建水库调节洪峰，调蓄洪水。一般来说，山区和平原交界处的河段都要建设重大控制性水库工程，这对中下游平原区的防洪起到重要作用。如黄河流域，三门峡水库限制了上中游洪水对下游的威胁。丹江口水库控制了汉江流域面积的 60%，对汉江中下游平原的洪水有控制作用。1991 年，淮河流域发生大洪水，大别山区发生大暴雨，磨子潭、响洪甸、梅山、佛子岭 4 大水库总共拦蓄洪水达199 亿 m^3。

(2) 修筑堤防、整治河道。堤防是我国平原区和重要地区防洪安全的重要保障和重点工程。截至 2019 年，我国堤防长度为 32 万 km，堤防保护区域面积为

4190.3 万 hm^2。长江中游的荆江大堤、洪泽湖大堤、淮河北大堤、黄河下游堤防、钱塘江海塘以及珠江北江大堤等堤防工程规模宏大，在今天对平原区的防洪安全仍起着重要作用。

(3) 修建分洪区。在重要地区周边设立蓄洪区或行洪区，可以有效保护下游平原区的安全。在黄河流域、海河流域、淮河流域、长江中下游流域，共有 98 处蓄洪区可供特大洪水发生时启用。

(4) 河道疏浚和退耕还湖等。疏浚河道，保证河道泄洪能力，同时退耕还湖，减少耕地和建设用地对河道、湖泊的占用。

(5) 闸泵调度，排除涝水。利用平原地区修建的大量水闸、泵站工程，对洪水进行合理的调度，使涝水尽快外排。如东南平原沿海等易积水区域实施的引排泵站检修、"治理死井"、"消除管堵"的改造，增强临时排水能力。

非工程措施建设与工程措施相辅相成，通过政策、法令、行政、技术、经济等手段，对洪水进行预报分析，对防洪举措整体进行规划调度，减少洪涝灾害损失。主要的非工程措施有[22]：

(1) 洪水风险预报。洪水风险预报是防洪减灾最重要的非工程措施之一，预报可以帮助防洪指挥者制定防洪救灾决策，对防汛工作起着重要作用，为防汛救灾决策提供了有效的科学依据。

(2) 洪水动态监测。遥感技术这些年迅速发展，使用遥感技术可以准确、及时地采集反馈洪涝灾害的相关信息。在 1998 年各大流域中下游平原地区洪水肆虐期间，中国科学院利用遥感数据快速采集动态洪水的信息，最后完成遥感监测图像、灾情分析报告和简报等 50 余份材料，有效支持了抗洪救灾工作。

(3) 科学确定防洪标准。防洪标准的科学确定是河道防洪安全的重要保障。例如，武汉市在 1998 年洪水之后就把城市堤防防洪标准修改为 50～100 年一遇。

(4) 科学编制城市防洪预案。城市的防洪预案需要结合当地情况科学编制，并且每年应该在汛期前依据具体情况对其进行完善调整。

(5) 设置洪水保险。设置洪水保险对减轻居民的洪涝受灾损失也有着重要的意义。

2. 水资源保障

近年来，为了保障水资源的合理开发和高效利用，实现水资源的科学调配和动态管理，保障经济社会又好又快发展，已初步形成水资源综合开发利用工程体系。

(1) 水资源配置工程。从水资源的分布情况看，我国呈现东南多西北少、山区多平原少的状况，水资源时空分布不均。为了解决我国部分地区水资源短缺问题，近年来进行了一系列的跨流域调水工程建设[23]，如南水北调工程、大西线调水工程、引滦入津工程等。以典型平原河网区——珠江三角洲为例，珠江三角洲的水资源配置工程可实现从西江水系向珠江三角洲东部地区供水，对保障城市供水安全和经济社会发展具有重要作用，同时也将对粤港澳大湾区发展提供战略支撑[24]。

(2) 水资源拦蓄工程。平原河网地区地表水资源丰富，但多为过境水，且时间上集中于汛期，加上调蓄能力弱，因而利用率很低。利用水库、湖泊、河道节制闸等拦蓄水工程，增加水库调蓄水量和雨洪资源利用量，提高水资源利用率。

(3) 工程调度技术。平原河网区域内河道纵横、水系发达，过境水量充沛，为开展水资源调度工作提供了有利条件。建立水资源安全保障体系和实时调度管理体系，尤其是建立干旱年份的水资源调度应急预案，做到评价、预报、管理和调度的实时化，对实现经济社会可持续发展具有重要意义。

3. 水环境改善

水环境治理技术根据原理的不同可分为物理方法、化学方法和生物生态方法三类。

(1) 物理方法。传统物理方法包括引水稀释和底泥疏浚等。太湖的梅梁湾栗站经 6～8 天的引水，五里湖水质可达到稳定，各项水质指标都有明显的改善，化学需氧量、总氮、总磷分别下降 38.5%、27.7%、49.4%[25]。我国的上海苏州河、南京秦淮河等均采用过底泥疏浚的方式，使水质得到改善。该类方法的优点是设备简单、易于操作、效果明显。进行生态调水不仅仅能稀释污水，更重要的是能使水体的自净系数增大、水体的自净能力增强。Hayes 等[26]探析了水闸调度对河流水质、水量演变所起的作用。Burke 等[27]对水量水质的调度模型进行了优化。上海市从 20 世纪 80 年代中期开始利用水利工程进行引清调度，取得了良好成效[28,29]。

(2) 化学方法。化学方法是通过向水体中投加化学药剂，强制去除水体中的污染物质。化学方法容易造成二次污染，加入的化学物质会对河道底栖生物产生较大影响，对河流环境的不利影响尚不完全清楚，因此这种方法一般只作为改善水体水质的应急措施。

(3) 生物生态方法。生物生态方法是国内外近年来发展很快的一种新技术，它是利用培育的植物或培养、接种的微生物的生命活动，对水中污染物进行转移、转化及降解作用，从而使水体得到净化的技术。与传统方法相比，生物生态方法有着更好的处理效果和低廉的成本，工程造价较低，期间低能耗甚至无需能耗。污染水体的生物生态处理技术主要包括人工湿地技术、投菌法、生物膜法、曝气充氧法、植物修复技术等方法。①人工湿地处理技术是一种由人工建造和监督控制的、与沼泽地类似的湿地系统来实现污水净化的一种新型污水生态处理工艺[30]。②投菌法主要依靠微生物降解作用来降解河流中的污染物，当河流污染严重且缺乏有效的微生物作用时，直接投加微生物菌剂，可以有效促进有机污染物降解[31]。③生物膜法是指在污染河道中放置能附着大量微生物生长的填料,在其表面形成生物膜,通过附着于生物膜中的微生物群体摄取污水中的有机物作为营养吸收并加以同化,从而使污水得到净化[32]。④曝气充氧法是指向处于缺氧状态的河道进行人工充氧可以增强河道的自净能力、改善水质、改善或恢复河道生态环境的方法[33]。⑤植物修复技术是在污染水体中种植对污染物吸收能力强、耐受性好的植物,应用植物的生物吸收及根区修复机理(植物微生物的联合作用)从污染环境中去除污染物或将污染物予以固定,从而实现修复水体的目的。

4. 水生态修复

水生态修复主要从以下几个方面考虑:

(1) 生态调度。生态调度的目的是维护河湖生态水平和生物多样性,如三峡枢纽以促进中华鲟产卵为目的的调度、在福建以保证水库下游生态基流为目标的生态调度等。生态调度由于开展时间不长,理论和实践基础都很薄弱,且这些调度主要是单目标的生态调度,不适合我国平原河网区复杂的水生态问题,需要寻找更加丰富完善的多目标生态调度,促进河流的生态保护与修复。

(2) 控制水污染。通过引清调度、活水复氧以及微生物降解等物理化学手段加速污染物的降解转化,控制入河污染物总量以改善水质,降低湖泊富营养化程度,恢复健康良好的栖息地环境,提高生物多样性。对于江-河-湖连通的平原河网区,其水动力学条件极其复杂,可根据潮汐影响来选择合适的时机进行合理的调度,最大限度地发挥水体动力作用,更好地改善水质。

(3) 退田还湖。湖泊的生态系统及生态环境的复杂性决定了应该把退田还湖视为一项系统工程,以退还湖泊水域空间为核心,以提升湖泊生态系统健康为目标。主要措施包括退还水域空间、推进湖泊综合整治、优化岸线等资源保护利用方式。

(4) 河湖连通。河湖连通工程是重要的生态修复工程,河湖连通的目的是为水生生物提供更多样化的生态环境和育肥场所。建设河湖连通工程,开展水生态系统保护与湿地修复工作,维护河流湖泊健康,积极探索资源枯竭型城市水系综合治理与保护模式,可形成水资源配置、水生态环境改善、引排顺畅、丰枯调剂的新格局,支撑区域经济社会可持续发展。

(5) 生态化改造。生态化改造主要包含三方面:一是生态化改造已经渠化的河道,通过拆除水闸、建造生态护坡、开挖原有河道、恢复洪泛区等工程,创造多样的栖息地,提高水中溶解氧水平,改善水质;二是增建过鱼设施,通过修建鱼道、升鱼机等过鱼设施,消除鱼类洄游的阻碍,实现人鱼和谐共生;三是增建分层取水设施,水库存在水温分层现象,需要采取一定的水温调控恢复措施来减缓下泄低温水对下游灌溉或水生生物的不利影响。

1.5 水动力重构理论

上述各种技术在实际运用中发挥了一定的作用，但对于新老水问题复合并存的现状，治理非常复杂和困难，亟须在复合水问题治理技术上有所创新。平原河流因其特殊的水文地貌以及强人类活动影响，动力过程极为复杂。平原河流具有以下特点：①地貌的特殊性，地势平坦，不具备修建大型水利工程的条件，高密度、小型化、分布式治理是必然选择；②边界的复杂性，通江达海，内外水动力相互干扰，不利组合会加重水问题的强度和风险；③内流的无序性，河网纵横，水流无序，水动力过程牵一发动全身，调控面临极大挑战；④矛盾的综合性，水问题复合并存，不同水问题对水资源的要求不完全一致，协调困难。

1. 治水本质

水灾害、水资源、水环境、水生态等水问题都与水动力密切相关。水动力过强，超过流域河道承载能力，引发洪水灾害；水动力受阻，河道排泄阻滞不畅，引发内涝灾害；水动力分布不均引起水资源供需不平衡；水动力过缓导致水环境恶化；水动力时空失衡致使水生态退化。可见，复合水问题产生的共同本源是水动力的时空失衡，治水本质就是水动力过程重构。

防洪和水资源对水动力的需求相对而言比较明确。例如，河流流速过大，容易冲刷河床甚至是堤防，不利于堤防的稳定；流速过小，水位壅高，容易发生漫堤溃决风险。水资源一方面是水量的分配，同时如供水取水口正常运行也需要考虑水位和含沙量等河流动力过程。但其实水环境、水生态与水动力也是息息相关。古人有云"流水不腐、户枢不蠹"，就是指流动的水流水质更好。根据经验，流动的河流比起污水处理厂提升水质的效率更高。水体流动性好时，水体的复氧能力加强，溶解氧含量提高，好氧微生物大量繁殖，帮助分解有机污染物，使得自净能力提高。溶解氧浓度可以一定程度上反映水质，阮仁良[34]认为溶解氧浓度为2mg/L 可以作为界定水体黑臭的基本标准。而水流流动性是水体溶解氧浓度的重要决定因素。水体复氧过程可以用以下方程表示：

$$\frac{\mathrm{d}O}{\mathrm{d}t} = -k_{\mathrm{re}}(O_{\mathrm{s}} - O) \tag{1.1}$$

式中，O 为水体 t 时刻的溶解氧浓度，mg/L；O_{s} 为某一温度时水体溶解氧的饱和浓度，mg/L；k_{re} 为复氧系数，1/d。

一般认为，k_{re} 与水动力要素(如水深、流速、能量梯度等)有关，普遍采用的经验公式为

$$k_{re} = p' \frac{U^{m'}}{h^{n'}} \tag{1.2}$$

式中，U 为水流时均流速，m/s；h 为水深，m；p'、m'、n' 为经验系数。

另外，流动水体的流速由两部分组成，即

$$u = U + u' \tag{1.3}$$

式中，u 为水流瞬时流速，m/s；u' 为水流脉动流速，m/s。

脉动流速反映了紊动的强弱，决定了污染物的扩散过程。污染物的快速扩散有助于其更快、更充分地被微生物降解。

水流流速和水深也是描述水生态状况的两个重要变量。水流流速可以影响鱼类的生理生态行为，如不同流速条件下鱼类的代谢产物、代谢速率、代谢能量的分配等呈现不同的变化趋势，对鱼类的生存、生长、繁殖等至关重要[35]；水流流速也可以直接影响鱼类游泳的生态行为，如不同流速的水流可以改变鱼类的游泳状态、游泳速度、摆尾频率、摆尾幅度等行为，可以为水工建筑物鱼道设计提供理论依据[36,37]。同样，水深变化或水位涨落与流量增减、流速变化一般是对应的[38]。增加水体流速可以在一定程度上抑制藻类生长[39]。随着生态水力学的发展，Nikora[40]发现时均意义上的变量并不能完全解释鱼类的形态行为，需要重视紊流结构对鱼类形态行为的作用。Lacey 等[41]提出了在研究鱼类行为与紊流之间的响应关系时，应考虑四个方面的紊流特征：强度(包括雷诺应力、湍动能、涡量等)、周期性(频率、频谱峰值与平坦度等)、涡旋方向与涡旋大小。Silva 等[42]试验发现水流雷诺应力的水平分量对鱼类运动的影响最大，这种切应力尤其会使个体较小的鱼扭曲从而影响其运动。宋基权等[43]发现鱼类有偏好的水流紊动强度，超出这一范围，水体中鱼出现的概率急剧下降。对于竖向涡体(即水平轴)，涡旋尺寸大于鱼身长度的66%时，鱼需要摆动胸鳍来保持稳定[44]；但对于方向不为竖向的涡体，涡旋尺寸大于鱼身长度的76%都不会导致鱼失稳[45]。

2. 水动力重构理论内容

为了解决平原河网地区的复合水问题，作者基于多年的水动力重构研究与工程实践，以天然水动力为对象，以水工程体系(水闸、泵站、疏浚、蓄洪区等)为手段，调节比降和糙率，重构水力要素与目标需求时空协调的水动力时空格局，从而有效地治理复合水问题。这里给出弱动力区水动力重构理论的含义。

弱动力区水动力重构理论是指在平原河网区，水系流动性差、动力条件弱，为满足水治理需要，利用工程措施实施水动力重构的过程中，阐释不同时空尺度水动力演进、耗散的基本规律，工程布局与水动力格局的互馈关系，水动力维持措施及其方法和原理，以及水动力格局变化引发的生态环境效应等知识体系。

该理论的核心是平原河流动力学，在此基础上发展出的实用技术就是水力调控技术。该理论在水量调控的基础上，注重水动力在水生态环境改善中的重要作用，通过重构水动力来满足平原河网区多目标治理的需求。准确把握平原河网弱动力区水闸、泵站等密集工程下的复杂物质输移过程是复合水问题治理的前提，同时需要相应的研究手段、工程技术体系和调控平台做支撑。因此，本书主要由两部分组成，即平原河流动力学和水力调控。

平原河流因其特殊的水文地貌以及强人类活动影响，加上河网系统更是包含多个时空尺度的动力学过程，其蕴含的动力学机理极为复杂。为了重塑平原弱动力河网区的水动力场，使其与多目标需求相协调，认清这些复杂的动力学过程是核心基础。平原河流泥沙颗粒较细，物化性质特殊，微观层面的动力过程和水生态环境响应都需要关注。同时，平原河流存在特质床面形态(沙波、植被等)以及复杂河道形态(复式断面、河流交汇等)，平原河流水沙运动和物质输移都呈现非常特殊的过程；而平原地区密集的水闸、泵站等工程调度运行让这一过程更为复杂。必须在微观上认清水、沙、污染物相互作用关系，宏观上厘清特质床面形态、复杂河道形态以及密集工程影响下水-沙-污染物耦合输移规律，进而，建立平原河网区的能量配置与目标需求间的定量关系，实现水安全保障。因此，弄清水动力与边界、介质、工程相互作用关系，是平原河网区多尺度水动力重构理论的核心内容[46]。

1) 水动力与河床边界的关系

平原地区河道比降平缓，水动力弱，对水流能量需要精打细算，因此必须明确水流能量在河网中的消耗过程。植物、沙波是平原河流非常常见的河床形态，它们的存在扰动水流、加强紊动，消耗水流能量。传统的阻力确定方法以经验为主，无法准确确定植物、沙波边界条件下水流能量的消耗。

植被的存在会扰动水体，产生植物层内尾涡、植物顶部附近的猝发结构、植物层上部和自由水面之间的 KH(Kelvin-Helmholtz)涡等大量涡结构[47-49]，加速水流的动能消耗。植被对水流的影响程度与植被淹没度、密度、分布形式、刚度以及水流雷诺数等众多因素有关[47,50,51]。同样，沙波会促使水流分离，使得迎水坡面和背水坡面形成压力差，即形状阻力[52,53]，引起水流能量的消耗。沙波形态(包括形状、长度、高度等)在确定形状阻力方面至关重要[53]，主要与沙粒雷诺数、水流强度和弗劳德数等参数有关[54-56]。本书建立了沙波的几何特征值(波长和波高)与沙粒雷诺数的关系，确定了沙波附近紊流拟序结构及其对不同床面形态的响应机制。提出了糙元等效理论，将植被、沙波等河床形态等效成"附加颗粒"组成的糙元，假定等效前后河道的能坡不变，通过受力平衡，得到等效后的综合糙率计算公式为

$$n_e = \frac{1}{U}\left(\frac{B\alpha^{5/2}}{2\alpha + B/h}\right)^{2/3} J^{1/2} \tag{1.4}$$

式中，B 为河道宽度；J 为水力坡降；h 为水深；n_e 为等效糙率；α 为植被、沙波等床面形态的剩余体积占比。

从而，精确确定含植物河道能量损耗大小。

2) 水动力与介质的关系

平原河流泥沙颗粒细，对污染物吸附/解吸作用较强，水-沙-污染物耦合作用过程在平原河网水环境变化中扮演着举足轻重的作用。水动力较弱时，悬沙容易吸附水中的污染物沉降，降低水体中污染物浓度；当水动力较强时，底泥中污染物容易解吸、甚至带有污染物的底泥发生悬浮，这些都容易造成下游水体的二次污染。因此，进行水动力调控时必须选择适宜的水动力场，使得泥沙充分发挥其环境作用，在一定程度上也节约了水资源和水流能量。

在颗粒尺度，泥沙对磷等平原河网主要污染物的吸附或解吸，受溶解态磷浓度、泥沙粒径、有机质和铁铝氧化物含量、阳离子交换量等影响[57,58]。水流运动可以引起泥沙颗粒悬浮和沉降，同时伴随着泥沙对污染物的吸附与解吸作用[59]。水流流速、含沙量和污染物释放量之间存在正相关关系，水流紊动强度提高，含沙量增加，泥沙中污染物释放量也会增大[60]。在界面尺度，河流的潜流带(河流地表水和地下水相互作用的区域)中存在相对较强的流动，是地表水和地下水中物质交换频繁的场所[61-63]。由于潜流带交换过程引起的污染物迁移影响持久，密度流会加快污染物进入潜流带，但会减缓污染物的释放，因此与河流二次污染也有密切关系[64]。在河道尺度，弯曲、分汇、复式明渠等各种河型的物质输移过程和环境生态响应差异很大[65]。比如弯曲河道存在横向环流和纵向螺旋流，会加剧泥沙横向输移和污染物对流扩散[66]。而交汇水流存在剪切层倾斜、螺旋流和回流等大尺度水流结构，直接影响物质掺混、河床冲刷等过程[67]。复式明渠中主槽和滩地河床的压差同样可以产生潜流交换，较陡的岸坡可以产生更大的潜流交换量，降低了溶质在河床中向下迁移的速率和净交换总量[68]。可见，为了更有效、精准地确定与目标需求相适宜的水动力场，必须明确各个尺度下水、沙、污染物之间的相互作用过程和耦合输移过程。本书考虑了不同泥沙浓度和流速条件下泥沙对污染物吸附能力的变化，该能力可以用泥沙吸附/解吸附污染物的质量 P_c 反映：

$$\begin{cases} P_c = k_a C_{dp}(N_{pm} - N_p) - k_d N_p \\ k_a = f\left(\dfrac{C_{dp}}{C_0}, \dfrac{U}{u_*}, \dfrac{D_{50}}{h}\right) \\ \dfrac{k_a}{k_d} = g\left(\dfrac{C_{dp}}{C_0}, \dfrac{U}{u_*}, \dfrac{S}{S_m}\dfrac{D_{50}}{h}\right) \end{cases} \tag{1.5}$$

式中，C_0 为溶解态磷初始浓度；C_{dp} 为水中溶解态磷浓度；D_{50} 为泥沙中值粒径；h 为水深；k_a 为吸附系数；k_d 为解吸系数；N_p 为单位泥沙吸附磷的质量；N_{pm} 为泥沙的最大吸附量；S 为水体含沙量；S_m 为挟沙力；u_* 为摩阻流速；U 为水流流速。

河网中水动力与介质的关系的明晰为河网水流流动性和水质的预测提供了重要的技术支撑。

3) 水动力与工程的关系

平原区兴建了大量的水闸、泵站、行蓄洪区、分洪河道等水利工程，这些工程为河网水流能量的配置提供了工程手段。但是平原河网的水流能量是有限的，利用工程体系对能量进行配置的前提是明晰单个工程与水动力之间的作用关系、减小工程对水流的能量损失。例如，对于平原区常见的闸泵合建布置形式，闸泵出流相互干扰严重、流态不佳，导致水闸泄流能力和泵站效率的降低。为了减少能量的损失，应尽量减小局部回旋、强紊动的不良水流出现，可以采用整流方法平顺水流，改善工程局部水流条件。

平原河道比降平缓，水利工程对水动力的影响会向上下游同时传递[69]，小、多、密的水利工程群联合调控时水动力相互干扰。也就是说，多工程与水动力的作用关系或者说多工程作用下能量的损失是非常复杂的，并不是单一工程影响的叠加。多工程与水动力之间存在非常复杂的非线性关系。必须首先明确这些工程扰动下水动力的响应关系，根据其能量耗损程度以及工程显效程度来辨识多工程中的显效工程，利用水流非线性系统辨识方法，辨识水动力对显性工程(群)调控的响应机理，并优先采用显效工程(群)对能量场进行配置，辅以水泵进行增能，表达式为

$$\min W_p = \sum_{i=1}^{N_e} \sum_{j=1}^{N_r} P_{pi} \Delta t_{ij}$$

$$\text{s.t.} \begin{cases} W = \sum_{i=1}^{N_e} \sum_{j=1}^{N_r} \left(P_{si} + \tilde{P}_{si} \right) \Delta t_{ij} + \sum_{i=1}^{N_e} \sum_{j=1}^{N_r} \left(P_{pi} + \tilde{P}_{pi} \right) \Delta t_{ij} - E(\varphi) \\ W > W_{\min}(\varphi) \end{cases} \qquad (1.6)$$

式中，$E(\varphi)$ 为在构造的水动力场 φ 下的河网能量耗损；N_e 为参与调度的工程个数；N_r 为工程调度运行的次数；P_p 为泵站运行补充水流动能的功率；P_s 为水闸调度转化势能为动能的功率；W 为河网水流动能；$W_{\min}(\varphi)$ 为构造水动力场 φ 所需的最小河网动能；W_p 为需要泵站额外提供的能量；下标"i"表示水利工程序号，上标"$\sim$"表示其他工程扰动的影响；Δt_{ij} 为各个工程的作用时间，下标"ij"表示第 i 个工程的第 j 次调度运行；φ 为水流特征量，如流速、水深等。

多元扰动下河网水动力响应规律的探明为平原区小、多、密的水利工程群优化布局和联合调控奠定了理论基础。

这三方面组成了平原河网弱动力区多尺度水动力重构理论，即平原河流动力学的核心内容，也是平原河网水动力重构的理论核心。水动力与边界和介质的关

系的详细内容将在第 3 章和第 4 章介绍，水动力与工程的关系的详细内容将在第 6 章介绍。

　　基于上述水动力重构理论的指导以及研究手段的支撑，利用工程手段和非工程手段解决平原河网区复合水问题成为可能，也就是水力调控技术。平原河网区河流常存在交汇顶托、闸泵合建流动互扰、河床易冲易淤等特有问题，为保障工程体系效益的发挥，需要开发充分利用自然动力、优化配置河网内部水流能量的相应工程技术。为更好地解决平原河流中出现的问题，我们研发出具有高效能的工程技术，具体为河网交汇节点动力再造技术、闸泵合建枢纽整流与消能技术、四面体透水框架群防冲技术、临海挡潮闸节能防淤技术、分层取水排沙新闸型和调控技术等。同时，利用现有水工程体系联合调控进行水动力重构以满足多目标需求的非工程手段，也存在着密集工程调控下水动力的快速确定、多目标需求之间的平衡以及工程调控方案的实时决策等技术壁垒，需要多目标水力调控技术的研发。这两部分内容主要在第 5 章和第 6 章介绍。

参 考 文 献

[1] 刘建芬, 张行南, 唐增文, 等. 中国洪水灾害危险程度空间分布研究. 河海大学学报(自然科学版), 2004, 32(6): 614-617.

[2] 张行南, 罗健, 陈雷, 等. 中国洪水灾害危险程度区划. 水利学报, 2000, 31(3): 1-7.

[3] 崔洪升. 辽河流域洪水特点及防洪形势分析. 中国防汛抗旱, 2013, 23(2): 75-77.

[4] 国家防汛抗旱总指挥部. 中国水旱灾害公报 2018. 北京: 中国水利水电出版社, 2019.

[5] 李翠金. 中国暴雨洪涝灾害的统计分析. 灾害学, 1996, 11(1): 59-63.

[6] 彭广, 刘立成, 刘敏, 等. 洪涝. 北京: 气象出版社, 2003.

[7] 国家统计局. 中国统计年鉴 2019. 北京: 中国统计出版社, 2019.

[8] 张坤, 崔玉洁, 陈圣盛, 等. 长江一级支流黄柏河大型底栖动物时空分布特征及其与环境因子的关系. 淡水渔业, 2022, 52(5): 3-16.

[9] 万隆. 淮河流域缺水形势及其对策. 中国水利, 2001, (12): 92-93.

[10] 陆建明. 平原河网地区地表水环境保护功能区划分的研究. 环境导报, 2000, (2): 35-36.

[11] 中华人民共和国水利部. 2018 年中国水资源公报. 北京: 中国水利水电出版社, 2018.

[12] 中华人民共和国生态环境部. 2018 年中国生态环境状况公报. 北京: 中国水利水电出版社, 2018.

[13] 刘海红, 刘胤序, 张春华, 等. 1991~2016 年黄河三角洲湿地变化的遥感监测. 地球与环境, 2018, 46(6): 590-598.

[14] 谭志强, 许秀丽, 李云良, 等. 长江中游大型通江湖泊湿地景观格局演变特征. 长江流域资源与环境, 2017, 26(10): 1619-1629.

[15] 孙芳蒂, 赵圆圆, 宫鹏, 等. 动态地表覆盖类型遥感监测: 中国主要湖泊面积 2000~2010 年间逐旬时间尺度消长. 科学通报, 2014, 59(Z1): 397-411.

[16] 孙鹏, 王琳, 王晋, 等. 闸坝对河流栖息地连通性的影响研究. 中国农村水利水电, 2016, (2): 53-56.

[17] 张建云, 王国庆, 金君良, 等. 1956—2018 年中国江河径流演变及其变化特征. 水科学进展, 2020, 31(2): 153-161.

[18] 王国庆, 张建云, 管晓祥, 等. 中国主要江河径流变化成因定量分析. 水科学进展, 2020, 31(3): 313-323.

[19] Zhang H, Jaric I, Roberts D L, et al. Extinction of one of the world's largest freshwater fishes: Lessons for conserving the endangered Yangtze fauna. Science of the Total Environment, 2019, 710: 136242.

[20] Li Z, Ma J, Guo J, et al. Water quality trends in the Three Gorges Reservoir region before and after impoundment(1992-2016). Ecohydrology & Hydrobiology, 2019, 19(3): 317-327.

[21] Wen Z D, Song K S, Liu G, et al. Quantifying the trophic status of lakes using total light absorption of optically active components. Environmental Pollution, 2019, 245: 684-693.

[22] 刘沅陇, 胡传玲. 平原地区防洪措施. 现代农业科技, 2013, (5): 211-211.

[23] 王先达, 王峻峰. 我国跨流域调水工程的环境影响问题. 治淮, 2021, 18(4): 4-6.

[24] 严振瑞. 珠江三角洲水资源配置工程关键技术问题思考. 水利规划与设计, 2015, (11): 48-51.

[25] 顾岗, 陆根法. 太湖五里湖水环境综合整治的设想. 湖泊科学, 2004, 16(1): 58-60.

[26] Hayes D F, Labadie J W, Sanders T G, et al. Enhancing water quality in hydropower system operations. Water Resources Research, 1998, 34(3): 471-483.

[27] Burke M, Jorde K, Buffington J M. Application of a hierarchical framework for assessing environmental impacts of dam operation: Changes in streamflow, bed mobility and recruitment of riparian trees in a western North American river. Journal of Environmental Management, 2009, 90(3): 224-236.

[28] 徐贵泉, 褚君达. 上海市引清调水改善水环境探讨. 水资源保护, 2001, (3): 26-30, 60-61.

[29] 卢士强, 徐祖信, 罗海林, 等. 上海市主要河流调水方案的水质影响分析. 河海大学学报(自然科学版), 2006, 34(1): 32-36.

[30] 彭超英, 朱国洪, 尹国, 等. 人工湿地处理污水的研究. 重庆环境科学, 2000, 22(6): 43-45.

[31] 李捍东, 王庆生, 张国宁, 等. 优势复合菌群用于城市生活污水净化新技术的研究. 环境科学研究, 2000, 13(5): 14-16.

[32] Furukawa K, Ichimatsu Y, Harada C, et al. Nitrification of polluted urban river waters using zeolite-coated nonwovens. Journal of Environmental Science and Health, Part A, 2000, 35(8): 1267-1278.

[33] 陈伟, 叶舜涛, 张明旭. 苏州河河道曝气复氧探讨. 给水排水, 2001, 27(4): 7-9.

[34] 阮仁良. 平原河网地区水资源调度改善水质的理论与实践. 北京: 中国水利水电出版社, 2006.

[35] 易雨君, 王兆印, 陆永军. 长江中华鲟栖息地适合度模型研究. 水科学进展, 2007, 18(4): 538-543.

[36] 钟金鑫, 张倩, 李小荣, 等. 不同流速对鳡(鱼良)白鱼游泳行为的影响. 生态学杂志, 2013, 32(3): 655-660.

[37] Shi X T, Xu J W, Huang Z Y, et al. A computer-based vision method to automatically determine the 2-dimensional flow-field preference of fish. Journal of Hydraulic Research, 2019, 57(4):

598-602.

[38] 陈永柏, 廖文根, 彭期冬, 等. 四大家鱼产卵水文水动力特性研究综述. 水生态学杂志, 2009, 2(2): 130-133.

[39] 廖平安, 胡秀琳. 流速对藻类生长影响的试验研究. 北京水利, 2005, (2): 12-14, 60.

[40] Nikora V. Hydrodynamics of aquatic ecosystems: An interface between ecology, biomechanics and environmental fluid mechanics. River Research and Applications, 2010, 26(4): 367-384.

[41] Lacey R W J, Neary V S, Liao J C, et al. The IPOS framework: Linking fish swimming performance in altered flows from laboratory experiments to rivers. River Research and Applications, 2012, 28(4): 429-443.

[42] Silva A T, Katopodis C, Santos J M, et al. Cyprinid swimming behaviour in response to turbulent flow. Ecological Engineering, 2012, 44: 314-328.

[43] 宋基权, 王继保, 黄伟, 等. 鳙幼鱼游泳行为与紊动强度响应关系. 生态学杂志, 2018, 37(4): 1211-1219.

[44] Pavlov D S, Lupandin A I, Skorobogatov M A. The effects of flow turbulence on the behavior and distribution of fish. Journal of Ichthyology, 2000, 40(2): 232-261.

[45] Tritico H M, Cotel A J. The effects of turbulent eddies on the stability and critical swimming speed of creek chub (Semotilus atromaculatus). The Journal of Experimental Biology, 2010, 213(13): 2284-2293.

[46] Tang H, Yuan S, Cao H. Theory and practice of hydrodynamic reconstruction in plain river networks. Engineering, 2023, 24(5): 202-212.

[47] Poggi D, Porporato A, Ridolfi L, et al. The effect of vegetation density on canopy sub-layer turbulence. Boundary-Layer Meteorology, 2004, 111(3): 565-587.

[48] Nepf H, Ghisalberti M. Flow and transport in channels with submerged vegetation. Acta Geophysica, 2008, 56(3): 753-777.

[49] Nepf H M. Hydrodynamics of vegetated channels. Journal of Hydraulic Research, 2012, 50(3): 262-279.

[50] Devi T B, Kumar B. Turbulent flow statistics of vegetative channel with seepage. Journal of Applied Geophysics, 2015, 123: 267-276.

[51] Caroppi G, Västilä K, Gualtieri P, et al. Comparison of flexible and rigid vegetation induced shear layers in partly vegetated channels. Water Resources Research, 2021, 57(3): e2020WR028243.

[52] Einstein H A, Barbarossa N L. River channel roughness. Transactions of the American Society of civil Engineers, 1952, 117(1): 1121-1132.

[53] Maddux T B, Nelson J M, McLean S R. Turbulent flow over three-dimensional dunes: 1. Free surface and flow response. Journal of Geophysical Research: Earth Surface, 2003, 108(F1): 6009.

[54] Chien N, Wan Z. Mechanics of Sediment Transport. Reston: American Society of Civil Engineers, 1999.

[55] Raudkivi A J. Transition from ripples to dunes. Journal of Hydraulic Engineering, 2006, 132(12): 1316-1320.

[56] Colombini M, Stocchino A. Ripple and dune formation in rivers. Journal of Fluid Mechanics,

2011, 673: 121-131.

[57] Wang Y, Shen Z, Niu J, et al. Adsorption of phosphorus on sediments from the Three-Gorges Reservoir (China) and the relation with sediment compositions. Journal of Hazardous Materials, 2009, 162(1): 92-98.

[58] Dieter D, Herzog C, Hupfer M. Effects of drying on phosphorus uptake in reflooded lake sediments. Environmental Science and Pollution Research, 2015, 22(21): 17065-17081.

[59] 朱红伟, 张坤, 钟宝昌, 等. 泥沙颗粒和孔隙水在底泥再悬浮污染物释放中的作用. 水动力学研究与进展(A 辑), 2011, 26(5): 631-641.

[60] 周孝德, 黄廷林, 唐允吉. 河流底流中重金属释放的水流紊动效应. 水利学报, 1994, (11): 22-25.

[61] Marion A, Bellinello M, Guymer I, et al. Effect of bed form geometry on the penetration of nonreactive solutes into a streambed. Water Resources Research, 2002, 38(10): 27-1-27-12.

[62] Marion A, Zaramella M. Diffusive behavior of bedform-induced hyporheic exchange in rivers. Journal of Environmental Engineering, 2005, 131(9): 1260-1266.

[63] Lee A, Aubeneau A F, Cardenas M B. The sensitivity of hyporheic exchange to fractal properties of riverbeds. Water Resources Research, 2020, 56(5): e2019WR026560.

[64] Jin G, Tang H, Li L, et al. Prolonged river water pollution due to variable‐density flow and solute transport in the riverbed. Water Resources Research, 2015, 51(4): 1898-1915.

[65] Yi Q, Chen Q, Hu L, et al. Tracking nitrogen sources, transformation, and transport at a basin scale with complex plain river networks. Environmental Science & Technology, 2017, 51(10): 5396-5403.

[66] 钱宁, 张仁, 周志德. 河床演变学. 北京: 科学出版社, 1987.

[67] Yuan S, Tang H, Xiao Y, et al. Spatial variability of phosphorus adsorption in surface sediment at channel confluences: Field and laboratory experimental evidence. Journal of Hydro-environment Research, 2018, 18: 25-36.

[68] Wang N, Zhang C, Xiao Y, et al. Transverse hyporheic flow in the cross-section of a compound river system. Advances in Water Resources, 2018, 122: 263-277.

[69] Tsai C W. Flood routing in mild-sloped rivers—Wave characteristics and downstream backwater effect. Journal of Hydrology, 2005, 308(1-4): 151-167.

第2章 平原河流动力学基础理论

河流是在自然因素及人类影响下,水流与河床以泥沙为纽带相互作用的产物,具有其自身发展变化的客观规律。山区河流和平原河流,水沙运动和河床演变的基础理论相同。但由于平原河流泥沙颗粒较细,具有一些不同于山区河流的物理化学性质,且平原河流存在复杂的床面形态(沙波、植物河床)和河道形态(弯道、复式断面、河流交汇等),平原河流水沙运动和水体污染物输移都存在特殊的规律。本章主要介绍平原河流动力学的一些基础理论,包括明渠紊流基础理论、泥沙基本特性以及泥沙运动基本理论。针对平原河流特质河床和复杂河型下的水沙运动和物质输移理论将在本书后几章详细阐述。

2.1 明渠紊流基础理论

明渠紊流基础理论主要包括紊流基本方程、水流结构和水流阻力。明渠紊流的基本方程为连续方程和 Navier-Stokes(N-S)方程,对 N-S 方程进行时间平均可得到时均雷诺方程。对于宽浅的河道,可以将连续方程和时均雷诺方程进行进一步简化得到明渠二维流动的基本方程。明渠水流结构主要包括时均流动特性、紊动结构和紊流拟序结构,时均流动特性一般指平均流速分布规律,如对数分布律;紊动结构包括紊动强度、雷诺应力、紊动能生成与耗散等内容[1]。本章水流结构主要介绍时均流速分布律和紊动强度、雷诺应力分布律。水流阻力是河槽阻滞水流运动的力,主要涉及一些重要系数的确定,对河流行洪能力具有直接的影响。

2.1.1 明渠紊流基本方程

1. 连续方程和运动(N-S)方程

从不可压缩流体的质量守恒可以得出其连续方程[2],即

$$\frac{\partial u_i}{\partial x_i} = 0 \tag{2.1}$$

对不可压缩的运动流体进行力学分析可以得到 N-S 方程,即

$$\frac{\partial u_i}{\partial t} + u_j \frac{\partial u_i}{\partial x_j} = f_i - \frac{1}{\rho}\frac{\partial p}{\partial x_i} + \nu \frac{\partial^2 u_i}{\partial x_j \partial x_j}, \quad i = 1,2,3 \tag{2.2}$$

式中，x_i 为 $i(i=1, 2, 3)$方向；u_i 为 $i(i=1, 2, 3)$方向的瞬时流速；p 为瞬时压强；f_i 为单位质量上的体积力；t 为时间；ρ 为水体密度；ν为水体的运动黏滞系数。同一项下标相同即为三项相加，如式(2.1)等于 $\dfrac{\partial u_1}{\partial x_1}+\dfrac{\partial u_2}{\partial x_2}+\dfrac{\partial u_3}{\partial x_3}=0$。

2. 时均雷诺方程

对 N-S 方程进行时间平均的处理，根据瞬时值、时均值和脉动值之间的关系，式(2.2)可以改写为

$$\frac{\partial u_i}{\partial t}+u_j\frac{\partial u_i}{\partial x_j}=f_i-\frac{1}{\rho}\frac{\partial P}{\partial x_i}+\frac{1}{\rho}\frac{\partial}{\partial x_i}\left(\mu\frac{\partial u_i}{\partial x_i}-\rho\overline{u_i'u_j'}\right),\quad i,j=1,2,3 \tag{2.3}$$

式中，P 为时均动水压强；u_i' 和 u_j' 分别为 i 和 j 方向上的脉动流速；μ为水体的动力黏滞系数；出现的新变量 $-\rho\overline{u_i'u_j'}$ 为雷诺应力，其物理意义是剪切紊流中紊动引起的相邻流层间的动量交换。

3. 明渠二维紊流的基本方程

明渠流动的宽深比较大时，可以按照二维流动处理。在不可压缩的二维明渠流动中，经过适当简化，连续方程和时均雷诺方程可写为[3]

$$\frac{\partial U}{\partial x}+\frac{\partial V}{\partial y}=0 \tag{2.4}$$

$$\frac{\partial U}{\partial t}+U\frac{\partial V}{\partial x}+V\frac{\partial U}{\partial y}=-\frac{1}{\rho}\frac{\partial P}{\partial x}+\frac{\partial}{\partial y}\left(\frac{\partial U}{\partial y}-\overline{u'v'}\right) \tag{2.5}$$

式中，U 和 V 分别为沿流向 x 和垂向 y 的时均流速；P 为时均动水压强。

天然的平原河流宽深比一般大于 50[4]，式(2.4)和式(2.5)可以作为基本的水流运动方程。

4. 明渠圣维南方程组

降雨、堤坝溃决等引起的洪水过程或水库水体突然泄放过程等都会引起天然和人工河流中非恒定流的发生。在无特殊水流过程发生的情况下，天然河流中，严格意义的恒定均匀流也很少出现，一般为非恒定渐变流。圣维南方程组作为其基本方程组，由连续方程和运动方程组成。一维圣维南方程组在河流数值模拟中应用最广泛，主要表征断面平均水力要素随时间和空间的变化关系。

一维圣维南方程组为

$$\frac{\partial Q}{\partial s}+\frac{\partial A}{\partial t}=0 \tag{2.6}$$

$$i - \frac{\partial h}{\partial s} = \frac{1}{g}\left(\frac{\partial U_m}{\partial t} + U_m \frac{\partial U_m}{\partial s}\right) + \frac{U_m^2}{C^2 R} \tag{2.7}$$

式中，Q 为某断面的流量；A 为过水断面面积；h 为水深；U_m 为断面平均流速；i 为明渠底坡；s 表示沿流程方向；C 为谢才系数；R 为水力半径。

给定了初始条件和边界条件，利用圣维南方程组可以计算水力要素的变化过程。

2.1.2 明渠水流结构基本特性

1. 明渠紊流分区及时均流速分布律

宽浅明渠(宽深比大于 5)的二维流动部分不受边壁影响，流速分布和宽深比无关，可以分为内区和外区，其中内区($0<y/h<0.2$)流速分布满足壁面律[5]，即

$$U^+ = y^+, \quad y^+ << B_0 \tag{2.8}$$

$$U^+ = \frac{1}{\kappa}\ln y^+ + C_1, \quad B_0 < y^+ \leqslant 0.2Re_* \tag{2.9}$$

式中，$U^+ = U/u_*$，u_* 为摩阻流速，U 为时均流速；$y^+ = yu_*/\nu$，y 为距床面的距离；κ 为卡门常数，约为 0.4；C_1 为积分常数，光滑床面取 5.5；B_0 为 van Driest 经验常数，一般为 26；Re_* 为剪切雷诺数。

式(2.8)是黏性底层流速公式，式(2.9)是对数律公式，式(2.8)和式(2.9)共同构成壁面律。

外区 $(0.2 \leqslant y/h \leqslant 1)$ 满足对数-尾流律，即

$$U^+ = \frac{1}{\kappa}\ln y^+ + C_2 + w\left(\frac{y}{h}\right), \quad 0.2 \leqslant \frac{y}{h} \leqslant 1 \tag{2.10}$$

式中，$w\left(\dfrac{y}{h}\right)$ 为 Coles 尾流函数，$w\left(\dfrac{y}{h}\right) = \dfrac{2\Pi}{\kappa}\sin^2\dfrac{\pi y}{2h}$，$h$ 为水深，Π 为 Coles 尾流强度参数；C_2 为积分常数，一般取 5.3。

窄深明渠(宽深比小于 5)一般为三维流动，也可分为外区和内区[5]，其中内区 $(0 < y/y_{U_{max}} < 0.2$，$y_{U_{max}}$ 为时均流速垂线分布最大值对应的位置)流速分布满足对数分布，即

$$U^+ = \frac{1}{\kappa_N}\ln y^+ + C_2, \quad 0 < \frac{y}{y_{U_{max}}} < 0.2 \tag{2.11}$$

式中，κ_N 为窄深明渠水流的卡门常数，一般取 0.41。

三维流动的外区 ($y / y_{U_{\max}} \geqslant 0.2$) 与二维流动的外区相比更复杂，分为两部分：

(1) $0.2 < y / y_{U_{\max}} < 1$，在 $z=0$(即水槽中轴线)附近，满足对数-尾流律，即

$$U^+ = \frac{1}{\kappa_N}\ln y^+ + C_2 + w\left(\frac{y}{h}\right), \quad 0.2 \leqslant \frac{y}{y_{U_{\max}}} < 1 \qquad (2.12)$$

(2) $y_{U_{\max}} < y \leqslant h$，此范围流速分布尚未建立分布规律公式。Sarma 等[6]提出了经验性的抛物线分布形式。

2. 紊动强度分布律

紊动强度是反映水流紊动情况的一个重要参数，纵向和垂向紊动强度的计算式为

$$u'_{\mathrm{rms}} = \sqrt{\frac{1}{N}\sum_{i=1}^{N}(u_i - U)^2} \qquad (2.13)$$

$$v'_{\mathrm{rms}} = \sqrt{\frac{1}{N}\sum_{i=1}^{N}(v_i - V)^2} \qquad (2.14)$$

式中，u'_{rms}、v'_{rms} 分别为流体质点在 x、y 方向上的紊动强度；N 为该点采样个数；u_i、v_i 为第 i 个采样点的瞬时流速；U、V 分别为 x、y 方向上的 N 次采样的时均流速。

Nezu 等[7]根据 Kolmogoroff 的 $-5/3$ 次方分布律和中间层($0.2<y/h<0.6$)紊动能的耗散和生成近似平衡，推导出均匀流紊动强度的半理论分布公式，即

$$\frac{u'_{\mathrm{rms}}}{u_*} = D_{u'_{\mathrm{rms}}}\exp\left(-\lambda_{u'_{\mathrm{rms}}}\frac{y}{h}\right) \qquad (2.15)$$

$$\frac{v'_{\mathrm{rms}}}{u_*} = D_{v'_{\mathrm{rms}}}\exp\left(-\lambda_{v'_{\mathrm{rms}}}\frac{y}{h}\right) \qquad (2.16)$$

式中，$D_{u'_{\mathrm{rms}}}$、$D_{v'_{\mathrm{rms}}}$、$\lambda_{u'_{\mathrm{rms}}}$、$\lambda_{v'_{\mathrm{rms}}}$ 均为经验常数。Nezu 等[7]的二维激光多普勒测速仪测量结果表明，$D_{u'_{\mathrm{rms}}}=2.26$，$D_{v'_{\mathrm{rms}}}=1.23$，$\lambda_{u'_{\mathrm{rms}}}=0.88$，$\lambda_{v'_{\mathrm{rms}}}=0.67$。

对于窄深的三维明渠流动，尚没有明确的沿全水深紊动强度分布的理论和经验公式。

3. 雷诺应力分布律

钱宁等[8]的测量结果表明，二维宽浅明渠的雷诺应力在主流区呈线性分布，如图 2.1 所示。

天然的平原河流一般为二维宽浅明渠流动。三维窄深明渠流动一般存在于宽深比较小的人工渠道，其雷诺应力仍呈线性分布。

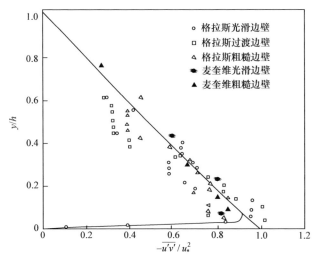

图 2.1　雷诺应力的垂向分布[8]

当明渠存在植物时，流速、紊动强度、雷诺应力的分布受到植物密度、淹没度的影响，与经典明渠的分布明显不同。当床面存在沙波时，回流区和迎水面上水流结构由于边界层的变化也发生了变化。复式河道断面滩槽交界带和交汇河段水体存在强烈的剪切掺混，雷诺应力与上述分布律也存在很大的不同。

2.1.3　水流阻力

水流阻力一般分为摩擦阻力和压差阻力。摩擦阻力是水流与物体表面之间内壁摩擦力的合力；压差阻力是指水流绕物体运动后边界层发生分离时在绕流物体上下游面形成的压差，也称为形状阻力，主要与物体的形状有关[9]。

河流的阻力主要包括河底的床面阻力(沙粒阻力与沙波阻力)、河岸及滩面阻力、河流平面形态引起的阻力(如主流线的摆动、河湾、河谷的宽度变化等)、局部特大糙元(孤石、潜滩)及人工建筑物附加阻力，前两者称为沿程阻力，后两者称为局部阻力。平原河流的水流阻力直接影响着平原河流的过流能力，与防洪密切相关。

几种常见的表征水流阻力的系数有曼宁系数 n、阻力系数 C_d、Darcy-Weisbach阻力系数 f、当量粗糙高度 k_s。平原河流的阻力和过流能力分析中，最常用的是曼宁系数。

曼宁公式是明渠平均流速计算常用的经验公式之一，其形式为[10]

$$U_{\mathrm{m}} = \frac{1}{n} R^{2/3} J^{1/2} \tag{2.17}$$

式中，n 为曼宁系数，也称糙率；U_{m} 为断面平均流速；R、J 分别为水力半径和水力坡降。

1. 平原河流糙率经验值范围

由于天然河流河底和河岸边界的可变性，曼宁系数 n 也与水流状态有关。例如，河流中有杂草生长时，水流强度较低时杂草直立，n 值较大，而杂草在水流强度较大(如洪水发生)时会倒伏，n 值变得较小。不同条件下平原河流的糙率值范围如表 2.1 所示[9]。

表 2.1 平原河流的糙率值范围[9]

水面宽度/m	河道情况	n
	河床清洁顺直，无浅滩、深潭	0.025～0.033
<30(小河)	河床弯曲且有浅滩、深潭	0.033～0.045
	多杂草、有深潭	0.050～0.080
	有林木的滩地上流过洪水	0.075～0.15
>30(大河)	断面比较规则整齐、无孤石或者丛木	0.025～0.060
	断面不规则整齐、无孤石或者丛木	0.35～0.1

2. 平原河流河槽糙率和河漫滩糙率

平原河流特点显著，一般河流两岸存在广阔的河漫滩，洪水时河漫滩被淹没，形成复式断面明渠，应将河槽糙率和河漫滩糙率区别对待。

1) 平原河流的河槽糙率

平原河流的主槽又称为中水河床。河槽水流阻力的影响因素包括沙粒阻力、沙波阻力、河床形态阻力、泥沙的制紊作用及其他附加阻力。当河槽形态简单且不随水流变化时(与人工渠道类似)，沙粒阻力即为全部阻力。

当河槽存在沙波时，由于沙波对水流产生的阻力波高不同，所产生的阻力也各异。对于一条河流，随着水深和流速的增加，沙波慢慢形成，不断发展，波高逐渐增加，阻力系数也逐渐增加；当水深和流速增加到一定限度以后，波高转而减小，阻力系数也减小；当沙波完全消失时，沙波阻力也归于消失。天然河流上存在各种不同尺度的沙波，其变化和消长规律并不完全一致，同时，在河床的不同部位上，如深槽和边滩，沙波形成和发展的时间也不完全一致，因此由沙波消长所决定的阻力系数随水深和流速而变化的规律只能反映变化的一般趋势[11]。

当河流平面形态不顺直或存在成型堆积体时，河床形态阻力产生。枯水期的河槽曲折较多，阻力系数变大；流量较大时，水流趋直，阻力系数变小。

此外，泥沙的制紊作用会使阻力系数减小。在多沙河流上，洪水期内的阻力系数会小于仅考虑沙粒阻力的公式计算值(有时 n 会降到 0.005 以下[11])。其他附加阻力主要由局部的水工建筑物(如丁坝、导流堤)或障碍物(如沉船)引起。

2) 平原河流的河漫滩糙率

影响河漫滩糙率的主要因素是植物复被。河漫滩上草木丛生,其糙率一般较大。边滩糙率也会随着边滩植物生长种类、密度、季节等情况的变化而发生变化。

建议根据实测水文资料,将河漫滩流量与主槽流量分开,据此计算河漫滩糙率。当缺乏实测资料时,估计平原河流的河漫滩糙率可以依赖理论模型和以往经验。这些方法通常根据河流的物理特性,如河床材料的类型和粒度、河床形状和植被覆盖程度等因素来估计糙率。然而,这些方法仍然有一定的不确定性,因为实际的糙率值可能受到多种因素的影响,包括水流的深度和速度、河床材料的粗糙度和排列方式,以及河漫滩的地形特征等。因此,在实际应用中,这些估计值通常需要根据实地观察和进一步的数据分析进行修正和验证。

2.2 泥沙颗粒基本性质

泥沙颗粒的物理性质对泥沙运动状态具有重要的影响。基本的物理性质主要包括几何特性(形状和粒径及其分布)、重力特性(密度、容重、水下休止角)、水力特性(沉速)。平原泥沙颗粒形状较均匀(接近球体),粒径较小(悬移质多为沙、粉沙和黏土颗粒,推移质以中、细沙为主),其级配曲线具有一定的特殊性。泥沙沉速受粒径和絮凝作用的影响较大。

2.2.1 泥沙颗粒的几何特性

1. 泥沙颗粒的形状

泥沙颗粒的形状特征常用圆度、球度来描述。圆度是指颗粒棱和角的尖锐程度,定义为颗粒平面投影图像上各角曲率半径的平均值除以最大内切圆半径。球度是指颗粒整体的几何形态,定义为与颗粒同体积的球体直径和颗粒外接球直径之比。此外,有时采用形状系数(shape factor,SF)来综合表示颗粒形状的特点,计算公式为

$$SF = \frac{c_s}{\sqrt{a_s b_s}} \tag{2.18}$$

式中,a_s、b_s、c_s 分别为泥沙颗粒近似为椭球体时互相垂直的长轴、中轴、短轴长度。

平原河流泥沙与山区河流泥沙相比,泥沙颗粒一般较细,从而悬浮前进,相对不易发生碰撞受到磨损,棱角较分明,圆度较大,球度和形状系数与泥沙风化

岩石来源有关。

2. 泥沙颗粒大小

泥沙颗粒的大小一般用其粒径来表示。常用的粒径定义和计算方法一般有筛分粒径、等容粒径、沉降粒径。对于粒径小于 0.1mm 的细沙,由于难以用筛分法确定其粒径,必须先测量其在静水中的沉速,然后通过球体粒径与沉速的计算公式求得与泥沙颗粒密度相同、沉速相等的球体直径,作为泥沙颗粒的沉降粒径。泥沙颗粒按其粒径分类的方式很多,王兴奎等[2]对泥沙颗粒的分类如表 2.2 所示。

表 2.2　泥沙颗粒按粒径的分类(我国水文工程界分类)[2]

等级	漂石	卵石	砾石	沙粒	粉沙	黏粒
粒径/mm	≥200	200～20	20～2	2～0.05	0.05～0.005	≤0.005

平原河流泥沙一般粒径较小,大部分是粒径小于 0.05mm 的粉沙和黏粒(悬移质),小部分是粒径在 0.1～0.6mm 的中细沙[3]。

3. 泥沙粒径分布——级配曲线

泥沙颗粒的粒径分布可以用不同粒径的泥沙质量占泥沙总质量的比例来表示。用筛分法得到的泥沙粒径 d 介于两个筛孔孔径 d_1 和 d_2 之间($d_1 < d < d_2$),称为 d_1-d_2 粒径组。某组粒径所占的质量分数称为该粒径组的质量分数。能通过 d_2 筛孔的所有泥沙颗粒的质量在总质量中所占的比例,称为小于某粒径 d_2 的质量分数。

以泥沙粒径为横坐标、泥沙各粒径组的质量分数为纵坐标绘成的直方图,称为泥沙粒径-频率直方图。如果颗粒粒径分级较小,频率直方图可以连成光滑曲线,称为频率曲线。若以粒径为横坐标,以小于粒径 d 的质量分数为纵坐标,则称为累积频率曲线(也称为级配曲线或颗分曲线)。

对于平原河流,粒径很小,无法进行筛分,一般使用马尔文激光粒度仪进行颗粒分析。一般平原河流河床泥沙粒径频率分布曲线只有一个单峰,而且河床泥沙粒径对数值常接近正态分布,其粒径累积频率和粒径对数值基本呈直线。

2.2.2　泥沙颗粒的重力特性

泥沙的容重和干容重是描述河流中泥沙重力特性的重要物理量。泥沙容重是计算泥沙沉速的重要参数,它是单位体积实泥沙(排除孔隙)的质量。泥沙干容重是泥沙干燥后的重量与原有体积的比值,对确定泥沙淤积体质量与体积的关系十分重要。在分析河流泥沙冲淤变化时,必须将泥沙冲淤质量通过干容重换算成泥沙冲淤体积，才可以得到河床变形的量值。

平原河流的黏土和粉沙淤积物经过数年或数十年才能达到其极限值，其颗粒粒径较小，孔隙率较大，在粒径小于 0.005mm 沉淀时，形成絮凝结构(相邻的若干带有吸附水膜的细颗粒彼此相连形成絮团)，孔隙率甚至能够达到 90%，干容重较小。同时，它们具有较大的压缩性，孔隙率和干容重的变化幅度也较大[11]。

在静水中的泥沙，由于颗粒之间的摩擦作用，可以堆积成一定角度的稳定倾斜面而不塌落，倾斜面与水平面的夹角称为泥沙的水下休止角。床面沙波形态、桥渡冲刷、河渠护岸等局部河床变形过程都与泥沙水下休止角有关[3]。它不仅与颗粒的粒径、级配和不均匀系数有关，还受到颗粒形状和表面光滑度的影响。平原河流泥沙颗粒一般棱角尖锐，颗粒之间互相锁结，水下休止角比山区河流历经较多碰撞的光滑卵石休止角大。

2.2.3 泥沙颗粒的水力特性

泥沙颗粒的水力特性指泥沙沉降速度，是单颗泥沙在静止清水中等速下沉时的速度，简称沉速。在研究泥沙颗粒在流体中的运动时，特别是在涉及冲淤、悬移质输运、动床河工模型设计、水流的挟沙能力等问题时，泥沙的沉速都是重要参数[12]。

根据受力分析，Cheng[13]基于理论推导和假设及试验数据提出的代表性天然沙沉速公式中，泥沙沉速均可以表达为 $\dfrac{\gamma_s - \gamma}{\gamma}\dfrac{gd^2}{v}$ 的函数(d 为泥沙粒径)。

泥沙表面积随着颗粒变细而增大。当泥沙粒径 $d<0.01$mm 时，颗粒表面的物理化学作用可使颗粒之间产生微观结构，随着这种细颗粒泥沙含量的增加，相邻的若干带有吸附水膜的细颗粒便彼此连成絮团，这种现象称为絮凝现象[14]。平原河流因为泥沙较细，絮凝作用明显，因而会形成絮团下沉，其沉速将远大于单颗粒下沉的速度。

絮团的沉降机理复杂，不仅依赖于泥沙粒径、含沙量等，还与水流的切应力等动力学因素有关[15]，絮团的沉速 ω_s 主要受其密度和尺寸影响，进而可表示为含沙量的函数。当含沙量小于 10g/L 时，沉速随含沙量的增大而增大，具体表达式为[16]

$$\omega_s = w_1 C^{m_0} \omega \tag{2.19}$$

式中，ω 为单个颗粒的沉速；m_0 为沉降指数；w_1 为经验系数。

当含沙量较大时，絮团内部及絮团间的碰撞加剧，沉速随含沙量的增大而减小。

除了含沙量，水流的紊动是影响絮团沉速的另一个主要因素[17]。考虑水流紊

动对絮凝沉降影响时，对式(2.19)进行修正得

$$\omega_s = a_1 C^{n_0} f(G) \tag{2.20}$$

式中，a_1、n_0 为经验系数；G 为速度梯度均方根，是紊动动能耗散率 ε 的函数，$G = \varepsilon/\nu$，ν 为运动黏滞系数；$f(G)$ 为紊动修正项，$f(G) = 1 + [t_1 + (t_2 + G^c)d_1^{-G}]$，其中 c、t_1、t_2、d_1 为经验系数。

水体的盐度、pH、温度等对絮团的沉降也存在显著影响[18]。这是由于絮团的大小受到 ζ 电位的影响，ζ 电位越大，遇阳离子中和其表面负电荷后，电位下降，碰撞增多，更易形成絮团。

此外，河床上植物的存在也会影响泥沙的沉降，类似于改变了泥沙沉降的固体边壁条件，泥沙的沉速与植物直径及相邻植物之间的距离有关。

2.2.4 泥沙颗粒的吸附特性

泥沙颗粒的吸附通常是指由泥沙颗粒表面特征所引起的，水体中的离子或胶体等微粒在泥沙颗粒表面积聚的现象。天然泥沙一般由矿物成分、化学成分和有机质等组成，各种成分均会对泥沙吸附产生不同的影响；同时，泥沙颗粒表面一般是不规则和粗糙的，其内部存在各种尺度的空隙，为吸附反应提供了场所[19]。泥沙颗粒可通过离子交换、物理吸附和表面沉淀等物理化学反应对水体中的物质进行吸附；而在某些水动力或者水化学环境条件下，这些吸附在泥沙颗粒表面的物质也会重新释放进入水体，发生解吸反应[20]。泥沙颗粒对水体中各种元素的吸附/解吸行为影响着元素在水体中的赋存状态和迁移转化规律，如泥沙颗粒对水体中的铜、镉等重金属离子和氮、磷等营养元素均具有极强的吸附能力，因此泥沙颗粒在水体中具有重要的环境作用[21]。

泥沙颗粒对水体中各种元素的吸附主要受泥沙粒径、比表面积、表面活性物质含量(有机质、铁、铝等)等泥沙理化特征影响。通常情况下，泥沙的粒径越小，其比表面积越大，表面活性物质含量越高，对应的泥沙颗粒吸附能力也越高，尤其是黏粒和中、细粉沙粒径级别的床沙(粒径小于 38.5μm)。泥沙颗粒的吸附/解吸行为一般可用拉格朗日准一级动力学模型和准二级动力学模型进行拟合，模型可以描述水体相应元素含量随时间的变化过程，求得不同反应阶段床沙对水体中不同元素的吸附速率。

拉格朗日准一级动力学模型的数学表达式为

$$q_t = q_e(1 - e^{-k_1 t}) \tag{2.21}$$

式中，q_t 为时间 t 对应的单位质量泥沙的吸附/解吸量，mg/g；q_e 为泥沙吸附/解吸达到平衡时对应的单位质量泥沙的吸附/解吸量，mg/g；k_1 为一级动力学速率常数，h^{-1}。

拉格朗日准二级动力学模型的数学表达式见式(2.22)。该模型建立在吸附剂的吸附能力和吸附剂表面上的活性吸附点位成正比的机制之上。吸附过程由多个吸附阶段共同作用，包括吸附剂表面的液膜扩散、颗粒内部的扩散和吸附点位上的物理化学吸附[22]。

$$\frac{t}{q_t} = \frac{t}{q_e} + \frac{1}{k_2 q_e^2}$$ (2.22)

式中，k_2 为二级动力学速率常数，g/(mg·h)；其他参数同上。

水体化学环境条件的变化会影响泥沙颗粒对水体中各种物质的吸附/解吸行为，影响因素主要包括溶解氧、pH 和温度等。例如，对于磷酸根离子，一般情况下，低氧化还原电位和厌氧条件(溶解氧浓度低于 1mg/L)下会促使泥沙颗粒态磷的释放，泥沙中三价铁被还原成二价铁，胶体状的氢氧化铁变成可溶性的氢氧化亚铁，使泥沙中铁结合态磷向水体溶解态磷转化[23]。水体碱性较强时，会促使泥沙颗粒态磷的释放，水体中的 OH^- 与 PO_4^{3-} 发生竞争吸附，可导致泥沙铁铝结合态磷向水体中释放[24]。泥沙对磷的释放随温度的升高而增强，温度升高会导致微生物活性增强[25]。微生物活性增加后，一方面会加速消耗水中溶解氧，促使铁结合态磷的释放；另一方面也会在一定程度上促使泥沙中的有机态磷转化为无机态磷酸盐而释放[26]。

2.3　泥沙的起动

泥沙起动是指河床上的泥沙颗粒从静止状态转入运动状态的现象。相应的临界水流条件称为泥沙的起动条件，常见的表达形式有两种：起动流速和起动拖曳力。

2.3.1　泥沙起动判别标准

现有的起动标准大体上可分为定性和定量两类标准。在实验室广泛采用的是一种定性标准，即将部分床面有很少量的泥沙在运动规定为起动标准。这种标准大体上相当于"弱动"。Kramer[27]将接近起动临界条件的几种运动强度定义为：

(1) 静止。床面泥沙完全处于静止状态。
(2) 弱动。在床面个别处有屈指可数的细颗粒泥沙处于运动状态。
(3) 中动。床面各处有中等大小的颗粒在运动，运动强度已无法计数。
(4) 普动。各种大小的沙粒均已投入运动，并持续地普及床面各处，床面形态急剧改变。

为了避免定性标准受到主观因素的影响，可以选择定量标准，定量标准的确定具体可以分为概率标准、输沙率标准、切应力标准、颗粒计数标准。

2.3.2　泥沙起动条件

泥沙颗粒受到的力主要有上举力、拖曳力、脉动压力和重力。对于细颗粒泥沙，泥沙间的黏结力有助于抗拒泥沙起动。当泥沙粒径较大时，重力作用占主要地位，粒径越大，越不容易起动，起动流速越大；当泥沙粒径较小时($d<0.17\text{mm}$)，黏结力占主要作用，粒径越小，越不容易起动，起动流速越小。

希尔兹泥沙起动流速公式为[28]

$$U_{\mathrm{pc}}=\sqrt{\frac{\gamma_s-\gamma}{\gamma}gd}\times 5.75\sqrt{f(Re_*)}\lg\left(12.27\frac{\chi R}{k_s}\right) \tag{2.23}$$

式中，k_s 为当量粗糙高度；R 为水力半径；Re_* 为沙粒雷诺数；$f(Re_*)$ 为希尔兹数；χ 为修正系数。

对于平原河流，大多数泥沙粒径小于 0.05mm，这种情况下，泥沙的黏结程度、压实程度、黏结几何形状对泥沙起动的影响非常复杂，许多问题在理论上还未得出明确结论。因此，针对某一富含细颗粒泥沙的河流，河床底泥的起动条件往往需要试验确定。此外，当河道中有植物分布时，植物的密度和淹没度对起动流速有重要影响。

2.4　推移质输沙率

河流床面附近以滚动、滑动、跳跃和层移等方式运动的泥沙为推移质，它包括接触质、跃移质和层移质。在一定的水流及床沙组成条件下，单位时间通过过流断面的推移质质量称为推移质输沙率。

具有代表性的推移质输沙率公式可以分为以流速为主要变量、以拖曳力为主要变量、基于能量平衡和基于统计法则建立的四类公式[2]。

平原河流泥沙大部分泥沙粒径小于 0.05mm，小部分泥沙粒径在 0.1～0.6mm，从理论上讲，使用基于统计法则建立的推移质公式更合理。Einstein 等[29]认为，推移质输沙率是一定水流条件下，当床面泥沙与推移质泥沙的交换达到平衡时的输沙率。根据单位时间内单位床面面积上的冲刷率等于沉积率，并假设泥沙颗粒被举起的概率为 p，经过推导，推移质输沙率公式为

$$1-\frac{1}{\sqrt{\pi}}\int_{-B_*\Psi-1/\eta_0}^{B_*\Psi-1/\eta_0}\mathrm{e}^{-t^2}\mathrm{d}t=\frac{A_*\Phi}{1+A_*\Phi} \tag{2.24}$$

式中，Φ 为推移质输沙强度；Ψ 为水流强度；η_0、A_*、B_* 为常数，可根据试验资料确定，$\eta_0=0.5$，$A_*=1/0.023$，$B_*=1/7$。

$$\Phi = \frac{g_b}{\gamma_s}\left(\frac{\gamma}{\gamma_s-\gamma}\right)^{1/2}\left(\frac{1}{gd^3}\right)^{1/2} \tag{2.25}$$

式中，g_b 为单宽推移质输沙率，kg/(m·s)；d 为沙粒粒径。

推移质输沙强度 Φ 和泥沙颗粒被举起的概率 p 存在如下关系：

$$p = \frac{A_*\Phi}{1+A_*\Phi} \tag{2.26}$$

水流强度 Ψ 定义为

$$\Psi = \frac{\gamma_s-\gamma}{\gamma}\frac{d}{J_eR_b} \tag{2.27}$$

式中，R_b 为沙粒阻力对应的水力半径；J_e 为能坡。

在 Einstein 等[29]的公式中，Φ 与 Ψ 为积分关系式，不便于实际应用，他们给出了 Φ 与 Ψ 的关系图可供查用。在实际计算时，用式(2.28)计算亦有足够的精度。

$$\Phi = e^{4-4.17\ln\frac{5.5}{3.5-\ln\Psi}}, \quad \Psi<27 \tag{2.28}$$

沙波和植物对推移质具有显著的影响。例如，河道交汇处，推移质往往沿着深坑的两侧运动，这种运动形式也很好地维持了深坑的存在。

2.5　悬移质运动及水流挟沙力

随水流浮游前进，其运移速度与水流流速基本相同的泥沙称为悬移质。悬移质运动主要是重力作用与紊动扩散作用综合作用的结果。

山区河流中，悬移质一般能达到推移质的数十倍，而在冲积平原河流中，悬移质的数量更多，一般为推移质的几十倍或数百倍。在河流蚀山造原(指平原)的过程中，以及水库、渠道和平原河流的冲淤变换过程中，悬移质起着重要的作用[3]。

2.5.1　含沙量垂线分布

含沙量沿垂线分布是指在平衡条件下，悬移质含沙量沿水深的分布。它不但与取水防沙工程的设计规划有着直接的关系，而且对悬移质运动的研究和推求悬移质输沙率有着重要的作用。扩散理论和重力理论是其两个主要理论。

根据扩散理论,在平衡条件下,向上移动的沙量等于向下沉降的沙量,并假设泥沙扩散系数和水流动量交换系数相等,得到 Rouse 公式[30],即

$$\frac{S_v}{S_{va}} = \left(\frac{H-y}{y} \frac{a}{H-a} \right)^Z \tag{2.29}$$

式中,S_v 为高度 y 处的含沙量;S_{va} 为参考点 $y=a$(a 为较小的数值)处的含沙量;Z 为悬浮指标。

$$Z = \frac{\omega}{k u_*} \tag{2.30}$$

Z 值的大小决定了泥沙在垂线上分布的均匀程度,Z 值越小,悬移质分布越均匀。此外,泥沙的悬浮高度也是 Z 的函数,根据爱因斯坦的观点,可取 $Z=5$ 作为相应的水流和泥沙条件下泥沙是否进入悬浮状态的临界判别值。

当泥沙颗粒较粗、含沙浓度较大或者泥沙颗粒极细时,实测的含沙量和 Rouse 公式计算的含沙量有一定的差异。谢鉴衡等[31]参考天然河流实测资料得到如下经验关系式:

$$Z_1 = 0.034 + \frac{e^{1.5z} - 1}{e^{1.5z} + 1} \tag{2.31}$$

式中,Z_1 为实际的含沙浓度。

Rouse 公式除了计算精度的问题,还存在计算结果在水面含沙量为零、床面含沙量为无穷大的问题,不符合实际。张瑞瑾[32]对 Rouse 公式进行了修正,具体修正公式为

$$\frac{S_v}{S_{va}} = \exp\left[\frac{\omega}{k u_*} \left(f(\eta) - f(\eta_a) \right) \right] \tag{2.32}$$

$$\eta = 1 - \frac{y}{H} \tag{2.33}$$

式中,S_v 为高度 y 处的含沙量;S_{va} 为参考点 $y=a$ 处的含沙量。

上述公式适用于均匀沙。对于非均匀沙,若各级配泥沙间无互相干扰,则可以把悬移质按大小划分为若干粒径级,每个粒径级的泥沙按照 Rouse 公式计算其含沙量分布,再将同一水深处的各含沙量相加,就得到总的含沙量分布。对于沙粒间互相有干扰的情况,目前的研究尚不成熟。

根据扩散理论,可知垂向紊动扩散势直接影响着泥沙浓度的垂线分布。考虑实际问题中的自然因素,垂向紊动扩散势受植物存在的影响。含淹没植物水流中泥沙浓度分布最均匀,其次为含非淹没植物水流,最不均匀的为无植物水流。

2.5.2 悬移质输沙率

确定了悬移质含沙量 S_v 及流速 U 沿垂线的分布以后,在单位时间内通过高程

y 处单位面积的悬移质输沙率为 US_v，将其沿垂线积分即可得出悬移质单宽输沙率。具有代表性的悬移质输沙率公式如表 2.3 所示[2]。

表 2.3　具有代表性的悬移质输沙率公式[2]

研究者	公式	备注
Einstein 等[29]	$g_s = 11.6\gamma_s u_* a S_{va}\left[2.303\ln\left(\dfrac{30.2H\chi}{K_s}\right)I_1 + I_2\right]$	$I_1 = 0.216\dfrac{A^{Z-1}}{(1-A)^Z}\displaystyle\int_A^1\left(\dfrac{1-\zeta}{\zeta}\right)^Z \mathrm{d}\zeta$ $I_2 = 0.216\dfrac{A^{Z-1}}{(1-A)^Z}\displaystyle\int_A^1\left(\dfrac{1-\zeta}{\zeta}\right)^Z \ln\zeta\,\mathrm{d}\zeta$
Velikanov[33]	$g_s = K'\dfrac{U_L^4}{g\omega}$	K' 为待定系数，U_L 为垂线平均流速
张瑞瑾[32]	$g_s = K\left(\dfrac{U_L^3}{gH\omega}\right)^{m_1} U_L H$	g 为重力加速度，H 为平均水深，K 为修正系数，U_L 为垂线平均流速，ω 为泥沙沉速，m_1 和 K 均为 $\dfrac{U_L^3}{gH\omega}$ 的函数
Bagnold[34]	$g_s = 0.01\dfrac{\gamma_s}{\gamma_s - \gamma}\tau_0 U_L \dfrac{U_L}{\omega}$	U_L 为垂线平均流速，τ_0 为床面剪应力

2.5.3　床沙质、冲泻质与床沙

悬移质中较粗的泥沙有充分的机会和床沙进行交换，称为床沙质。悬移质中较细的大部分泥沙及推移质中的极小部分泥沙在床沙中很少或几乎不存在，它们源于上游的流域冲蚀，是被水流长途挟带输送到本河段的，因此称为冲泻质。床沙是指推移质和悬移质中的床沙质总和。

在冲积平原河流的观测中，常常发现床沙的组成比较均匀。张瑞瑾等[35]将平原河流中的泥沙分为四类：①最细的部分，在水流紊动作用下，以悬移质的方式运动；②次细的部分，在水流拖曳力作用下，以推移质方式运动，能够穿过沙波继续向前运动，不落入波谷之中；③较粗的部分，也以推移质的形式运动，在越过沙波的波峰之后，直接落入波谷之中，不能达到下一个沙波的迎流面上；④最粗的部分，水流推移不动，上游供给少。其中，第三部分的泥沙是构成平原河流床沙的主体。

2.5.4　水流挟沙力

水流挟沙力指在一定的水流及边界条件下，水流所能挟带并通过河段下泄的包括推移质和悬移质在内的全部泥沙。

在平原河流中，悬移质占输沙的主体，同时，水流挟带的悬移质中，只有床沙质的数量与水流及床沙组成条件有明确的关系。因此，往往将水流挟沙力仅限于水流挟带悬移质中床沙质的能力。具有代表性的半经验公式为张瑞瑾公式，张瑞瑾[32]按照悬移质具有制紊作用的观点，推导出来的水流挟沙力公式为

$$S_{\mathrm{m}} = K\left(\frac{U_{\mathrm{L}}^3}{gR\omega}\right)^{m_1} \tag{2.34}$$

式中，U_{L} 为垂线平均流速；K 为修正系数；R 为水力半径；ω 为泥沙沉速；m_1、K 均为 $\dfrac{U_{\mathrm{L}}^3}{gR\omega}$ 的函数。

2.6 平原河流演变与最小能耗率

平原河流有顺直、弯曲、分汊、游荡四种典型平面形态。河道的演变是水流与河床相互作用的结果，其产生的根本原因就是输沙不平衡，伴随着河床冲淤引起的河势、纵向底坡以及横向断面的变形。其中，河势是河道的平面态势，包括主流线、水边线及其所构成的平面形态和水面现象，是有关形态要素的总称。河流演变过程可以从能量的角度去理解，冲积河流具有自动调整作用，河流由于在流动中与外界交换物质与能量，属于热力学系统中的开放系统，一些热力学定律同样适用于河流，从而引申出许多讨论河流演变调整机理的极值假说。极值假说可以用来解释河流达到动态平衡的机理，常用的有最小方差理论、最小能耗原理、最大能耗原理、最大输沙率原理、最大弗洛德系数假说等。徐国宾等[36,37]认为，河流调整过程应遵循非平衡态热力学中的最小熵产生原理，进而证明最小熵产生原理等价于最小能耗率原理。在众多极值假说中，以 Chang[38]、Yang[39]为代表的最小能耗原理和以黄万里[40]为代表的最大能耗原理被普遍认为是较好的研究方式。能耗原理在弯曲河道演变中得到了很好的应用。

分汊河道是平原河流常见的一种河型，影响汊道演变的因素主要是汊道分流与分沙比。分汊形成后，河流会不断通过调整水深、坡降及分流比以达到一种动态平衡。这里从能量角度给出一种可以预测还未演变至动态平衡的分汊河道的最终分流比的方法，这种方法对预测平原河流稳定性以及两岸用水至关重要。

1. 计算原理

这里主要使用能耗极值原理讨论两汊河道的稳定分流情况。一维矩形断面明渠均匀流水流和泥沙运动方程为

连续方程：

$$Q = BhU_{\mathrm{m}} \tag{2.35}$$

谢才公式：

$$Q = CBh\sqrt{RJ} \qquad (2.36)$$

Ackers-White 输沙公式[41]：

$$C_s = \alpha_s s \frac{d}{R} \left(\frac{U_m}{u_*} \right)^{k_a} \left(\frac{F_{gr}}{A_{gr}} - 1 \right)^{m_a} \qquad (2.37)$$

式中，

$$C = \frac{1}{n} R^{1/6} \qquad (2.38)$$

$$F_{gr} = \frac{u_*^{k_a}}{\sqrt{gd(s-1)}} \left[\frac{U_m}{5.657 \ln\left(10\dfrac{R}{d}\right)} \right]^{1-k_a} \qquad (2.39)$$

式中，Q 为流量；B 为河宽；h 为水深；U_m 为断面平均流速；C 为谢才系数；R 为水力半径，对于宽浅河道，$R \approx h$；J 为水力坡度；C_s 为输沙率；α_s、k_a、A_{gr}、m_a 为经验系数；s 为泥沙与水的容重之比，这里取 2.65；d 为床沙粒径；u_* 为摩阻流速；F_{gr} 为可动数；n 为糙率。

$$D_{gr} = d \left[\frac{g(s-1)}{v^2} \right]^{1/3} \qquad (2.40)$$

式中，v 为水的运动黏滞系数。

经验系数 α_s、k_a、A_{gr}、m_a 等可用无因次颗粒直径 D_{gr} 来表示，即

$$\begin{cases} \alpha_s = \exp\left[2.86 \ln D_{gr} - \left(\ln D_{gr} \right)^2 - 3.53 \right] \\ k_a = 1 - 0.56 \ln D_{gr} \\ A_{gr} = \dfrac{0.23}{\sqrt{D_{gr}}} + 0.14 \\ m_a = \dfrac{9.66}{D_{gr}} + 1.34 \end{cases} \qquad (2.41)$$

对于两条支汊，有待求的 Q_1、Q_2、U_{m1}、U_{m2}、h_1、h_2、J_1、J_2、C_{s1}、C_{s2} 共 10 个未知量，将式(2.38)代入式(2.36)，将式(2.39)和式(2.41)代入式(2.37)，由式(2.35)~式(2.37)可以得到关于这 10 个未知量的 6 组关系式，加上 2 组水量沙量守恒关系：

$$Q_1 + Q_2 = Q_0 \tag{2.42}$$

$$C_{s1} + C_{s2} = C_{s0} \tag{2.43}$$

式中，下标 0 代表上游河道；下标 1、2 分别代表左汊、右汊河道。

式(2.35)～式(3.37)和式(2.42)、式(2.43)组成的方程组只有 8 个关系式，但有 10 个未知量，该方程组超定，未知量有无数解，需要补充方程才能得到唯一解。对于分汊河道，河流将调整两汊分流分沙比，并同时调整两汊流量和水深来达到能耗极值。根据能耗极值原理，补充控制方程为

$$Q_1 J_1 + Q_2 J_2 \rightarrow \max\left(Q_1 J_1 + Q_2 J_2\right) \tag{2.44}$$

从理论上看，能耗极值不限制最小值或最大值；从数学上来说，取得最小值或最大值的必要条件都是能耗对变量的导数为零，但实际能耗取最小值或最大值时对应的变量完全不同。黄才安等[42]针对这一问题进行了研究，发现若流量和水深已知，对水力坡度求偏导，则能耗取极小值；若流量和水力坡度已知，对水深求偏导，则能耗取极小值；若水力坡度和水深已知，对流量求偏导，则能耗取极大值。本节推求分流比过程为流量未知，故式(2.44)取能耗极大值对应的分流比作为演变达到动平衡的稳定分流比。

2. 模型实现

已知量包括上游河道多年平均流量 Q_m 和多年平均输沙量 C_{sm}、两汊河道的河宽 B_1 和 B_2、糙率 n_1 和 n_2、床沙粒径 d_1 和 d_2，计算过程如下：

(1) 假设右汊流量为 Q_2，则左汊流量为 $Q_1 = Q - Q_2$。

(2) 假设右汊水深为 h_2，可利用式(2.37)～式(2.42)分别计算得到右汊平均流速 v_2、水力坡度 J_2 以及右汊输沙量 C_{s2}，则左汊输沙量为 $C_{s1} = C_s - C_{s2}$。

(3) 在得到左汊流量和输沙量的基础上，将左汊流速 v_1、水力坡度 J_1 用水深 h_1 表示，最终得到关于 h_1 的非线性方程为

$$h_1 = \left[\frac{\left(\dfrac{C_{sm}}{\eta h_1^{k_a/6-1}}\right)^{1/m} + 1}{\varphi(h_1)} \right]^{\frac{6}{k_a + 6}} \tag{2.45}$$

式中，

$$\eta = \frac{\alpha_s s d}{\left(\sqrt{g} n\right)^{k_a}} \tag{2.46a}$$

$$\varphi(h_1) = \frac{Q_m}{B A_{gr}} \frac{\left(\sqrt{g} n\right)^{k_a}}{\sqrt{g d(s-1)} \gamma (h_1)^{1-k_a}} \tag{2.46b}$$

$$\gamma\left(h_1\right)=\sqrt{32}\ln\frac{10h_1}{d} \tag{2.46c}$$

使用迭代法求出 h_1，从而得到 v_1 和 J_1 等左汊的所有未知量。

(4) 计算能耗 $Q_1J_1+Q_2J_2$。

(5) 通过改变右汊流量 $Q_2(0\sim Q)$ 和右汊水深 $h_2(0\sim$岸高)，重复步骤(1)，找出能耗 $Q_1J_1+Q_2J_2$ 的最大值，并确定此时的分流比为满足能耗极值条件的稳定分流比。基于能耗极值原理计算分汊河道演变稳定分流比的方法已经在长江梅子洲、八卦洲汊道中得到成功应用，为洲道整治提供了很好的理论依据。

参 考 文 献

[1] 张小峰. 河流动力学. 北京: 中国水利水电出版社, 2016.

[2] 王兴奎, 邵学军, 李丹勋. 河流动力学基础. 北京: 中国水利水电出版社, 2002.

[3] 王兴奎, 邵学军, 王光谦, 等. 河流动力学——中国现代科学全书·水利工程. 北京: 科学出版社, 2004.

[4] 兰为季. 降低平原河流施工导流费用的探讨. 人民珠江, 1988, 9(5): 28-30.

[5] Nezu I, Nakagawa H. Turbulence in Open-Channel Flows. Rotterdam: Balkema, 1993.

[6] Sarma K V N, Lakshminarayana P, Lakshmana R N S. Velocity distribution in smooth rectangular open channels. Journal of Hydraulic Engineering, 1983, 109(2): 270-289.

[7] Nezu I, Rodi W. Open-channel flow measurements with a laser Doppler anemometer. Journal of Hydraulic Engineering, 1986, 112(5): 335-355.

[8] 钱宁, 万兆惠. 泥沙运动力学. 北京: 科学出版社, 1983.

[9] 左东启, 汪德爟, 顾家龙, 等. 中国水利百科全书. 水力学、河流及海岸动力学分册. 北京: 中国水利水电出版社, 2004.

[10] Powell R W. History of Manning's formula. Journal of Geophysical Research, 1960, 65: 1310-1311.

[11] 赵振兴, 何建京. 水力学. 2 版. 北京: 清华大学出版社, 2010.

[12] 左东启. 模型试验的理论和方法. 北京: 水利电力出版社, 1984.

[13] Cheng N S. Simplified settling velocity formula for sediment particle. Journal of Hydraulic Engineering, 1997, 123(2): 149-152.

[14] 邵学军, 王兴奎. 河流动力学概论. 北京: 清华大学出版社, 2005.

[15] 林伟波, 孔德雨, 罗锋. 瓯江口细颗粒泥沙沉速计算方法研究. 水力发电学报, 2013, 32(4): 114-119.

[16] Maa J P Y, Kwon J I. Using ADV for cohesive sediment settling velocity measurements. Estuarine, Coastal and Shelf Science, 2007, 73(1-2): 351-354.

[17] Pejrup M, Mikkelsen O A. Factors controlling the field settling velocity of cohesive sediment in estuaries. Estuarine, Coastal and Shelf Science, 2010, 87(2): 177-185.

[18] 金鹰, 王义刚, 李宇. 长江口粘性细颗粒泥沙絮凝试验研究. 河海大学学报(自然科学版), 2002, 30(3): 61-63

[19] 肖洋, 陆奇, 成浩科, 等. 泥沙表面特性及其对磷吸附的影响. 泥沙研究, 2011, (6): 64-68.

[20] Sun S J, Huang S L, Sun X M, et al. Phosphorus fractions and its release in the sediments of Haihe River, China. Journal of Environmental Sciences, 2009, 21(3): 291-295.

[21] 禹雪中, 钟德钰, 李锦秀, 等. 水环境中泥沙作用研究进展及分析. 泥沙研究, 2004, (6): 75-81.

[22] 张凯娜, 李嘉, 李晓强, 等. 微塑料表面土霉素的吸附-解吸机制与动力学过程. 环境化学, 2017, 36(12): 2531-2540.

[23] 冯海艳, 李文霞, 杨忠芳, 等. 上覆水溶解氧水平对苏州城市河道底泥吸附/释放磷影响的研究. 地学前缘, 2008, 15(5): 227-234.

[24] 崔双超, 丁爱中, 潘成忠, 等. 泥沙质量浓度和 pH 对不同粒径泥沙吸附磷影响研究. 北京师范大学学报(自然科学版), 2012, 48(5): 582-586.

[25] 徐轶群, 熊慧欣, 赵秀兰. 底泥磷的吸附与释放研究进展. 重庆环境科学, 2003, 25(11): 147-149.

[26] 汪家权, 孙亚敏, 钱家忠, 等. 巢湖底泥磷的释放模拟实验研究. 环境科学学报, 2002, 22(6): 738-742.

[27] Kramer H. Sand mixtures and sand movement in fluvial model. Transactions of the American Society of Civil Engineers, 1935, 100(1): 798-838.

[28] Yang C T. Incipient motion and sediment transport. Journal of the Hydraulics Division, 1973, 99(10): 1679-1704.

[29] Einstein H A, Ning C. Second approximation to the solution of the suspended load theory. University of California Institute Engineering Research. US Army Corps of Engineers Missouri River Division Sediment Series, 1954.

[30] Rouse H. Experiments on the mechanics of sediment suspension//Proceedings of the 5th International Congress for Applied Mechanics. New York, 1939: 550-554.

[31] 谢鉴衡, 张瑞瑾, 王明甫, 等. 河流泥沙动力学. 北京: 水利水电出版社, 1989.

[32] 张瑞瑾. 论重力理论兼论悬移质运动过程. 水利学报, 1963, 3: 11-23.

[33] Velikanov M A. Fluvial Process of Rivers. Moscow: Physics Mathematics Literature Press, 1958: 241-245.

[34] Bagnold R A. An approach to the sediment transport problem from general physics. Washington: US Government Printing Office, 1966.

[35] 张瑞瑾, 谢鉴衡, 陈文彪. 河流动力学. 武汉: 武汉大学出版社, 2007.

[36] 徐国宾, 练继建. 河流调整中的熵、熵产生和能耗率的变化. 水科学进展, 2004, 15(1): 1-5.

[37] 徐国宾, 练继建. 流体最小熵产生原理与最小能耗率原理(I). 水利学报, 2003, 34(5): 35-40.

[38] Chang H H. Stable alluvial canal design. Journal of the Hydraulics Division, 1980, 106(5): 873-891.

[39] Yang C T, Song C C S, Woldenberg M J. Hydraulic geometry and minimum rate of energy dissipation. Water Resources Research, 1981, 17(4): 1014-1018.

[40] 黄万里. 水动力-热动力学的极值定律. 应用数学和力学, 1983, 4(4): 469-476.

[41] Ackers P, White W R. Sediment transport: New approach and analysis. Journal of the Hydraulics Division, 1973, 99(11): 2041-2060.

[42] 黄才安, 奚斌. 水流能耗率极值原理及其水力学实例研究. 长江科学院院报, 2002, (5): 7-9.

第3章 平原河流植被、沙波床面物质输移

平原河网区水动力弱，为了实现有限水动力的时空再造以满足不同治水目标的需求，需要明确水流能量在河网中的消耗过程，有效地进行水流能量的控制与维持。作为平原河流中非常常见的床面特征，植被和沙波等特质边界影响下河道边界摩阻消耗以及物质输移过程是平原河流动力学需要突破的理论问题。

天然河道中，通常生长着各种类型的水生植物。这些植物的存在，不可避免地对水流运动造成一定的阻碍作用，并且随着水流强度的变化，植物会呈现出直立、弯曲、摆动、倒伏等不同状态，对河道的水沙输移造成不同的影响，成为天然河道水流运动的"柔性边界"。同时，床面泥沙在水流的动力作用下发生运动，或冲刷、或沉降、或基本平衡，在河道中塑造出有一定规律的床面形态，如沙波、沙垄、逆行沙垄等，统称为沙波。沙波床面多为三维形态，随水流条件、紊动结构和泥沙特性的不同而千差万别。从水体运动的角度来看，沙波床面形态相当于在自由水面之下又增加了一个可动面，成为天然河道水流运动的"松散边界"。植物形成的"柔性边界"和沙波形成的"松散边界"，对明渠水沙运动有显著的影响。此外，沙波内水分饱和的沉积物层是河流地表水和地下水相互作用的区域，也是河床中能与河流发生物质和能量交换的区域，该区域通常称为潜流带。受到沙波形态变化的影响，该区域内部存在相对较强的流动，导致河床内部的饱和水与河道水体之间发生交换，称为地表水-地下水界面交换，也称为潜流交换。研究植被、沙波床面条件下的水流阻力、紊流结构、泥沙输移、污染物运动等的规律，将极大地丰富明渠水流运动及泥沙、污染物输移理论的研究，对于规划河流防洪工程、宏观分析河道形态与河床演变、深入认识植物水土保持的机理以及河流生态系统的物质交换等均具有重要的理论意义，对河流水生态、水环境的保护也具有重要的实际意义。

3.1 植被床面的物质输移

在植被的作用下，河道水沙、污染物等物质的输移规律将发生明显变化。因此，将植物因素纳入平原河流动力学和河流水环境、水生态研究中，研究植物对明渠的水流阻力、水流结构、泥沙运动、污染物输移的影响，对实施平原河道行洪能力的设计、河流水环境污染治理、河流修复和水资源可持续利用具有重要的

现实意义和实用价值。

3.1.1 植被床面的水流特性与阻力

1. 植被床面的流动类型和基本水流特性及阻力特性概述

对比无植物传统明渠水流，植物糙元的特殊性导致含植物明渠的水流特性和紊流结构发生了显著变化，从而传统光滑明渠紊流结构理论在含植物明渠水流中无法被直接应用。明渠紊流基本统计特性参数如平均流速(流速一阶矩)、紊动强度(流速二阶矩)、雷诺应力(流速二阶矩)、偏态系数(流速三阶矩)、峰态系数(流速四阶矩)的分布，是刻画紊流结构的基础。Nezu 等[1]总结了光滑明渠的经典流速对数分布律、紊动强度指数律、雷诺应力的线性分布律，这些结论得到公认，各种光滑明渠流动的紊流统计参数分布形式一致，参数几乎为同一常数(如流速对数分布律中卡门常数约为 0.4，积分常数约为 5.5；紊动强度的指数分布律中，经验常数大致为固定值)。而在植物条件下的明渠中，即使是对于简单的流速一阶统计矩——平均流速分布，目前都不存在统一的普适表达形式[2]。这主要是由流动类型的复杂性和流动沿垂向的不均匀性造成的。

对植物层及附近的流动类型进行研究，Jordanova 等[3]将植物层类比为沙砾床面，认为植物产生阻力可以处理为床面阻力的延伸，流动属于粗糙边界层流动。Ghisalberti 等[4]认为，植物层附近流动同混合层类似，并给出了其发展机理，由于流速在植物顶端产生拐点，引起开尔文-亥姆霍兹(Kelvin-Helmholtz)不稳定性，产生 KH 涡并不断向下游发展，达到一个稳定状态，此时 KH 涡大小就是类似于混合层流动的范围。Poggi 等[5]认为，随着植物密度的增大，植物冠层顶端附近流动类型由边界层流动向混合层流动转变。Nezu 等[6]认为，流动类型沿着垂向水深是不同的，可以分为植物类非淹没流动(近床面区)、混合层流动(植物顶端附近区)、边界层流动(自由水面区)。

植物密度对流动类型存在影响，随着植物密度的增大，流动类型从光滑边界层到粗糙边界层再到混合层转变，当植物很密时，流动类型又有从混合层到新的边界层转变的趋势。此外，淹没度(水深与植物高度的比值)对流动类型也存在影响。当淹没度小于 1 时(即植物非淹没条件)，密度较小时，流动类似群桩扰流，密度较大时，流动类似多孔介质流。在淹没度大到一定程度时，植物的作用类似床面沙粒，流动为粗糙边界层。在淹没度和密度适中的条件下，即植物尺度和流动尺度可以相比时，流动类型随着植物密度和淹没度出现不同类型。这种流动类型的不确定性造成了植物床面条件下水流结构的复杂性。平原河流中，植物的密度范围较广，水流的变化引起淹没度的变化，植物密度和适中条件下的淹没度具有一般性规律。

流经非淹没植物的水流，流速沿垂线近似为一常数。流经淹没植物的水流，纵向流速 U 沿垂线分布不再遵循传统的明渠水流对数流速分布律，整体呈反 S 形分布，且存在两区划分和三区划分的观点。两区划分将流速分布分为植物层内部及植物层以上区域，植物层以上区域，流速满足对数分布，在植物层内部区域，流速较小但不满足对数分布。三区划分的观点并未得到完全统一，各区界线仍存在不同取值，且各区遵循的流速分布律也不尽相同。

与无植物明渠相比，含非淹没、淹没植物明渠流动的纵向、垂向紊动强度 u/u_*、v/u_* 和雷诺应力 $-\overline{u'v'}/u_*^2$ 分布具有很大的差异。含非淹没植物的明渠流动，对应三个物理量沿垂线分布近似为常数。含淹没植物的明渠流动，紊动强度和雷诺应力都在植物顶部附近达到最大值，向床面和自由水面逐渐减小，如图 3.1 所示。

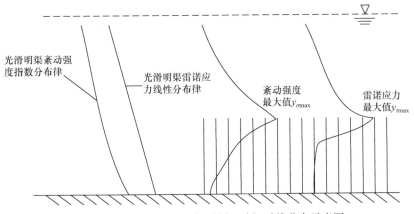

图 3.1 光滑明渠与含植物明渠二阶矩垂线分布示意图

拟序结构是对紊流的生成、维持、演化和输运起主要作用的结构，它是流体团之间有序的运动，分为猝发现象和大尺度涡旋运动。植物条件下的明渠，紊流结构较为复杂，主要表现在：一方面，植物根部处产生的尾流与壁面剪切紊流同时存在于近壁面区；另一方面，植物层与非植物层之间的掺混使得横向与纵向涡结构更为复杂，且上部植物层同时存在尾流和掺混层作用。此外，猝发现象和大尺度涡旋均被发现存在于植物水流中。这些都导致了植物明渠紊流拟序结构表现出较强的复杂性。

当水流经过非淹没植物时，流动类似圆柱绕流，植物后方产生绕流尾涡(卡门涡街)，尾涡作用强度沿水深均匀分布，流速和脉动强度沿垂向近似为常数，不存在相邻上下两层流体之间的动量交换[7]。

当水流经过淹没植物时，自床面向上至自由水面，主要存在床面剪切涡(同无植物明渠)、床面猝发结构、植物层内尾涡、植物顶部附近的猝发结构、植物层上部和自由水面之间的 KH 涡(强剪切层内)、自由水面区的类边界层外区拟序结构。

Ghisalberti 等[4]从植物条件下水流流速垂向分布存在拐点出发，认为具备了产生 KH 涡的条件，将植物水流剪切层发展的本质过程描述为：由于阻力在垂向的不连续，速度分布在垂向产生了弯曲，从而引起了开尔文-亥姆霍兹不稳定性，在这种不稳定性的作用下，形成了不断向下游发展的涡街——KH 涡，如图 3.2 所示[4]。流速振荡的表观现象即为植物的周期性摆动——Monami 现象[4]，植物的摆动即是水流周期运动的流动显示。

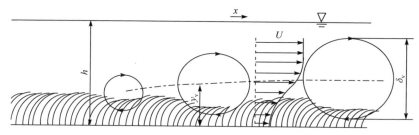

图 3.2　流经柔性植物的 KH 涡的沿程发展[4]

h. 水深；U. 时均流速；x. 顺水流方向；y_v. KH 涡中心沿程运动发展的垂向高度；δ_v. KH 涡的垂向尺度

　　流域的水流阻力决定了流域水位和水流分布。可靠的洪水演算和预报是河流管理的一项重要内容，它取决于阻力参数的精确计算，而植物在河流中广泛存在，因此水生植物阻力特性的研究越来越受到重视。1959 年，Chow[8]在分析影响水流阻力的众多因素(如湿周的沙粒形状和尺寸、河道的尺寸和蜿蜒性)时就指出，植物对水流阻力的影响很大，具体表现在减少水流过流能力，增大水流阻力。但他同时也指出，柔性植物在较大的水流强度作用下倒伏，形成"光滑"的柔性边界层，水流阻力反而会变小。美国佛罗里达州 Kissimmee 流域的湿地恢复研究报告[9]曾强调，必须研究水生植物阻力特性和水深与植物生长状况的关系。植物对水流阻力的影响效果主要取决于高度、密度、分布、刚度、类型。季节的变化影响河道及河岸水草和树木的生长，糙率在植物生长期增大、枯萎期减小。

2. 植被床面的紊动特性和水流阻力

1) 水流运动方程

明渠水流中的植物属于大尺度糙元，对任何时间平均参数 σ，还进行空间平均[10]：

$$\langle\sigma\rangle = \frac{1}{V}\iiint\limits_V \sigma \mathrm{d}V \tag{3.1}$$

对式(2.3)进行空间平均后变为

$$\frac{\partial \langle U_i \rangle}{\partial t} + \langle U_j \rangle \frac{\partial \langle U_i \rangle}{\partial x_j} = g_i - \frac{1}{\rho}\frac{\partial \langle P \rangle}{\partial x_i} + \frac{\partial \langle \tau_{ij} \rangle}{\partial x_j} + F_{dl} + F_{vl} \tag{3.2}$$

$$\langle \tau_{ij} \rangle = \langle -\overline{u_i' u_j'} \rangle + \langle -\overline{u_i'' u_j''} \rangle v \frac{\partial \langle U_i \rangle}{\partial x_j} \tag{3.3}$$

式中，F_{dl} 和 F_{vl} 分别为进行空间平均时由于植物的存在产生的形状阻力和黏滞阻力；$\langle -\overline{u_i'' u_j''} \rangle$ 为由于对剪切力进行空间平均产生的扩散应力项。

对于二维含植物明渠恒定均匀流，式(3.2)左边为零，因此沿水流方向的动量方程简化为

$$\frac{\partial}{\partial y}\left(\langle -\overline{u'v'} \rangle + \langle -\overline{u''v''} \rangle v \frac{\partial U}{\partial y} \right) = -gJ - F_{dl} - F_{vl} \tag{3.4}$$

可以看出，该方程是对纵向和横向所在的平面进行空间平均，则均化后的紊动参数仅随垂向位置发生变化。Nezu 等[6]的研究结果表明，扩散应力项相对于紊动雷诺应力非常小，可以忽略不计。F_{dl} 为局部植物阻力，其表达式为

$$F_{dl} = -\frac{1}{2}C_{dl}a\langle U \rangle^2 \tag{3.5}$$

若忽略黏滞阻力项，式(3.4)可进一步简化为

$$\frac{\partial \langle -\overline{u'v'} \rangle}{\partial y} + gJ = \frac{1}{2}C_{dl}a\langle U \rangle^2 \tag{3.6}$$

式(3.6)是进行时间和空间双重平均后的一维含植物水流控制方程，在相关数值模拟中被广泛使用。

2) 平均流速

通过一系列植物条件下的明渠水沙运动试验研究，测得在相同水深和断面平均流速条件下，三种不同情况明渠均匀流流速垂线分布(h_v 为淹没植物高度)如图 3.3 所示。植物在非淹没条件下，流速沿水深大致为一常数。比较无植物和淹没植物床面，在植物层区域($0< y / h_v \leqslant 1$)，由于植物对水流直接产生阻力，植物层区域流速比无植物明渠明显减小；而在无植物层($y / h_v >1$)大部分区域，流速比植物层明显增大。可见，植物对水流流速的改变非常显著。

植物的这种流速重新分配作用对泥沙运动以及污染物扩散有明显影响。在河道生态修复中，采用植物"柔性坝"，可以有效地拦截粗颗粒泥沙，促进悬移质沙的输移和污染物的扩散，增大水体的透明度、净化水质。

3) 紊动特性

在植物淹没条件下，植物层上部及植物层内部的紊动强度 u 均分别满足如下指数分布：

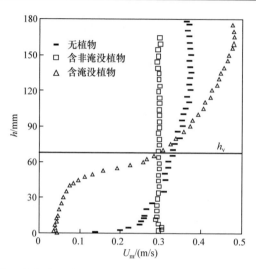

图 3.3　无植物、含非淹没植物、含淹没植物明渠均匀流流速垂线分布的比较
(相同水深和断面平均流速)

$$\frac{u}{u_*} = D_{u1} \exp\left(-\lambda_{u1}\frac{y}{h}\right), \quad h_v < y \leqslant h \tag{3.7}$$

$$\frac{u}{u_*} = D_{u2} \exp\left(\lambda_{u2}\frac{y}{h_v}\right), \quad 0 \leqslant y \leqslant h_v \tag{3.8}$$

式中，D_{u1}、D_{u2} 和 λ_{u1}、λ_{u2} 为与植物和水流条件有关的常数，不同植物密度或不同淹没度下略有不同；h 为水深；h_v 为淹没植物高度。

雷诺应力在植物层上部淹没度较小 ($1 < y/h_v \leqslant 2$) 时遵循指数分布，淹没度较大 ($y/h_v > 2$) 时满足线性分布，内部近似遵循指数分布，见式(3.9)和式(3.10)。

$$\begin{cases} -\dfrac{\overline{u'v'}}{u_*^2} = -A_{-\overline{uv}}\dfrac{y}{h} + B_{-\overline{uv}}, & 1 < \dfrac{y}{h_v} \leqslant 2 \\[3mm] -\dfrac{\overline{u'v'}}{u_*^2} = D_{-\overline{uv}1} \exp\left(-\lambda_{-\overline{uv}1}\dfrac{y}{h}\right), & \dfrac{y}{h_v} > 2 \end{cases} \tag{3.9}$$

$$-\frac{\overline{uv}}{u_*^2} = D_{-\overline{uv}2} \exp\left(-\lambda_{-\overline{uv}2}\frac{y}{h}\right) \tag{3.10}$$

式中，$A_{-\overline{uv}}$、$B_{-\overline{uv}}$、$D_{-\overline{uv}1}$、$D_{-\overline{uv}2}$、$\lambda_{-\overline{uv}1}$、$\lambda_{-\overline{uv}2}$ 为与植物和水流条件有关的常数，不同植物密度或不同淹没度下略有不同。

4) 紊流拟序结构

一般情况下，植物顶部水流剧烈剪切产生的 KH 涡以及植物后方的绕流尾涡作用范围较广，是含淹没植物明渠水流中两种常见的涡结构。依据 KH 涡和尾涡的作用范围，将流动沿垂向大致分为以下三个区域，如图 3.4 所示。

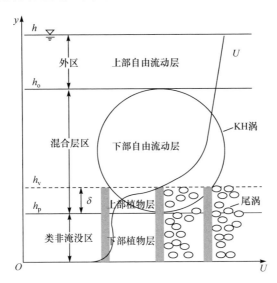

图 3.4　含淹没植物的明渠紊流涡结构及流动分区示意图

(1) 类非淹没区 $\left(0 < y \leqslant h_{\mathrm{p}}\right)$，即下部植物层或低冠层区[4]。$h_{\mathrm{p}}$ 为 KH 涡在植物层的渗透高度，即 KH 涡下边界。该范围内的流动主要受尾涡影响，相应的物质交换以纵向对流传递为主。

(2) 外区 $(h_{\mathrm{o}}<y<h)$，即上部自由流动层，也称为自由水面区[5]或对数层区[6]。h_{o} 为 KH 涡的上边界，h 为水深。该范围内的流动既不受尾涡作用，也不受 KH 涡直接影响，同时存在纵向对流和垂向紊动交换。

(3) 混合层区 $\left(h_{\mathrm{p}} < y \leqslant h_{\mathrm{o}}\right)$，包括上部植物层 $\left(h_{\mathrm{p}} < y \leqslant h_{\mathrm{v}}\right)$(也称为渗透层，渗透厚度 $\delta = h_{\mathrm{v}} - h_{\mathrm{p}}$，$h_{\mathrm{v}}$ 为植物顶部的高度)和下部自由流动(或剪切)层 $\left(h_{\mathrm{v}} < y \leqslant h_{\mathrm{o}}\right)$，即 KH 涡垂向作用的范围。其中，上部植物层(植物内层上部区域)的流动受 KH 涡和尾涡共同作用，下部自由流动层(植物层顶部以上一定范围)的流动只受 KH 涡作用，两者存在纵向对流和垂向紊动物质交换。

尾涡具有尺寸小、耗散快的特点，受到植物之间纵向间距 S_x 和横向间距 S_z 的影响。当 S_x、S_z 均达到较小值时，植物层内部流动缓慢、尾涡作用消失，流动类似于多孔介质流动。运用荧光素钠作流动显示剂，对淹没刚性植物条件下的尾涡结构进行了研究，认为植物对齐排列时，植物内层绕流方式可视为并列双圆柱绕流中的平行涡街模式和串列双圆柱绕流中的共同涡脱落模式。

床面猝发结构是壁面剪切紊流常见的拟序结构，运用流动显示技术的试验研究表明，在有淹没植物条件下，床面仍然能够发生猝发现象，猝发结构主要受到植物根茎及壁面的综合作用,猝发多为单体喷射(见图 3.5),频率与光滑明渠不同,且部分猝发过程并不是完整的喷射-清扫周期。这可能是由于植物根茎成为拟序结构发展的障碍物,阻碍了群体喷射及上升流或下扫流的发展进程,且加剧了紊流能量的扩散。

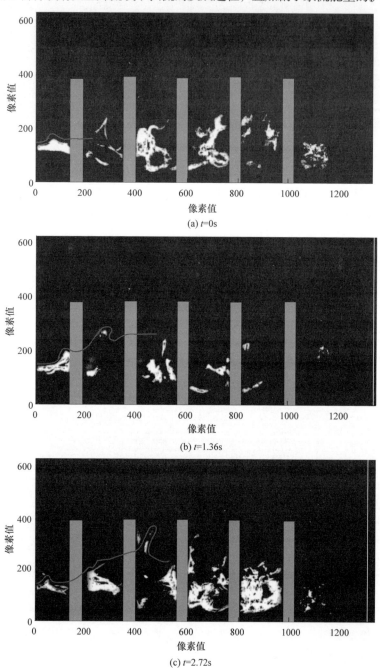

(a) t=0s

(b) t=1.36s

(c) t=2.72s

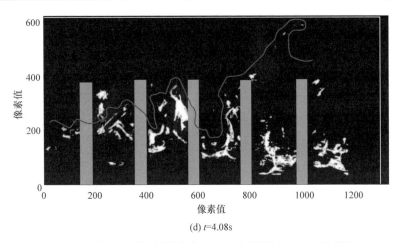

(d) t=4.08s

图 3.5　植物床面附近单体猝发现象(时间间隔为 1.36s)(见彩图)

　　与一般的层流因初始小扰动不断放大转捩为紊流不同，植物顶端的凸起边界使水流受到强烈外界干扰，附近流态很快转捩为紊流，该种转捩方式属于旁路转捩。该种转捩方式的扰动增长及破裂的时间尺度明显快于规则转捩，植物顶端造成的绝对不稳定状态使流态扰动一直存在，形成了群体猝发现象，如图 3.6 所示。图 3.7 为试验水深 h=12cm(淹没度为 2)下所观测到的植物顶部附近发生的猝发过程，完整地反映了低速条带喷射失稳过程，包括条带的形成、抬升、振动及破碎。

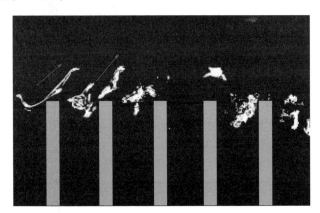

图 3.6　植物顶部附近群体猝发现象

　　在自由水面区，紊流以大涡在顺水流方向被拉伸为特征，表现为间歇性向下游发展的涡卷，与边界层外区类似，如图 3.8 所示。

　　5) 水流阻力

　　对比有、无植物河道水流的受力分析，可以将含植物河道的水流阻力分解

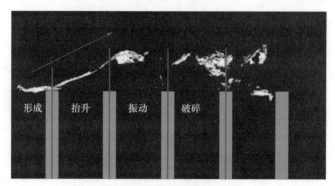

图 3.7 植物顶部附近猝发过程

为床面阻力和整体植物阻力。无植物河道和有植物河道的整体受力示意图分别如图 3.9 和图 3.10 所示[11]。图中，x 和 y 分别代表纵向(流向)和垂向，U_m 为断面平均流速，h 为水深，h_v 为淹没植物高度，F_g 为水体重力沿流向的有效分量，F_b 为床面阻力，F_{db} 为植物对全断面水流产生的阻力，即整体植物阻力，θ 为底坡倾角，对于均匀流条件，能坡 $J_e=\sin\theta$。

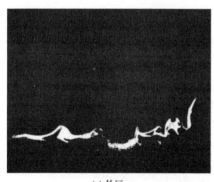

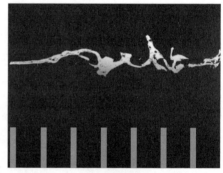

(a) 外区   (b) 自由水面区

图 3.8 光滑明渠外区和植物床面自由水面区拟序结构对比

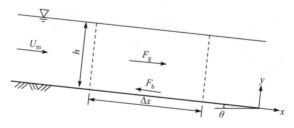

图 3.9 无植物河道的整体受力示意图[11]

无植物河道和有植物河道的局部受力示意图分别如图 3.11 和图 3.12 所示[11]。图中，F_g 为水体重力沿流向的有效分量，F_τ 为与局部水体上下相邻水体的剪切作用合力，F_{dl} 为植物对局部水流产生的阻力，即局部植物阻力。

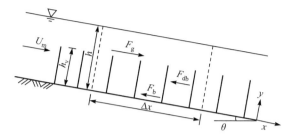

图 3.10　有植物河道的整体受力示意图[11]

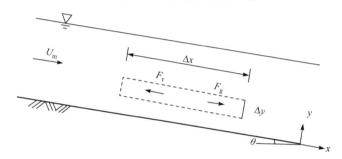

图 3.11　无植物河道局部受力示意图[11]

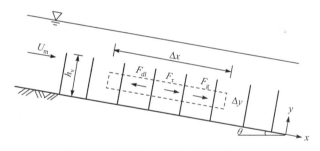

图 3.12　有植物河道局部受力示意图[11]

　　若考虑垂向局部的水体受力情况，可取控制体积为 $\Delta x \times \Delta y \times 1$ 的水体(单位宽度)为研究对象。对于无植物河道情况，该水体微团行进的动力来自重力势能，即动力为 F_g；该水体微团在运动中受到上下相邻水体的剪切作用力，其合力 F_τ 构成对水体微团的阻力。对于有植物河道情况，植物的存在改变紊流结构，使得剪切作用合力 F_τ 由原先的阻碍水流转变成促进水流行进，其与 F_g 共同构成局部水流的动力；而由于植物对水体微团的直接阻挡作用，水流受到的阻力即为局部植物阻力 F_{dl}。

　　Tang 等[11]基于阻力叠加原理，对整体植物阻力、整体植物阻力系数和局部植物阻力、局部植物阻力系数进行分析并给出了计算方法。其中，局部阻力系数为植物条件下明渠紊流精细计算提供了依据。

(1) 整体植物阻力和整体植物阻力系数。

传统无植物条件下水流阻力主要来自床面阻力，而当水流中含有植物时，水流阻力取决于植物引起的阻力和床面引起的阻力两部分。以图 3.10 中体积为 $\Delta x \times h \times 1$ 的水体为研究对象，则由力的平衡原理可知

$$F_{db} = F_g - F_b \tag{3.11}$$

因此，计算整体植物阻力的关键在于估算床面阻力。基于阻力叠加原理，可以提出一种估算床面阻力所占总水流阻力权重的方法，这种方法充分考虑了床面阻力对总水流阻力的贡献，能较好地计算整体植物阻力。

考虑断面平均流速 U_m、水深 h、淹没植物高度 h_v 以及总底坡为 J_e 的含植物明渠均匀流，如图 3.13(a)所示。

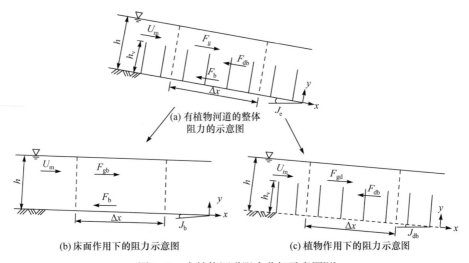

(a) 有植物河道的整体
阻力的示意图

(b) 床面作用下的阻力示意图

(c) 植物作用下的阻力示意图

图 3.13　有植物河道阻力分解示意图[11]

可将该明渠流动的形成分解为以下两个过程：首先，断面平均流速为 U_m、水深为 h 的明渠中没有植物，此时水流的行进阻力仅由床面产生，为克服床面阻力形成均匀流，明渠需形成一定底坡 J_b(见图 3.13(b))；然后在此基础上，往明渠中植入植物，于是对水流产生植物阻力项，为维持均匀流状态需进一步加大水槽底坡，假设该过程中的底坡增加量为 J_{db}(见图 3.13(c))，且含植物明渠均匀流的最终底坡为 J_e(见图 3.13(a))，则有

$$J_e = J_{db} + J_b \tag{3.12}$$

将含植物水流等效虚拟划分为两部分：仅有植物作用和仅有床面作用，如图 3.13(c)及图 3.13(b)所示，即可计算床面阻力占总阻力的比例。水体自重的有

效分量 F_g 可划分为两部分: 用于平衡床面阻力的重力分量 F_{gb} 和用于平衡植物阻力的重力分量 F_{gd}, 易知

$$F_g = F_{gb} + F_{gdb} = \Delta x h \rho g J_e \tag{3.13}$$

$$F_b = F_{gb} = \Delta x h \rho g J_b \tag{3.14}$$

综合式(3.13)和式(3.14), 可得

$$F_{db} = F_{gdb} = \Delta x h \rho g (J_e - J_b) \tag{3.15}$$

单位面积床面对应的整体植物阻力为

$$f_{db} = \frac{F_{db}}{\Delta x} = \rho g h (J_e - J_b) \tag{3.16}$$

整体植物阻力系数 C_{db} 是表征整体植物阻力 F_{db} 的重要参数, 两者之间存在如下关系:

$$F_{db} = \frac{1}{2} \rho N_{vl} C_{db} A_{lb} U_m^2 \tag{3.17}$$

式中, A_{lb} 为植物侧向投影面积; N_{vl} 为单位床面面积内的植物数量。

取 Δx 为单位长度, 综合式(3.15)和式(3.17), 可得整体植物阻力系数为

$$C_{db} = \frac{2gh(J_e - J_b)}{N A_{lb} U_m^2} \tag{3.18}$$

(2) 局部植物阻力和局部植物阻力系数。

植物产生的阻力沿垂向分布并不均匀, 因此有必要深入研究其垂向分布情况, 即局部植物阻力。由前面的阻力构成分析可知, 有、无植物条件下的阻力构成区别很大, 最明显的变化就是相邻水体产生的剪切力由无植物条件下的阻力变成有植物条件下的动力, 可见植物对于水流结构的改变之大。以控制体积为 $\Delta x \times \Delta y \times 1$ 的水体为研究对象, 通过沿水流方向的受力分析可知

$$F_{dl} = F_g + F_\tau \tag{3.19}$$

因此,

$$F_g = \Delta x \Delta y \rho g J_e \tag{3.20}$$

$$F_\tau = \Delta x \Delta y \rho \frac{\partial \tau}{\partial y} \tag{3.21}$$

式中, τ 为水流剪切应力。

$$\tau = -\overline{u'v'} + \nu \frac{\partial u}{\partial y} \tag{3.22}$$

综合式(3.19)~式(3.21), 可知

$$F_{dl} = \Delta x \Delta y \rho \left(g J_e + \frac{\partial \tau}{\partial y} \right) \tag{3.23}$$

单位体积水体对应的局部植物阻力为

$$f_{dl} = \frac{F_{dl}}{\Delta x \Delta y} = \rho \left(g J_e + \frac{\partial \tau}{\partial y} \right) \tag{3.24}$$

局部植物阻力系数 C_{dl} 是表征局部植物阻力 F_{dl} 的重要参数，两者之间存在如下关系：

$$F_{dl} = \frac{1}{2} \rho N C_{dl} A_{ll} U_{dl}^2 \tag{3.25}$$

式中，U_{dl} 为局部高度 Δy 范围内的平均流速；A_{ll} 为局部植物侧向投影面积。

取 Δx 和 Δy 为单位长度，综合式(3.24)和式(3.25)，可得局部植物阻力系数的计算表达式为

$$C_{dl} = \frac{2 \left(g J_e + \dfrac{\partial \tau}{\partial y} \right)}{N A_{ll} U_{dl}^2} \tag{3.26}$$

局部植物阻力系数反映植被对水流的局部阻挡作用，其对应的特征流速是垂向某点的时均流速，因此可作为含植被紊流模型的重要输入参数。

基于对雷诺应力的实测结果，采用中心差分法来推求雷诺应力的梯度，再结合实测流速分布，即可求得局部植物阻力系数。不同试验条件下得到的局部植物阻力系数分布规律如图 3.14 所示[11]。可以看出，B1～B12 工况下的局部植物阻力系数沿垂向并不是不变的，且有明显的变化规律，即局部植物阻力系数在近床面区域沿垂向几乎不变，接着朝水面增大，在 0.8 倍的植被高度处达到最大值，最后朝植被顶端减小。基于这些分布特征，拟合出如下经验公式：

$$\frac{C_{dl}}{C_{dla}} = \begin{cases} 5.34 \left(\dfrac{z}{h_v} \right)^3 - 3.88 \left(\dfrac{z}{h_v} \right)^2 + 0.82 \dfrac{z}{h_v} + 0.79, & 0 < \dfrac{z}{h_v} \leqslant 0.8 \\ -7.59 \dfrac{z}{h_v} + 7.77, & 0.8 < \dfrac{z}{h_v} < 1 \end{cases} \tag{3.27}$$

式中，C_{dla} 为局部植物阻力系数的平均值，$C_{dla}=1.10$。

(3) 曼宁系数。

在传统的各种水流阻力系数中，曼宁系数在水流计算和实际工程中是使用最广泛的，相应的计算方法为 $n=h^{2/3} J^{1/2}/U_m$。与无植物明渠相比，含植物明渠水力半径和能坡难以划分和确定，因此曼宁方程的使用较为复杂。

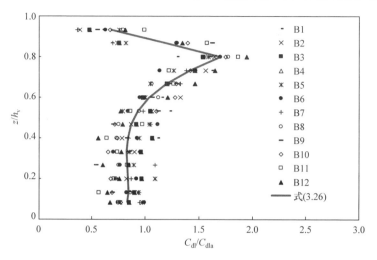

图 3.14　局部植物阻力系数垂向分布[11]

对于含植物明渠均匀流，受力平衡可以写成

$$F_b + F_w + F_v = F_g \tag{3.28}$$

即

$$\tau_b P_b + \tau_w P_w + F_v = F_g \tag{3.29}$$

即

$$(gA_b J_b + gA_w J_w) + F_v = \gamma J\left(Bh_v - \frac{B}{S_z S_x} V_{ev}\right) \tag{3.30}$$

式中，F_b 和 F_w 分别为沿流向单位长度对应的床面和边壁阻力；τ_b、P_b、A_b、J_b 和 τ_w、P_w、A_w、J_w 分别为床面和边壁的剪应力、湿周、过水断面面积、坡降；γ 为水的比重；S_x 为顺水流方向相邻两排植物的间距；S_z 为沿河宽方向相邻两列植物的间距；V_{ev} 为单株植物有效排水体积；h_v 为淹没植物高度，非淹没植物对应 $h_v=h$(水深)，淹没植物对应 $h_v=H_v$(植物高度)；B 为渠宽。

由于植物的存在，A_b 和 A_w 难以确定；同时，由于 F_v 沿水深作用于水体，J_b 和 J_w 也难以确定。因此，要确定包含床面、边壁、植物共同作用的糙率，有必要对过水断面进行等效。基于水流阻力等效(即总的水流阻力等于水体的有效重力)，可以提出等效过水断面等一系列等效水力参数[12]。

将植物阻力 F_v 均匀地分布到床面上，得到等效过水断面 E，等效床面由原床面材料和植物颗粒组成。等效过水断面一系列水力参数下标记为 e，如等效过水断面面积 A_e($A_e=A_{eb}+A_{ew}$，A_{eb}、A_{ew} 分别为床面和壁面对应的等效过水断面面积)、

等效水深 H_e、等效湿周 $P_e(P_e=P_{ew}+P_{eb}=2H_e+B)$、等效综合糙率 n_e、等效床面糙率 n_{eb}、等效壁面糙率 n_{ew}。

式(3.28)可以写为

$$\tau_{e0}P_eL = \tau_{ew}P_{ew}L + \tau_{eb}P_{eb}L = F_g \qquad (3.31)$$

即

$$\gamma R_e J_e \frac{A_e}{R_e}L = \gamma R_{ew}J_{ew}\frac{A_{ew}}{R_{ew}}L + \gamma R_{eb}J_{eb}\frac{A_{eb}}{R_{eb}}L = \gamma J\left(BhL - \frac{BL}{S_z S_x}V_{ev}\right) \quad (3.32)$$

经过推导,将等效断面的等效水力半径 R_e 和断面平均流速 U_m 代入曼宁方程,n_e 可以由式(3.33)确定:

$$n_e = \frac{1}{U_m}\left(\frac{B\alpha^{5/2}}{2\alpha+B/h}\right)^{2/3}J_e^{1/2} \qquad (3.33)$$

式中, $n_e=F(U_m, J_e, B, h, S_x, S_z, V_{ev})$, 为断面平均流速、坡降、河宽、水深、植物间距和植物体积的函数。

图 3.15 为各种工况下等效综合糙率 n_e 随水深 h 的变化情况[12]。对于无植物的 A 系列, $n(=n_b=n_w=n_e)$ 与水深无关。植物非淹没条件下(B、C、D 系列,密度依次减小), n_e 随水深线性增加, dn_e/dh 与植物密度有关:密度越大, dn_e/dh 越大,即植物密度较大时, n_e 随水深增大较快。植物淹没条件下(E、F、G 系列,密度依次减小), n_e 随 h 的增大而减小,植物密度较大时,减小更快;在植物密度一定的条件下,随着水深 h 的增大, dn_e/dh 的衰减速度变慢, n_e 逐渐趋近于常数。当淹没度足够大时,可将植物作用视为小尺度糙元。此时,水槽边壁对糙率的影响远远大于植物作用, n_e 将保持为一常数。

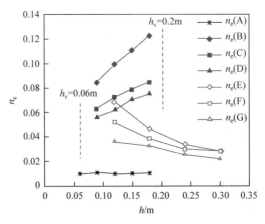

图 3.15　各种工况下等效综合糙率 n_e 随水深 h 的变化情况[12]

3.1.2　植被床面的泥沙运动

1. 植被床面的基本泥沙运动规律

流域泥沙问题(如产汇沙、侵蚀、沉积等)是河流管理的一项重要内容，植物水流中泥沙运动和污染物输移规律是涉及生态环境的、迫切需要了解的研究内容，这方面的研究起步较晚。植物降低了床面剪应力，从而减弱了推移质的输移，拦截了洪水携带的大量粗沙，具有固沙和恢复生态的作用，对水土保持有着重要意义。

Watanabe 等[13]发现在刚性植物非淹没水流中，临界起动剪应力远远大于不含植物的河道，并且和植物的密度、直径、间距、泥沙粒径有关，植物树干后和植物之间空隙处的输沙率相差很大。Jordanova 等[14]的研究表明，非淹没植物水流床面剪应力随着水深的增加而增加。通过与无植物河道推移质输沙率公式的类比和试验数据回归分析，Jordanova 等[14]建立了非淹没刚性植物水流的推移质输沙率与床面剪应力之间的经验公式。

此外，植物的排列方式对输沙率也有影响[3]，植物梅花形交错排列阻水效果明显，泥沙输移少于平行对齐排列。因此，当综合考虑防洪和水土保持时，河渠的人工植物的种类和分布方式要进行合理的设计。

Tang 等[15]发现，在含植物的床面条件下，泥沙在起动之前，床面已经发生了变形。此时水流切应力需要同时克服沙粒阻力、床面阻力和植物阻力。植物的存在增加了紊动切应力，同时也诱发了床面阻力和植物阻力。植物对泥沙起动的影响取决于植物对紊动切应力和植物阻力促进作用的平衡。低密度植物条件下，植物对紊动切应力的促进作用明显，会促进泥沙起动；高密度植物条件下，植物引起的阻力作用更明显，从而抑制泥沙起动。

植物"柔性坝"被广泛应用于我国西北地区，用来防沙、治沙和防止水土流失。阎洁等[16]研究了植物"柔性坝"对水流形态及坝前上游段推移质输移的影响。植物对水流产生的阻滞作用壅高了坝体上游水位，改变了坝附近的流速场，降低了植物坝上游段一定范围内的流速。当泥沙进入植物"柔性坝"内部后，大量泥沙淤积，说明植物"柔性坝"防止水土流失的作用明显。

植物的存在也会影响悬移质运动，由于问题的复杂性，研究较少。拾兵等[17]指出，植物的存在导致紊动扩散系数减小、垂向重力作用明显加大，悬沙单位时间内因重力作用向下的通量大于因紊动扩散向上的通量，使得部分悬沙落淤。他们认为植物不仅能有效阻滞推移质，也能有效拦截悬移质。但 Elliott[18]通过试验研究植物对细沙沉速的影响，发现植物的存在使得泥沙沉速减小，与无植物相比，泥沙更易悬浮。时钟等[19]对海岸盐沼冠层中和相邻无植物覆盖的淤泥滩地的近底流速和悬沙浓度进行对比分析，发现盐沼内植物对水流的阻滞使近底流速减小，盐沼中悬沙浓度比无植物时降低。

　　Tsujimoto[20]对有植物河道的水流运动方程、悬移质运动方程、推移质运动方程进行了分析，建立了河床演变的二维模型，提出了考虑植物生长的简化方法，其计算结果得到了水槽试验及野外测量数据的验证。Wu 等[21]建立了沿水深平均的二维数学模型模拟非淹没和淹没刚性植物弯曲河道的水流、泥沙输移和床面形态，采用非交错曲线网格之上的有限体积法对控制方程进行离散。模拟结果与实验室和野外数据吻合较好，表明该模型能够较好地模拟淹没、非淹没刚性植物条件下弯曲河道非恒定、非均匀水流中总的泥沙输移。但由于植物、水流、泥沙相互作用的复杂性，以及一些重要参数(如沉速、扩散系数等)还未得到深入研究而有公认的结论，含植物河流水沙数学模型的研究进展较缓慢。

　　显然，与经典的泥沙运动力学相比，有植物分布河流的泥沙运动研究成果偏少，许多运动参数、指标和机理(如沉降特性、起动条件，悬浮机理)仍未被深入了解。

2. 植被床面的泥沙起动、沉降和输沙率

1) 植物对泥沙沉速的影响

　　植物对泥沙沉速的影响类似于改变了泥沙沉降的固体边壁条件。当泥沙颗粒距离边壁较近时，边壁对颗粒沉速的影响常常不可忽视。唐洪武等[22]对刚性植物对泥沙颗粒沉速的影响进行了研究，提出了考虑植物密度和尺寸的沉速公式。含植物条件下的沉降桶示意图如图 3.16 所示[22]。

　　选取 6 组泥沙，平均粒径分别为 0.164cm、0.292cm、0.34cm、0.386cm、0.403cm、0.412cm，各组泥沙颗粒密度均为 2.61g/cm³。通过对每组泥沙颗粒的匀速沉速测量，可以得到结论：泥沙粒径较小时，植物对沉速的影响不明显，泥沙粒径越大，有无植物条件下泥沙沉速相差越大。考虑到植物作为一种特殊的固体边壁，植物

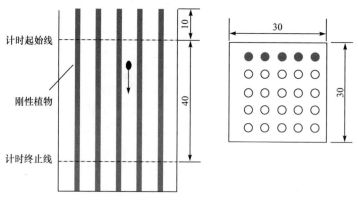

图 3.16　含植物条件下的沉降桶示意图[22](单位：cm)

的排列方式为一列一列并行排列，可以理解为泥沙在一排排植物间运动，借鉴固体边壁对泥沙沉速影响的研究方法，认为植物条件下泥沙沉速的影响因子与植物间距和粒径之间的比值有关，同时影响因子也与植物密度有关。因此，阻力系数可由黏滞项系数、紊流项系数及植物影响因子叠加。假设整体植物阻力系数的表达式为

$$C_{db} = \frac{M_{nv} + K_1 \dfrac{d}{L}}{Re_*} + N_{nv} + K_2\lambda \tag{3.34}$$

式中，d 为泥沙粒径；L 为相邻植物之间的距离；λ 为植物密度；Re_* 为沙粒雷诺数；K_1、K_2 为无量纲系数。其中，M_{nv}、N_{nv} 取在无植物条件下的沉速率定结果，$M_{nv}=34.128$，$N_{nv}=1.223$，K_1、K_2 需通过试验数据来确定。

从式(3.34)可以看出，当植物密度无穷小时，L 应无穷大，d/L 及 λ 均为 0，此时阻力系数形式与无植物的阻力系数表达式相同；当植物密度无穷大时，阻力系数也无穷大，导致泥沙沉速为零，与事实相符合。基于张瑞瑾泥沙沉速公式，结合试验数据进一步进行分析，有 $K_1=1$，$K_2=0.9$，可得有植物条件下水体中的泥沙沉速公式[23]，即

$$\omega = \sqrt{\left[\frac{34.128+d/L}{2(1.223+0.9\rho)}\frac{\nu}{d}\right]^2 + \frac{4/3}{1.223+0.9\rho}\frac{\gamma_s - \gamma}{\gamma}gd} - \frac{34.128+d/L}{2(1.223+0.9\rho)}\frac{\nu}{d} \tag{3.35}$$

2) 植物条件下泥沙起动及起动流速公式

(1) 植物条件下的泥沙起动定义。

根据非淹没植物周围冲刷试验观察得到的现象，可以将泥沙达到起动临界状态前的运动过程分为三个阶段[23]：

第一阶段：在一定水流条件下，植物区泥沙均处于静止不动的状态，此时不产生泥沙输移。

第二阶段：当流速达到一定值时，植物根部附近的泥沙开始运动，逐渐形成冲刷坑，随着流速的不断增大，冲刷坑的深度也不断增加，在这个过程中冲刷坑以外的泥沙没有运动，此时认为泥沙没有输移。虽然这一过程局部的泥沙开始运动，但由于没有产生输沙率，研究认为这一过程并未达到泥沙起动状态，属于床沙应对水流结构改变的一种自适应过程。对于非淹没刚性植物水流，植物的存在相当于柱群对水流的影响，是一种圆柱绕流的叠加。在床面平整及出现冲刷坑的过程中，圆柱上游会出现沿水深向下的流速，而冲刷坑的形成即消除向下水流的作用。

第三阶段：随着流速增大到一定值，植物区冲刷坑以外出现少量可数的泥沙

颗粒运动，且泥沙可以沿水流方向在植物区内穿越，带有持续性，水流开始存在输沙率，且认为接近 0，认为此时对应的植物区平均流速为泥沙起动流速。同时，试验发现当植物密度满足一定条件时，泥沙起动不再受植物因素的影响；在试验条件范围内，冲刷坑开始形成时对应的速度与泥沙起动流速的比值基本为定值，与水深、植物密度等因素无关。

(2) 植物条件下泥沙起动流速。

在试验条件范围内，Tang 等[15]给出了含非淹没植物明渠水流条件下的泥沙起动流速公式，并认为当植物密度满足一定条件时，泥沙起动不再受植物因素的影响。在试验给定的植物密度范围内，起动流速受植物密度的影响较大，随着植物密度的增大而减小；植物根部冲刷坑开始形成时的流速与泥沙起动流速的比值基本为定值，与水深、植物密度等因素无关。植物条件下泥沙起动流速 U_{pc} 为[15]

$$U_{pc} = 0.36\sqrt{\frac{\gamma_s - \gamma}{\gamma}gd}\left(\frac{h}{d}\right)^{1/6}\left(\frac{D\sqrt{\dfrac{\pi/4-\lambda}{\lambda}}}{\sqrt{hd}}\right)^{0.319} \tag{3.36}$$

式中，h 为水深；λ 为植物密度；d 为泥沙粒径。

此外，不同植物密度及水深对泥沙起动流速影响的试验表明，植物密度及水深均对泥沙起动流速有重要影响。

① 相同的水深条件下，随着植物密度的增大，泥沙起动流速呈逐渐减小的趋势，但减小的幅度逐渐降低。

泥沙颗粒的起动是由于水流对其产生的拖曳力、浮力、上举力等综合作用的结果，与水流的紊动情况密切相关。没有植物情况下，床面附近水流主要受到壁面的影响，水流流速及紊动程度相对较小。当有植物时，床面附近水流受到壁面和植物的双重影响，水流的紊动程度显著增大。在一定范围内，植物密度越大，水流的紊动程度也越大，泥沙受到的扰动也越剧烈。因此，在一定范围内，随着植物密度的增加，泥沙起动流速明显减小，当植物密度增加到一定程度时，水流的紊动程度变化不再强烈，泥沙起动流速减小的幅度也降低。

② 相同的植物密度条件下，水深越小，泥沙起动流速也越小。原因在于试验条件下，水深越小，植物高度在整个水深中所占比例越大，植物对水流的影响程度也就越大，因此对泥沙起动流速的影响程度也就越大。

(3) 植物条件下泥沙起动切应力。

采用泥沙开始产生输移作为泥沙起动标准，具体条件是有少量可数的泥沙颗粒在床面上移动，并能运动到下一列植物[23]。泥沙达到起动状态时，对应的床面切应力为

$$\tau_{b} = \rho g J_{e} h(1-\lambda) - \frac{1}{2}\rho C_{db}N_{vb}DU_{pc}^{2} \qquad (3.37)$$

式中，U_{pc} 为泥沙起动流速；C_{db} 为整体植物阻力系数；N_{vb} 为植物个数；D 为植物杆径。

通过式(3.37)得到床面切应力 τ_{b}，进一步可得 τ_{b} 与 τ_{v}（τ_{v} 是植物切应力）的比值。$\tau_{b}/\tau_{v}=0.35\sim0.9$，即泥沙起动时床面切应力为植物切应力的 35%～90%，亦即泥沙起动时床面切应力不可忽略。

同时发现，泥沙起动时的单位水体沿水流方向的有效重力 τ_{w}、床面切应力 τ_{b} 及植物切应力 τ_{v} 随着水深、植物密度的增加而变大，同一水深下 τ_{w} 的增大幅度没有 τ_{v} 明显。然而，随着水深的增加，植物切应力 τ_{v} 与床面切应力 τ_{b} 的差值逐渐减小。

含非淹没刚性植物水流条件下，泥沙起动时床面切应力一般被认为近似等于泥沙切应力 τ_{g}。床面切应力除作用于泥沙起动之外，还有一部分用于克服床面变形引起的沙波切应力 τ_{d}，因为此时床面已经发生了变形，亦即此时的沙波切应力 τ_{d} 也不能忽略。

$$\tau_{b} = \tau_{g} + \tau_{d} \qquad (3.38)$$

由式(3.38)可以计算得出床面变形引起的沙波切应力 τ_{d}。图 3.17 为 τ_{d} 与泥沙起动流速 U_{pc}^{2} 的变化关系图[23]。可以看出，τ_{d} 与 U_{pc}^{2} 基本上为线性关系，其斜率随着水深变化而变化。

图 3.18 为沙波切应力 τ_{d} 与植物密度 λ_{v} 的变化关系图[23]。可以看出，植物密度对泥沙起动时的沙波切应力 τ_{d} 有着明显的影响。通常，植物密度越大，τ_{d} 越大。

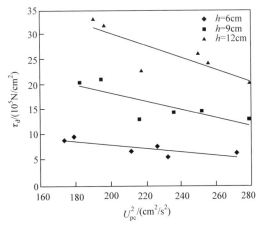

图 3.17　τ_{d} 与 U_{pc}^{2} 的变化关系图(以泥沙粒径 $d=0.058$cm 为例)[23]

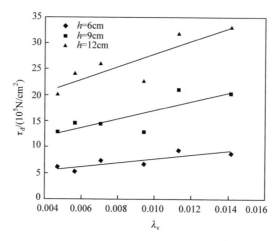

图 3.18 τ_d 与 λ_v 的变化关系图(以泥沙粒径 d=0.058cm 为例)[23]

图 3.19 为不同工况下沙波切应力 τ_d 与弗劳德数 Fr 的变化关系图[23]。可以看出，随着 Fr 的增大，τ_d 逐渐减小。

沙波切应力与泥沙起动流速、水深、植物密度、弗劳德数等有关，取沙波切应力 τ_d 形式为

$$\tau_d = f(U_{pc}^2, h, \lambda_v, d, \rho) \tag{3.39}$$

对式(3.39)进行无量纲化，得到

$$\frac{\tau_d}{\rho U_{pc}^2} = f\left(\lambda_v, Fr, \frac{D}{d}, \frac{R_v}{d}\right) \tag{3.40}$$

式中，R_v 为与植物相关的水力半径。根据 Wang 等[23]的试验数据，可得

$$\frac{\tau_d}{\rho U_{pc}^2} = 0.068 \frac{\left(\sqrt{R_v d}\big/D\right)^{2.6}}{Fr\sqrt{\dfrac{\pi/4 - \lambda_v}{\lambda_v}}} \tag{3.41}$$

即

$$\tau_d = 0.068 \rho U_{pc}^2 \frac{\left(\sqrt{R_v d}\big/D\right)^{2.6}}{Fr\sqrt{\dfrac{\pi/4 - \lambda_v}{\lambda_v}}} \tag{3.42}$$

图 3.20 为泥沙起动时沙波切应力计算值与试验值对比[23]。式(3.42)可用于计算沙波切应力。当植物密度为零时，对应起动时沙波切应力 τ_d=0，与不含植物条件下的起动结果相吻合。

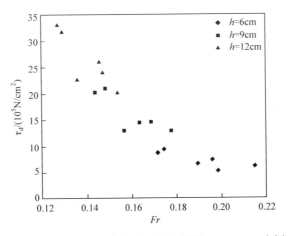

图 3.19　τ_d 与 Fr 的变化关系图(以泥沙粒径 d=0.058cm 为例)[23]

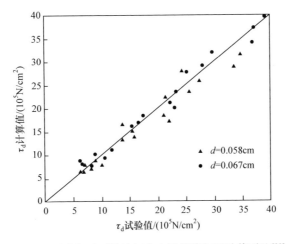

图 3.20　泥沙起动时沙波切应力计算值与试验值对比[23]

3. 断面平均推移质输沙率

可借助水槽试验对植物对推移质运动的影响进行研究。由于影响因素众多，植物在水体中的形态特性及生长变化特性复杂，只能针对某种因子进行试验和分析研究。采用柔性的圆柱形聚氯乙烯材料模拟植物(植物长度为 6cm)，探讨不同植物排列密度和水流条件对推移质运动的影响。试验中植物排列情况如图 3.21 所示。

不同植物密度及水深对推移质输沙率的影响试验结果如图 3.22 所示。可以看出，相同水深条件下，随着植物密度的增大，推移质输沙率并非呈单一变化规律。当植物密度较小时，推移质输沙率随着植物密度的增加而增加；输沙率增加到一个最大值后，开始随着植物密度的增加而减小。

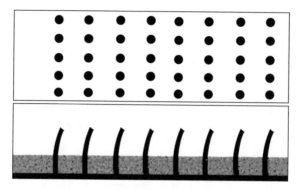

图 3.21　模拟植物在水槽中的分布

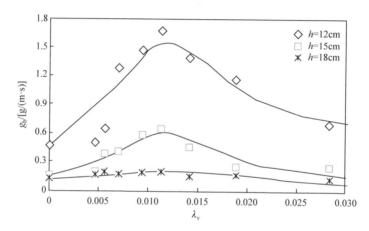

图 3.22　植物密度及水深对推移质输沙率的影响

　　植物密度及水深对推移质输沙率的影响呈现出特殊的规律，具体分析如下：无植物情况下，床面附近水流主要受到壁面的影响，近床面水流为壁面剪切流。当有植物时，水流在每株植物周围形成圆柱绕流；当植物较多时，植物区水流形成了众多圆柱绕流的叠加，床面附近的水流受到壁面和植物的双重影响，形成壁面剪切流和众多圆柱绕流的掺混。当植物密度较小时，床面附近的水流仍以壁面剪切流动为主，由于圆柱绕流的扰动，推移质输沙率有所增加；随着植物密度缓慢增加，圆柱绕流区域慢慢增多，推移质输沙率逐渐增加；当植物密度继续增加到某一数值时，壁面剪切流与圆柱绕流的综合作用对推移质输沙率的影响达到最大，推移质输沙率达到最大值；此后，当植物密度继续增加时，床面附近的水流逐渐以圆柱绕流为主，壁面剪切流对推移质运动的作用逐渐减弱，推移质输沙率逐渐减小。

　　因此，当植物密度持续增大时，近床面空间逐渐被植物填充，水流对推移质运动的影响也将更加减弱，极限情况下，推移质输沙率将趋向于零。

当植物存在时，假设河道糙率为等效综合糙率 n_e，水力半径为等效水力半径 R_e，断面平均流速为等效断面平均流速 U_e。

当考虑植物作用时，推移质输沙率公式为

$$g_b = \frac{M_1 n_e \sqrt{g}}{R_e^{1/6}} D(U_m - U_{pce}) \left(\frac{U_m}{U_{pce}}\right)^{N_1} \tag{3.43}$$

式中，U_{pce} 为植物条件下的等效泥沙起动流速；U_m 为断面平均流速；M_1、N_1 为待定系数，可通过试验值进行率定。

采用试验数据对未知参数 M_1、N_1 进行率定，得到 M_1=213.8，N_1=3.7，可得植物作用下单宽推移质输沙率计算公式为

$$g_b = \frac{213.8\sqrt{g}}{U_m} \left(\frac{B\alpha^3}{2\alpha + B/h}\right)^{1/2} J_e^{1/2} D\left(\frac{U_m}{\alpha} - U_{ce}\right) \left(\frac{U_m}{\alpha U_{ce}}\right)^{3.7} \tag{3.44}$$

式中，

$$\alpha = 1 - \lambda_v \frac{h_v}{h} \tag{3.45}$$

式(3.44)中包含了影响单宽推移质输沙率的所有因素，即断面平均流速、水槽宽度、水深、植物杆径、植物密度、泥沙起动流速等。

4. 泥沙浓度垂线分布的研究

泥沙浓度的垂线分布通常存在三种形式。第一种是泥沙浓度从水面到床面逐渐增大，在距离床面某一位置达到最大值，然后向下有所减小，称为Ⅰ型分布。第二种是泥沙浓度从水面到床面单调增加，浓度梯度逐渐增大，床面附近浓度最大，呈上小下大的双曲上凹形式，称为Ⅱ型分布，这是最常见的一种分布形式。第三种为泥沙浓度从水面到床面同样是逐渐增大，床面附近浓度最大，但是浓度梯度在中间出现转折，由逐渐减小转为逐渐增大，曲线呈不对称的平缓反 S 形，称为Ⅲ型分布。通过水槽试验方法，设计了无植物、含淹没植物及含非淹没植物三种试验条件，对三种条件下悬移质浓度分布规律进行了对比研究。

总体上看，在无植物、含淹没植物及含非淹没植物三种不同的明渠水流中，泥沙浓度的值从水面附近到床面逐渐增大，但是在垂线上分布的均匀程度有明显差别(见图 3.23，以 h=18cm 为例)，无植物水流中泥沙浓度分布最不均匀，其次为含非淹没植物水流，含淹没植物水流中泥沙浓度分布最均匀。

泥沙浓度分布规律与水流的紊动特性密不可分，对水流紊动特性的分析能够揭示泥沙浓度分布变化的原因。在反映水流紊动特性的参数中，脉动流速的概率密度代表了各量级脉动流速出现的频率，偏态系数反映了脉动流速的偏态方向及

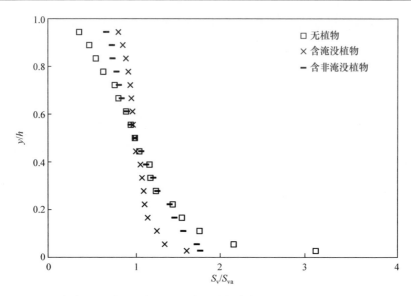

图 3.23　无植物、含淹没植物、含非淹没植物条件下泥沙浓度垂线分布特性对比

程度。当某一方向脉动流速的偏态系数不为零时，脉动流速就表现出正偏或负偏。此时，脉动流速将在某一方向上占优势，位于该点的介质将表现出向某一方向运动的趋势，这种趋势的强度由偏态系数的绝对值大小决定。根据以上分析，提出了紊动扩散势的概念，当脉动流速的偏态系数不为零时，紊流中的介质表现出向某一方向紊动扩散增强的趋势，其值可以用脉动流速的偏态系数的相反数表示。

具体来讲，垂向紊动扩散势反映了质点在垂向上紊动扩散的趋势和强度，垂向紊动扩散势大于零表示该点向上的紊动扩散作用得到了增强，其绝对值越大，表示该点向上的紊动扩散作用增强的程度越大，此时，质点得到向上运动的驱动力就越大；相反，垂向紊动扩散势小于零表示该点向上的紊动扩散作用被削弱，其绝对值越大，表示该点向上的紊动扩散作用被削弱的程度越大，此时，质点得到向下运动的驱动力就越大；垂向紊动扩散势等于零表示该点向上的紊动扩散作用没有得到增强，也没有被削弱，此时，质点处于相对平衡的状态。水流中的泥沙将会在垂向紊动扩散势的作用下改变分布情况，紊动扩散作用增强将使泥沙向上运动，而紊动扩散作用削弱将使泥沙向下运动。

悬移质泥沙处在水流的紊动场中，是水流中的固体介质，其分布规律不可避免会受到水流紊动扩散作用的影响。根据对紊动扩散势的分析，垂向紊动扩散势将直接影响泥沙浓度在垂向上的分布规律。图 3.24 为无植物、含淹没植物及含非淹没植物水流中垂向脉动流速的偏态系数分布对比(h=18cm 为例)，图中显示了垂向紊动扩散势在三种不同植物条件下的对比情况。

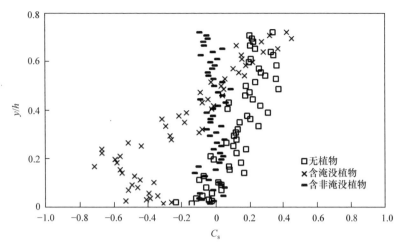

图 3.24　无植物、含淹没植物及含非淹没植物水流中垂向脉动流速的偏态系数分布对比

在无植物水流中，近床面附近剪切作用较强，垂向紊动扩散势为正值，近床面附近泥沙所受到的紊动扩散作用增强，但是这个范围很小，仅在从床面到 $y/h \approx 0.1$ 的范围内。在 $y/h \approx 0.1$ 以上的主流区，紊动扩散势为负值，泥沙所受到的紊动扩散作用被削弱，相当于重力作用得到增强，有利于泥沙向下沉积，在这种情况下，泥沙更多地集中在水流下层，而水流上层的泥沙浓度显得较小，增大了泥沙浓度在垂线上分布的不均匀程度。

在含淹没植物的挟沙水流中，垂向紊动扩散势从近床面到 $y/h=0.5$ 的范围均为正值，而且其绝对值也较大，泥沙在这一范围受到的紊动扩散作用大大增强，有利于悬移质泥沙向上运动。虽然垂向紊动扩散势在 $y/h=0.5$ 以上范围为负值，这一区域泥沙受到的紊动扩散作用被削弱，但进行对比可以发现，下层紊动扩散作用增强更明显，因此泥沙浓度在垂线上分布的不均匀程度显著降低。

在含非淹没植物的挟沙水流中，垂向紊动扩散势在整个测量范围内呈均匀分布，其绝对值接近于零，悬移质泥沙受到的紊动扩散作用既不像无植物挟沙水流中那样被削弱，也不像含淹没植物挟沙水流中那样被显著增强，因此泥沙浓度在垂线上的不均匀程度介于上述两种情况之间。

3.2　沙波床面的物质输移

沙波广泛存在于沙漠、天然河流、海岸带、人工渠道和管道工程甚至其他行星的甲烷或 CO_2 气体环境中，其形成的根本动力是流体对可动散粒体层的剪切作用[24]。在冲积河流中沙波是推移质运动的重要形式，作为水沙相互作用的产物，又直接影响着沙波床面上水流、泥沙、溶解质等物质的输移过程，同时对河道阻力、河床演变和潜流交换等均有着重要的影响，因此受到众多研究者的关注。

3.2.1　沙波床面作用下物质输移的基本规律

1. 沙波分类及其运动规律

在河流中，沙波尺寸小至数厘米大到数百米都有存在，其动力特性各不相同，合理的沙波分类是后续研究的重要基础。詹小涌[25]提出了天然河道沙波的两级分类法：一级分类主要根据沙波与河道主流和河床的关系，分为沙舌和沙垄两大类；二级分类在一级分类的基础上，根据大小沙波之间的关系，进一步分出沙涟、沙漪、沙坦、沙纹、沙云、沙条六种类型。一级沙波主要受河道主流影响，在河道中的分布构成了基本的河床形态，其发育和变化直接受河床边界的影响，对水流的反作用也较大，甚至会影响整个河道的水流分布；二级沙波主要受局部水流影响，一般规模小于一级沙波，在基本床面形态上构成局部床面形态，受河床边界的影响较小，其对水流的影响也是局部的。上述分类法虽然较为定性，但很好地表述了不同类型沙波在河流系统中的形成规律和演变角色，促进了人们对沙波运动规律的认识。

从沙波形成的角度而言，由于水深、流速以及泥沙特性的不同，将会产生不同类型的沙波。Andreotti 等[26]对几种典型的沙波形式进行了描述：

(1) 沙纹和沙垄。如图 3.25(a)所示，沙纹和沙垄具有垂直于水流方向的峰线。沙纹波长远小于水深，从而其周围的水流不受水面波的影响；沙垄则与水深相当，甚至超过水深，水流特性将与自由水面相互作用。Rauen 等[27]的研究发现沙垄与沙纹二者之间存在着一定的关系，沙垄有可能来源于沙纹规模的扩充和发展。

(2) 菱形沙纹。如图 3.25(b)所示，菱形沙纹的峰线与水流方向呈一定夹角，沙波在与水面相互影响的同时向下游移动，菱形沙纹多见于沙滩上，在河道中并不为主。

(3) 逆行沙垄。如图 3.25(c)所示，逆行沙垄常发生在急流条件下($Fr>1$)，逆行沙垄上的泥沙虽然向下游输移，但其波形向上游发展。逆行沙垄的极端案例是阶梯-深潭结构和连续台阶，在这种沙波床面上，水流不断在急流和环流之间切换。

(4) 交错沙坝。如图 3.25(d)所示，交错沙坝是河道尺度的连续沙波形态，也具有菱形交错的特点，从规模上而言，它与詹小涌分类法[25]中的一级沙波相仿，其发展演化受到河道边界条件的限制和引导，同时也对河势的稳定性起到决定性的作用，因此这种尺度的沙波演变在工程实践中应给予更多的重视。

前述对沙波分类的运动规律的描述多是基于定性的观察和分析，虽然揭示了沙波演化发展过程中的重要规律，但仍然欠缺有效的力学机制分析。詹义正等[28]基于泥沙起动的临界水流条件，通过微动量变化和微能量变化分析，建立了沙波运动的基本控制方程及其求解方法，促进了沙波运动规律的动力学机制解释的进展。

(a) 沙纹和沙垄　　　　　　(b) 菱形沙纹　　　　　　　(c) 逆行沙垄

(d) 交错沙坝

图 3.25　天然河道中不同尺度的沙波[26]

2. 沙波床面上的流动分区

床面上沙波形态的存在显著改变了流体输移的边界条件，使得其上的流动特性与平整床面的明渠水流明显不同。Best[29]将典型沙波上的流动划分为 5 个主要分区(见图 3.26)，是比较有代表性的，各分区的主要特征如下：

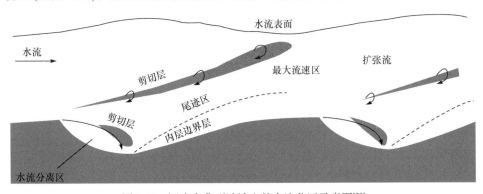

图 3.26　河流中典型沙波上的水流分区示意图[29]

(1) 水流分离区。水流分离区位于沙波的背水面，上游始于沙波顶部，下游以再附着区(点)为界，一般位于沙波顶部下游 4～6 倍波高处。

(2) 剪切层。剪切层在水流分离区的周围形成，是分离区与上层自由流区之间的界线；沿着剪切层，大尺度紊流以开尔文-亥姆霍兹不稳定性的形式产生，并随着自由剪切的扩展形成一个尾迹区，在向下游传输的过程中增长和消散。

(3) 扩张流。第三个区域是沙波背水面的扩张流。

(4) 内层边界层。在再附着区的下游，一个新的内边界层随着水流的重建而形成，其流速剖面分布规律更加接近对数律。

(5) 最大流速区。最大水平速度出现在沙波的顶部区域，这里的床面剪切应力可能足以产生上一阶段的平整床面。该区域的流动特性决定了向沙波背水坡补充泥沙的速率和周期性，从而决定了泥沙在背水坡沉积过程中的分选特性。

上述这些水流结构的形成，对沙波床面上的水流阻力、床面切应力和泥沙输移都有重要影响。例如，沙波形状导致的水流分离和流动的加/减速，会促使在沙波的上下游形成压差，压差又进一步在沙波上产生净力，即为形态阻力，这种形态阻力是颗粒粗糙度阻力的额外补充，这使得沙波形态(包括形状、高度及水流分离是否存在)在评估沙波床面的流动阻力和能量消耗方面至关重要[30]。

3. 沙波床面上的流动特性

得益于试验方法和数学模型的快速进展，沙波床面上的流动特性研究既包括时均和紊动水流特性与平整床面的异同、沙波床面拟序水流结构的发展输移和涡旋的分析，也涉及各种复杂水流特性对河流系统的综合影响，即沙波形态阻力的形成和计算。

通过 12 个连续二维沙波模型上的试验分析，Ojha 等[31]展示了时均流速分布的沿程变化及其与平整床面的区别，在波谷处的回流区内流速明显比平整床面偏小，流速分布曲线存在急剧的偏折，在靠近波谷底部观测到了负向流速，直接证明了回流区的存在。无论是波峰处还是波谷处，外层区域内的流速都有所偏大，但变化较为平缓，这也说明波谷处的回流区是流动特性变异最为剧烈的位置。与此相对应，紊动强度和雷诺应力则在回流区和部分外层区域呈现出增大的趋势，并在回流区的剪切层附近增大最为明显。在沿水流的方向上，雷诺应力在再附着点附近达到峰值，而最小值则出现在波峰处。河床处的雷诺应力大小是动量交换的重要指标，也被认为是泥沙局部剥蚀进而发生输移的重要动力来源。沙波床面上雷诺应力分布规律和量级的研究，对进一步了解泥沙输移规律有促进作用。

上述结论在众多研究中都得到相近似的证实[32-35]。其中 Noguchi 等[34]采用实时性更优的粒子图像测速技术，研究了发展中沙波上的紊流特性，展示了上述流速偏离现象的发展过程，拓宽了人们认识沙波床面水流特性的维度。与此相关的拟序结构研究也是一个重要的突破方向，通过流体可视化[33,34,36-39]以及象限分析[40,41]等技术手段，直观显示或统计分析清扫或喷射等水流结构的发展消亡和时空分布特征，并将其与泥沙运动和输移过程相结合进行分析，使得对沙波床面上的水沙作用机制的认识更加具象化。

3.2.2　沙波床面水流运动特性

沙波床面因存在波峰、波谷等形态起伏，对近壁区的水流运动有着显著的影响。在波峰顶部会产生边界层水流分离，在波峰和再附着点之间形成回流区，波谷附近的低速流体和它上层的高速流体相互作用，形成了剪切混合层，剪切混合层演变成猝发、喷射、泡漩等各种现象，即拟序结构或相干结构。

沙波床面的流速垂线分布与平整床面情况有所不同。在回流区内，流速分布并不符合对数律，有时甚至会产生负值；而在回流区的外部，不同沙波形态下的流速和雷诺应力垂线分布特性与平整床面条件下基本相同，Fr、Re 及床面形态的影响几乎可以忽略不计。Noguchi 等[34]在运动沙波床面上测量了不同时间、不同位置处的水流特性，发现随着沙波的发展，波峰的流速有增大趋势，再附着点和波谷处的流速受回流的影响而变得更小，背水面的紊动强度和雷诺应力增大。

床面形态的尺寸影响水流的分离长度，回流区的大小由波长、波高和水流强度共同决定。Noguchi 等[34]对沙波形成各个阶段的水流进行实测，更真实地体现了沙波形态的影响，他们认为随着沙波的发展，分离长度增大，最后趋近于 5.5 倍波高。Zhang 等[42]对缓流条件下(Fr=0.16～0.52)沙波的形态特征规律进行了统计分析，建立了波长、波高与沙粒雷诺数的函数关系，得到的分离长度接近于 5 倍波高。此外，Nelson 等[43]、Wren 等[44]、Motamedi 等[45]也对沙波附近的水流结构进行了研究，得出类似的结论。

沙波床面的紊动产生项、紊动消耗项、紊动能等与平整床面有显著的不同。紊动产生项值反映能量从平均流速向紊动能转化的多少，紊动消耗项值反映紊动能损失的多少。Noguchi 等[34]研究了床面形态对紊动产生项和消耗项的影响，认为紊动产生项在水流分离处最大，紊动消耗项在回流区最大，得出紊动能在水流分离处更多地产生，在回流区更多地消耗。白玉川等[46]测量了运动沙波床面的水流，分析认为紊动能在再附着点处最大，在波峰处最小。Stoesser 等[33]通过大涡模拟计算研究了通过二维沙波附近的水流，提出再附着点附近因为二次流的不稳定性，流线弯曲并且向外运动导致泡涡旋发展成发夹涡的观点。

Gyr 等[47]研究了泥沙运动对水流的影响，指出泥沙输移使流速偏离对数律的程度减小，对摩阻流速的影响可以达到30%；相应地，清扫作用的强度更高，沿垂向分布更加均匀，但清扫频率基本不受影响。Dey 等[48]也研究了泥沙刚刚起动的临界状态对水流的影响，分析认为，运动床面流速比定床更接近对数律的原因是紊动产生项更小，导致更少的平均流动机械能转化为紊动能，使得流速更小地偏离对数律；他们还分析了清扫强度加大的原因，因为流向和垂直向下的雷诺应力的分量增大，说明流体更多地向前向下运动。白玉川等[49]也在这方面进行了细致的研究，取得了相近的成果。

沙波顶部的水流分离产生了不同类型的分离涡结构，剪切层内的水流向内作用形成清扫，向外作用形成喷射。Kadota 等[38]研究了沙波背水面的三维涡结构，认为分离涡的周期随雷诺数的增加而减小，泡涡旋的周期随雷诺数的增加而增大；泡涡旋的涡强度更大。毛野等[39]通过概化沙波试验，研究得出分离涡的周期为0.46s。Chang 等[50]通过改变沙垄的形态研究发夹涡的产生机理，提出发夹涡是由床面不平整导致，并对带状结构的形成起到关键作用，非对称的沙垄形态更有利于发夹涡的形成。Keshavarzi 等[51]通过水槽试验结合图像处理技术研究了沙波床面的紊流结构，发现清扫的发生频率与沙波形态变化趋势一致，而喷射的发生频率与沙波形态变化趋势不一致，提出泥沙的运动是被清扫作用控制的，并据此解释了沙波迎水面冲刷、背水面淤积的现象。

1. 时均流速与雷诺应力

利用声学多普勒技术、粒子图像测速技术和图像处理技术，通过水槽试验观测研究了沙波床面附近的水流运动特性和结构特征。图 3.27 和图 3.28 分别为沙波床面沿程若干测量断面的纵向和垂向流速分布图，在不同的测量断面，近底流速的变化规律各不相同。图 3.27 和图 3.28 中，标尺的长度分别表示沙波床面纵向流速、垂向流速归一化后的 0.1 倍单位值。2#～4#断面近床面附近垂向流速为负值，说明水流存在明显回流；5#断面之后垂向流速在垂直方向上变化很小，几乎为零，这说明水流呈现明显的二维性。试验中的水流再附着点的位置约为 5 倍沙波高度（$x \approx 5h_s$），与 van Mierlo 等[52]的研究结果 $x=5.2h_s$ 较为接近。

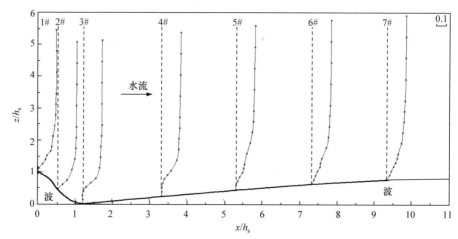

图 3.27　沙波床面纵向流速(u/u_{max})分布

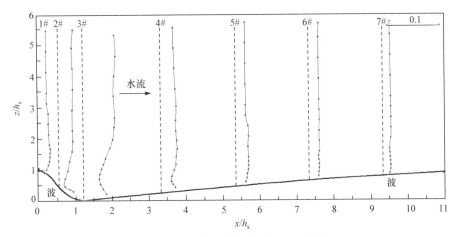

图 3.28　沙波床面垂向流速(w/u_{max})分布

图 3.29 为实测的沙波床面上各断面雷诺应力分布图。图 3.29 中标尺的长度分别表示沙波床面各断面雷诺应力归一化后的 0.1 倍单位值。可以看出，雷诺应力较大位置主要分布在背水面(2#断面)、沙波的波谷处(3#断面)以及沙波迎水面高度较低的断面。

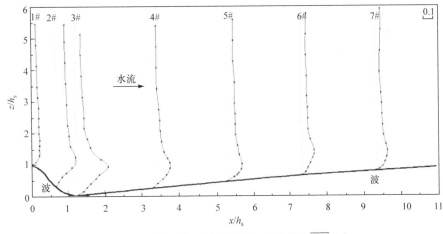

图 3.29　沙波床面上各断面雷诺应力分布 ($-\overline{u'w'}/u_{max}^2$)

2. 涡黏性及涡量场

在得到水流时均流速和雷诺应力分布特性的基础上，进一步探讨涡黏性系数、紊流动能产生项及涡量场等的分布特性。

紊流力学中的涡黏性系数 $\nu_t \left(\nu_t = -\overline{u'w'} / \left(\dfrac{\partial u}{\partial z} \right) \right)$ 是研究紊流的重要参数。对于紊流基本方程中不封闭问题的解决方法，其中之一就是涡黏性模型。其特点是在未引入新参数的情况下，将雷诺应力和时均流速梯度建立起定量关系，可以很好地估量雷诺应力在水平方向的变化。

图 3.30 为沙波床面条件下的涡黏性分布。可以看出，流过沙波床面的紊流，ν_t 值在垂向上发生明显变化。在床面附近，$\nu_t \approx 0$；在壁面区域内(紊流边界层的黏性底层)，水流运动黏度占主导地位，此时 $\nu_t \ll \nu$；离床面再往上的区域，紊流充分发展，黏性作用迅速减小，雷诺切应力占主导地位。从图 3.30 中也明显可以看出，随着迎水面高度的增大，涡黏性系数有逐渐增大的趋势，最大的涡黏性系数出现在接近波峰部位——7#断面。离开床面的影响区域后，在远离床面的水流外区，涡黏性系数迅速减小，并逐渐趋近为一常数。

流经沙波床面的水流运动，通常认为是一种类似边界层的流动。这种假设的正确性如何，可以通过紊流动能产生项 $P_k = -\overline{u'm'} \dfrac{\partial u}{\partial z}$ 来确定。

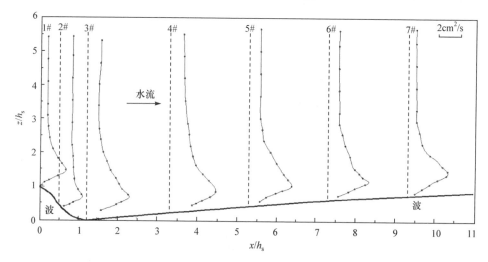

图 3.30　沙波床面条件下的涡黏性分布

从图 3.31 可以看出，沙波床面的紊流动能产生项 P_k 主要分布在内层边界层中，并且集中在背水面至再附着点区域内。因此，对床面稳定起决定性作用的是内层切应力，外层流速结构的发展演化只有很小的作用。

同时 P_k 还可以表示雷诺应力对时均流速场所做的变形功，即紊流动能的生成。紊流动能是时均运动机械能转化为流体微团的动能，其产生主要与大尺度的涡旋有关。大涡又会将生成的紊流运动能量通过一系列的破碎过程传递给较小的涡旋，形成一种梯级传递过程，最终这些紊流动能在小涡的尺度上由黏性耗散为分子热运动。从以上分析中可以看到，沙波床面条件下的紊流运动能量耗散主要集中在 1#～4#断面，即回流区内。

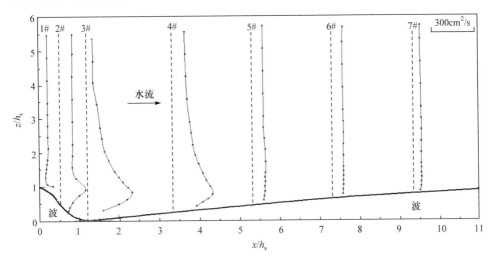

图 3.31　紊流动能产生项的分布

图 3.32 和图 3.33 对比了明渠平整床面和沙波床面条件下的涡量场特性。可以看出，平整床面条件下的涡量场主要是由水槽底部床面的摩阻作用形成的纵向流速梯度造成的，床面附近的平均涡量值要大于外部流域的涡量值；同时在床面附

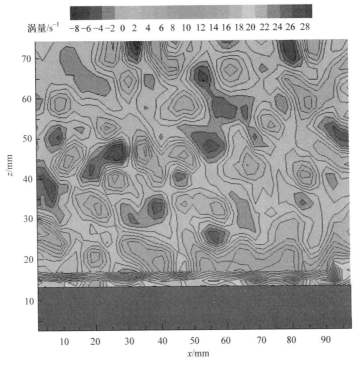

图 3.32　平整床面条件下的涡量分布(见彩图)

近局部区域，由于水流要素的波动情况，局部有较大涡量值出现。随着流量的增大，整个流场的涡量值略有增大，但总体说来，涡量值较小，基本为均匀分布，空间变化不大。

在沙波床面条件下，水流的外部区域涡量很小，且均匀分布。但在水流的底部，沙波的背水坡面处有相对较大的涡旋出现，远离沙波床面处的涡量值主要以正值为主，在沙波背水面的涡量值最大，最大值出现在 z=25～35mm 区域(即沙波的背水坡面和迎水坡面的前半部分)，最大涡量值在 140～160s^{-1} 区域内，在其他区域(z>35mm)，涡量值迅速减小为零。

与平整床面条件下的涡量场相比，沙波床面的涡量发生位置并不是靠近床面的位置，这可能与波谷区流速存在一定范围的回流、床面切应力及紊流运动能量的损耗等有关。

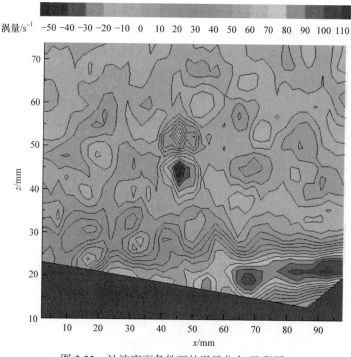

图 3.33　沙波床面条件下的涡量分布(见彩图)

3.2.3　沙波形态与水流的响应关系

Yalin 等[53-56]和 Coleman 等[57,58]对不同水流条件下河床床面各种形态的沙波进行了大量研究。

Yalin[54]认为，沙波的几何形态并不取决于水深，而是取决于五个特征参数，即流体密度 ρ、流体运动黏滞系数 ν、剪切流速 u_*(水流底部的切应力 τ_b)、沙粒的

粒径 d 以及泥沙颗粒容重 γ_s，将上述五个特征参数(ρ、ν、u_*、d、γ_s)进行量纲分析，可得两个无量纲参数：$\varXi\left(\varXi=\dfrac{\gamma_s d^3}{\rho\nu^2}\right)$、$Re_*\left(Re_*=\dfrac{u_* d}{\nu}\right)$。物质参数 $\varXi$ 反映了沙粒和流体的本质特性，$\varXi$ 值越大说明河床抵御水流作用的能力越强，越不容易形成沙波，同时沙波向沙垄过渡也相对难一些。而参数 Re_* 就是通常所说的沙粒雷诺数，直接反映床沙高度与黏性底层厚度的比值，也可间接衡量水流促使床沙运动的力与黏滞力的比值。Yalin[54]将沙波长度(L_w)、高度(h_w)无量纲化后再与沙粒雷诺数 Re_* 和 $\varXi$ 进行点绘，得到如下函数关系式：

$$\frac{L_w}{d}=f(p,Re_*) \tag{3.46}$$

$$\frac{h_w}{d}=f(q_r,\varXi) \tag{3.47}$$

式中，q_r 被定义为流体相对运动强度；p 值通过拟合得到，即

$$p=3.38\varXi^{-0.25} \tag{3.48}$$

Yalin[54]进行了 227 组实验室试验，试验的泥沙粒径为 0.11～0.26mm，得到沙波的特征值 L/d 与 Re_* 和 $\varXi$ 的函数表达式。通过作图法可以直观地得到沙波特征形态范围，即在某一水流条件下沙波特征值可能出现的范围。Yalin[55]给出了拟合公式

$$\frac{L_w}{d}\approx\frac{3000}{\varXi^{0.88}\sqrt{Re_*}(1-0.22\sqrt{Re_*})} \tag{3.49}$$

张瑞瑾[59]从水槽试验和天然河流实测资料中得到如下波高公式：

$$\frac{h_w}{h}=0.086\frac{U_m}{\sqrt{gh}}\left(\frac{h}{d}\right)^{1/4} \tag{3.50}$$

van Rijn[60]针对低水流能态区和过渡区中的沙垄床面形态，提出了确定床面形态尺寸的方法。采用无量纲粒径 d^+ 和输沙强度参数 T，即

$$d^+=d_{50}\left(\frac{\rho_s-\rho}{\rho\nu^2}\right)^{1/3} \tag{3.51}$$

$$T=\frac{U_*^2-u_{*c}^2}{u_{*c}^2}=\frac{\tau-\tau_c}{\tau_c} \tag{3.52}$$

式中，$u_{*c}=\left(\dfrac{\tau_c}{\rho}\right)^{1/2}$ 为按 Shields 曲线确定的床面临界剪切流速；U_* 为对应沙粒阻

力的床面剪切流速。

van Rijn 利用水槽及原型资料确定了 h_{w}/h、$h_{\mathrm{w}}/L_{\mathrm{w}}$ 与 T 的函数关系，即

$$\frac{h_{\mathrm{w}}}{h} = 0.11\left(\frac{d}{h}\right)^{0.3}\left(1-\mathrm{e}^{-0.5T}\right)(25-T) \tag{3.53}$$

$$\frac{h_{\mathrm{w}}}{L_{\mathrm{w}}} = 0.015\left(\frac{d}{h}\right)^{0.3}\left(1-\mathrm{e}^{-0.5T}\right)(25-T) \tag{3.54}$$

式(3.53)和式(3.54)都在 T 值大约为 5 时达到最大值。从这两个方程中还能推出沙垄长度仅与平均水深有关，波长的表达式为

$$L_{\mathrm{w}} = 7.3h_{\mathrm{m}} \tag{3.55}$$

式(3.55)与 Yalin[54]的研究结果非常接近，Yalin[54]推导出来的波长公式为

$$L_{\mathrm{w}} = 6h_{\mathrm{m}} \tag{3.56}$$

其使用范围是 $Re_* \leqslant 70$（即处于粗糙紊流区）。

Coleman 等[57]定义了一种在缓流条件下，在沙波和沙垄之前出现的一种床面形态——小沙波，他们认为床面形态——沙垄或沙波都是从小沙波发展而来的。他们研究得出在冲淤条件下小沙波波长关系式，即

$$\frac{L_{\mathrm{w}}}{d}Re_{*\mathrm{c}}^{0.2} = 10^{2.5} \tag{3.57}$$

式中，L_{w} 为波长；d 为沙粒粒径；$Re_{*\mathrm{c}}$ 为临界沙粒雷诺数。

式(3.57)表述较为简单，但是它并不适用于明渠层流条件下。

对于明渠层流条件下的波长情况，Coleman 等[61]通过石英砂和轻质沙试验，回归拟合后给出了小沙波波长为沙粒粒径的函数，即

$$L_{\mathrm{w}} = 175d^{0.75} \tag{3.58}$$

式中，L_{w} 和 d 都以 mm 计。粒径 0.2～1.6mm 的泥沙都很好地与式(3.58)吻合。

从式(3.57)和式(3.58)可以看出，明渠层流和紊流以及冲淤流动条件下的小沙波有相似的产生机制。在紊流还没有出现的水流结构下，小沙波产生于颗粒的运动或切应力失稳。对于小沙波产生的分析依赖于水流的紊动研究进展以及预测波长与水流特性参数的相互关系。层流和冲淤条件下虽然出现相同的小沙波状态，但是由于二者有不同的水流结构，小沙波的实质发展过程是不同的。对于冲淤性流动，作用在相同小沙波上的一系列非稳定力学机制导致的结果是小沙波发展成为两种不同的沙波形态——沙纹与沙垄。与冲淤流动相比，层流由于流体的相对黏性较强，此时沙波产生和发展的概率相对较小。

Zhou 等[62]认为小沙波形成的一个可能原因是，初始床面从流动区域受到一个较大的能量输移，使得沙波床面快速成长，并在局部成为床面的主要特征。

Rauen 等[27]在渐变宽度的水槽中进行了试验，通过分析认为小沙波的高度符合对数正态分布，并且小沙波的高度临界值约为 7mm。当小沙波的高度范围超过这一值时，小沙波就会到达紊流边界层的外部区域，进而发展为波纹。他们同时也给出了高度与粒径的一个表达式，即

$$h = 11.10 d^{0.247} \tag{3.59}$$

Crickmore[63]研究了水流的宽深比对沙垄形态的影响，他共进行了三种宽深比(8.4、4.8、2.4)的试验。试验结果显示，随着宽深比的增大，沙垄的峰冠变得弯曲、不规则。Crickmore 发现，河道宽深比增大会导致沙垄高度、长度以及波谱宽度的增加，但增加不是很明显。因此他得出结论，增大水流的宽深比不会导致床面形态的规模增大。这一点与 Yalin 等[64]的研究结论相近。Klaassen 等[65]研究所得出的结论与之类似。

关于如何测量沙波的几何特征要素是试验中一个很重要的问题。赵连白等[66]描述了沙波要素测量的三种方法。方法一，用秒表测量 0.3～1m 范围内的沙波运动速度 U_s，通过光纤地形仪测量床面形态以及波高 h，记录床面高程 h 与时间 t 的关系，即为 h-t 方法；方法二，试验达到稳定状态后，在停水之后测量床面高程 y 沿程 x 变化，即 y-x 方法；方法三，在长约 10m 范围内测得连续几个相邻波峰之间的距离作为波长，即 L-t，并用停水后所测得地形的波长(即 y-x 方法)检验，同时用 $L=U_sT$ 来进一步复核(T 为平均周期)。他们分析认为，三种方法都有一定的准确性，比较而言，方法二测量次数较少。在他们的试验中，波要素的测量是在测量 4～8 个数据后，取其平均值作为该水流下的波要素，但没有进行波要素与水流条件(Fr 或 Re)关系的分析。

关于沙波移动速度，Kondap 等[67]认为沙波运动速度 U_s 可表达为

$$\frac{U_s}{U} = 0.021 Fr^3 = 0.021 \left(\frac{U}{\sqrt{gR_b}} \right)^3 \tag{3.60}$$

式(3.60)是典型的以 Fr 为参数的沙波运动速度表达式。类似的公式还有张瑞瑾[59]整理野外实测资料所得到的关系式，即

$$\frac{U_s}{U} = 0.0144 \frac{U^2}{gh} \tag{3.61}$$

式(3.61)主要是用长江实测资料推导得出的。

沙波的运动速度与推移质的运动强度密切相关，理论上应引入 Shields 数 Θ 和相对糙率 d/H 与 Fr 一起作为变量来建立表达式，如 Shinohara 等[68]所建立的沙垄运动速度公式为

$$U_s \frac{H}{d} \sqrt{\frac{\gamma}{(\gamma_s - \gamma) g d}} = k \left(\frac{\gamma}{\gamma_s - \gamma} \frac{u_*^2}{gd} \frac{\tau_c}{\tau} \right)^m \tag{3.62}$$

式中，当沙粒粒径 d 为 0.69～1.46mm 时，系数 k 和 m 的取值分别为 48.6 和 1.5；当沙粒粒径 d 为 0.10～0.21mm 时，系数 k 和 m 的取值分别为 76.1 和 2.5。

Coleman 等[57]在明渠水流条件下，通过 47 组试验(沙粒粒径分别为 0.20mm 和 0.82mm)发现，随着床面高度增大以及水流时间延长，沙波发展速度减慢；他们同样也得到了从初始平整床面发展的床面形态，沙波运动速度与床面高度的量化函数关系为

$$U_s^+ (h' - 3.5)^{1.3} = 40 \tag{3.63}$$

式中，U_s^+ 为无量纲化后的沙波运动速度；h'为无量纲化的床面起伏高度(波峰与相邻下一个波谷的高程差)，$h'=h/d_g$，d_g 为几何平均泥沙粒径，$d_g = \sqrt{d_{84} d_{16}}$。

从势流理论出发的床面稳定性分析并不能完整地描述床面发展的力学机制，但可以正确地预测床面形态加速发展的周期。

泥沙颗粒的级配情况对沙波的形态也有一定的影响。与均匀沙相比，非均匀沙沙波有如下特点：一是波高、波速减小，而波长有所增加；二是沙波级配(即推移质级配)不同于原始床沙级配，沙波级配较为均匀，其非均匀系数 φ($\varphi = \sqrt{d_{75}/d_{25}}$)为 1.53～1.67，小于原始的床沙非均匀系数 2.13。赵连白等[66]认为对于非均匀沙，在一定的水流流速下，泥沙运动可能分为下列几个阶段：

(1) 当水流流速小于最小颗粒的起动流速时，床面无泥沙运动，不形成沙波，输沙率为零。

(2) 当水流流速大于最小颗粒的起动流速而小于最大颗粒的起动流速时，部分床面泥沙颗粒开始运动。因此，沙波的波高、波长及波速取决于可动部分的泥沙。这种情况发展的结果是：一方面使得组成沙波的级配趋于均匀；另一方面由于粗颗粒停留在床面，床沙粗化，阻力增大，结果造成波速减小，波长增加，又由于组成沙波的级配难以得到床沙的充分交换(均匀沙因级配相同，推移质可从床沙中得到充分交换)，波高减小。此阶段，运动床沙的百分数(即床沙中可动部分的比例)对沙波要素起决定作用。

(3) 当水流流速大于最大颗粒起动流速时，床面颗粒全部起动，但有一部分较细颗粒的泥沙转化为悬移质，实际参与沙波运动的颗粒粒径介于临界悬浮颗粒粒径 d_{sk} 与临界起动颗粒粒径 d_{ok}。

Coleman 等[57,58]的一系列公式主要是研究沙波形态与沙粒粒径的关系。从理论上讲，在沙波发展的初期——沙纹阶段，水流强度较小，泥沙运动强度并不太大，运动形式以推移质为主，这时床面形态与床面时均剪切力和紊动作用之间的综合作用对沙波的发展起主导作用。沙粒雷诺数 $Re_* = u_* d/v$ 直接反映床沙颗粒高度与水流黏性底层厚度的相对关系，同时对促使床沙运动的水流作用力与阻止床沙颗粒运动的黏滞力的比值也是一种间接衡量，因此沙粒雷诺数 Re_* 是一

个重要的决定沙波运动的无量纲力学参数，适于代表水流流动特征。

图 3.34 和图 3.35 分别为 Re_* 与无量纲沙波的波高、波长的相关关系。随着 Re_* 的增大，L/d_{50} 与 h/d_{50} 值均呈幂函数关系增长。该函数的增长关系式为

$$\frac{L_{\mathrm{w}}}{d_{50}} = 191.76 Re_*^{0.3}, \quad 7.5 < Re_* < 14.2 \tag{3.64}$$

$$\frac{h_{\mathrm{w}}}{d_{50}} = 1.97 Re_*^{1.3}, \quad 7.5 < Re_* < 14.2 \tag{3.65}$$

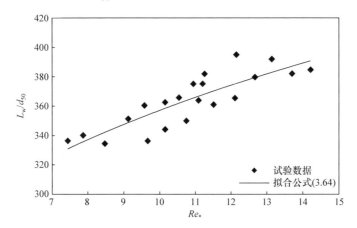

图 3.34　Re_* 与 L_{w}/d_{50} 的关系

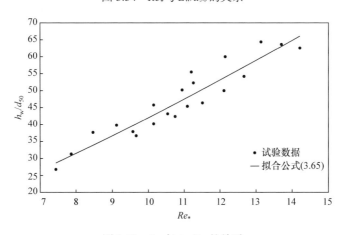

图 3.35　Re_* 与 h_{w}/d_{50} 的关系

为进一步探讨沙波形态特征与紊流结构长度特征量之间的关系，开展了系列试验研究，分别探讨喷射和清扫长度、高度、角度特征与沙波波长、波高和坡度之间的相关关系。通过染色液试验对水流进行流动显示，根据床面附近流动显示的结果来判定喷射和清扫现象。从染色液有向上运动的趋势开始至染色液上升至

最大高度位置定义为一次喷射过程，起止点之间的水平距离为喷射长度，起止点之间的垂直距离为喷射高度；从染色液有向下运动的趋势开始至染色液运动至最低点定义为一次清扫过程，起止点之间的水平距离为清扫距离，起止点之间的垂直距离为清扫高度；喷射起止点的连线与纵轴线的夹角定义为沿程喷射角，清扫起止点的连线和纵轴线的夹角定义为沿程清扫角。

1. 喷射和清扫长度与沙波波长的关系

图 3.36 为平整床面紊动猝发特征长度频率分布图。图 3.37 为沙波床面紊动猝发特征长度频率分布图。对图 3.36 和图 3.37 中的数据进行分析，得到以下结果：

(1) 平整床面：喷射长度 L_e=57.2mm，清扫长度 L_s=44.9mm，L_e+L_s=102.1mm。对平整床面 L_e 和 L_s 进行无量纲化，$L_e^+=L_e u_*/v$；$L_s^+=L_s u_*/v$。无量纲化后，L_e^+=5.72×1.6/(0.94×10^{-2})=973.6；L_s^+=4.49×1.6/(0.94×10^{-2})=764.3。

(2) 沙波床面：喷射长度 L_e=64mm，清扫长度 L_s=49.3mm，L_e+L_s=113.2mm。无量纲化后，L_e^+=6.4×1.58/(0.94×10^{-2})=1075.7，L_s^+=4.93×1.58/(0.94×10^{-2})=828.7。

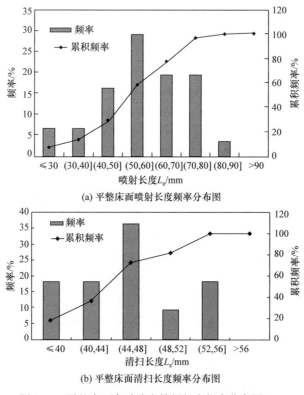

(a) 平整床面喷射长度频率分布图

(b) 平整床面清扫长度频率分布图

图 3.36　平整床面紊动猝发特征长度频率分布图

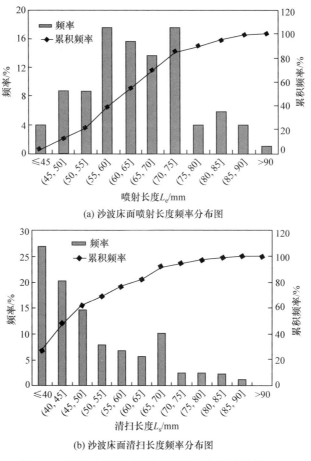

(a) 沙波床面喷射长度频率分布图

(b) 沙波床面清扫长度频率分布图

图 3.37　沙波床面紊动猝发特征长度频率分布图

对比相同试验条件下沙波的平均波长 L_{wm}=142.3mm，可以得到以下结论：

(1) 沙波床面的喷射、清扫长度之和(L_e+L_s=113.2mm)与沙波的平均波长(L=142.3mm)很接近，紊动猝发和沙波形态在尺度上的接近暗示着紊流结构和沙波形态的相关性，而紊动猝发现象是水流脉动作用的结果，因此沙波形态的产生不仅受水流时均流速的影响，还受脉动流速的影响。

(2) 平整床面的紊动猝发长度 L_e、L_s 稍小于沙波床面，沙波床面加剧了水流紊动猝发的长度，紊动猝发长度增加了约 10%，然而平整床面的喷射长度和清扫长度之和与沙波的波长也很接近，平整床面的水流结构与床面形态也有很强的相关性。

2. 喷射和清扫高度与沙波波高的关系

图 3.38 为平整床面紊动猝发高度频率分布图。图 3.39 为沙波床面紊动猝发高

度频率分布图。对图 3.38 和图 3.39 中的数据进行分析，分别取它们的平均值，可以得到以下结论：

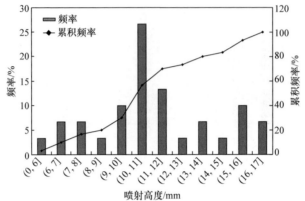

(a) 平整床面喷射高度频率分布图

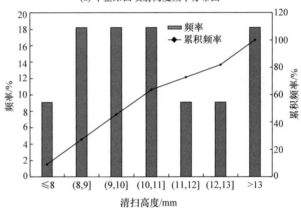

(b) 平整床面清扫高度频率分布图

图 3.38　平整床面紊动猝发高度频率分布图

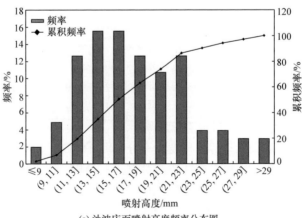

(a) 沙波床面喷射高度频率分布图

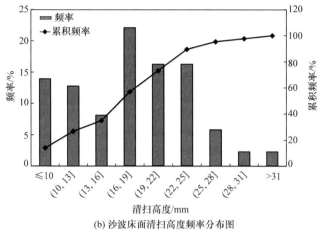

(b) 沙波床面清扫高度频率分布图

图 3.39　沙波床面紊动猝发高度频率分布图

(1) 平整床面：喷射高度 ξ_e=11.25mm，清扫高度 ξ_s=11.25mm，ξ_e=ξ_s；ξ_e/H=ξ_s/H=0.113，喷射和清扫高度约为水深的 1/9。

(2) 沙波床面：喷射高度 ξ_e=17.54mm，清扫高度 ξ_s=17.58mm，ξ_e≈ξ_s；ξ_e/H=ξ_s/H=0.175，喷射和清扫高度约为水深的 1/6。

对比相同试验条件下沙波的平均波高 h_{wm}=20mm，可以得出以下结论：

(1) 沙波床面的喷射高度与清扫高度相近，与沙波的波高很接近，紊动猝发结构和沙波形态高度上的接近暗示着它们之间的相关性，喷射和清扫共同作用影响着沙波的高度。

(2) 沙波床面的喷射高度和清扫高度均大于平整床面，沙波床面加剧了紊动猝发的高度，沙波发展过程中，紊动猝发的高度有增加的趋势，当沙波发展稳定后，紊动猝发高度趋于稳定。

3. 紊流结构角度特征量与沙波形态的关系

Harvey 等[69]得到的喷射角度为 40°，其定义的喷射角度为喷射的某一瞬间喷射结构与纵轴线之间的夹角；Blackwelder 等[70]得到清扫发生点与结束点的连线与纵轴线的夹角为 6°，其定义的清扫角度是清扫整个过程中清扫结构与纵轴线之间的夹角。此处定义喷射起止点的连线与纵轴线的角度为沿程喷射角(θ_e)，清扫起止点的连线和纵轴线的角度为沿程清扫角(θ_s)。

图 3.40 为平整床面紊动猝发角度频率分布图。图 3.41 为沙波床面紊动猝发角度频率分布图。对图 3.40 和图 3.41 中的数据进行分析，分别取它们的平均值，可以得到以下结论：

(1) 平整床面：沿程喷射角 θ_e=11.16°，沿程清扫角 θ_s=14.41°。

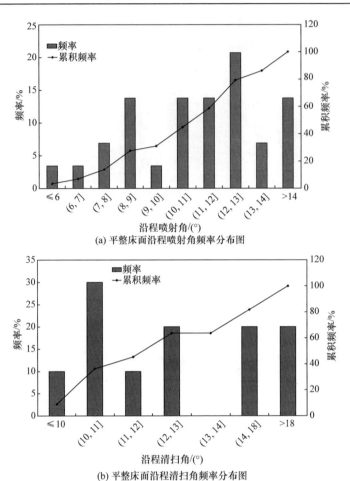

(a) 平整床面沿程喷射角频率分布图

(b) 平整床面沿程清扫角频率分布图

图 3.40　平整床面紊动猝发角度频率分布图

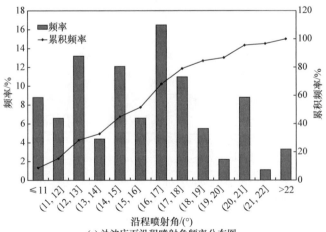

(a) 沙波床面沿程喷射角频率分布图

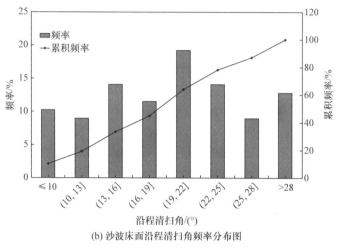

(b) 沙波床面沿程清扫角频率分布图

图 3.41 沙波床面紊动猝发角度频率分布图

(2) 沙波床面:沿程喷射角 θ_e=15.28°,沿程清扫角 θ_s=19.59°。

对比相同试验条件下沙波的迎水坡角度 9.86°,可以得到以下结论:

(1) 沙波床面和平整床面的沿程喷射角和沿程清扫角与沙波的迎水坡角度接近,紊动猝发结构和沙波迎水坡角度的相似暗示着紊流结构和床面形态之间的相关性,由于平整床面的沿程喷射角和沙波迎水坡角度更接近,平整床面的紊动猝发结构和床面形态的角度相关性更强。

(2) 沙波床面的沿程喷射角和沿程清扫角均大于平整床面,沙波床面使紊动猝发的角度有所增大,沙波发展过程中,喷射和清扫的尺度有增大的趋势,当沙波发展稳定后,紊动猝发角度趋于稳定。

(3) 沿程喷射角和沿程清扫角与迎水坡角度相似,和背水坡坡角不同,因为在迎水坡,水流类似于明渠边界层水流,喷射和清扫作用对形态的影响占主导,而在沙波的背水面,回流区内外流速相差很大,上下层流体的剪切作用使回流区内形成复杂的涡结构,此时喷射和清扫作用对沙波的影响已经不占主导,因此喷射和清扫的角度和沙波背水坡坡角不同。

3.3 沙波河床界面潜流交换

沙波存在情况下,在河床内部产生了一定的孔隙水流动,该流动促进地表水和地下水交混,该交混区域通常称为潜流带。随着河流水生态、水环境研究的深入,该区域被逐渐认识到是活跃的生态群落交错区,对河流生命体的生命循环有重要的生态意义,对河流生态区的健康起着关键的生态小生境作用。同时它也是污染物短期储存场所，当污染物在里面短暂停留后再次释放，会对河流造成严重的二次污染。地表水和地下水相互作用对河流环境的生物地化作用产生了至关重要的影响，该区域的物理化学性质和物质能量交换对河床的生态群落和生态分布起着决定性的作用，因此弄清楚河床内部水动力特性对研究河流的生态具有重要的参考价值，同时潜流交换研究对河流健康和人类生命健康也具有重要的意义。

3.3.1　沙波形态下潜流交换过程

要进行潜流带生态环境研究，需要了解潜流交换发生的主要驱动力。河流沉积物形态引起界面上不均匀水头差是发生潜流交换最主要的驱动力。由水力学中伯努利原理可知，河流中水和各种类型污染物是从高水头往低水头流动，而污染物和水进入潜流带同样是由界面上水头分布所影响和调节的，并且进入界面通量正比于界面上水头梯度[71]。在沉积物界面上任一点总水头包含着静态和动态贡献值，其中静态部分为测压管水头，动态部分为流速水头。水流流过不同粗糙度特征表面河床产生非静水压力水头，由此产生动量转移到河床界面以下，发生潜流交换，它代表了上覆水流动对总水头的贡献。尽管静态和动态部分都会对总水头有贡献，但是二者贡献的主导作用与水流-河床作用空间尺度有关。例如，在空间尺度很小的水流沙波作用下(交换尺度要小于河流深度)，总水头中动态部分贡献占主导地位，而在弯曲河道、侧岸等水位差引起的潜流交换下，静态部分作用较为明显。在河流中，河流中心水流沙波作用产生潜流交换较为明显，而河岸附近河流水位变化引起潜流交换较为明显。

沙波广泛存在于一些坡度较低河流中($S<0.1\%$)，其形态多种多样，并且随着河流流量变化而发生改变。Thibodeaux 等[72]通过水槽示踪试验发现了示踪污染物会从沙波迎水面进入，并从背水面出来(见图 3.42)，从而揭示水流-沙波作用产生了对流机制。随后对实验室尺度下水流沙波引起潜流交换的研究工作大量开展起来，Elliott 等[73,74]建立了简单水流沙波作用解析模型，发现水流沙波作用机制主要分为静态沙波下泵吸交换和移动沙波下冲淤交换。Cardenas 等[75,76]利用半耦合数值模型发现了沙波尺度下潜流交换驱动力，主要为带有一定流速的水流经水沙界面时产生了动量转换，在沙波表面形成了压力不均匀区域，从而地表水和污染物从沙波迎水面进入，从背水面重新回到地表水。同时在沙波波谷底部形成涡流，最终在沙波内部形成网状潜流交换流场，并确立了界面交换通量和污染物在沙波内部滞留时间与上覆水雷诺数之间的关系。由于在水沙界面上交换通量受到多种机制的贡献，Work 等[77]分别揭示了对流、扩散、生物扰动对潜流交换下污染物输运的相对影响，提出一维有效扩散模型。Marion 等[78,79]发现了沙波形状会影响潜流交换，较大波长沙波形状产生高效潜流交换，在泵吸模型中考虑了沙波形状

空间尺度变化。通过水槽试验将潜流交换过程用一个无量纲扩散系数来表示,并验证了在一定时间尺度范围内的有效性。以下通过三种主要驱动机制一一阐述沙波尺度下产生的潜流交换作用。

图 3.42　实验室尺度下水流沙波作用[72]

1) 泵吸交换

河床形态或者其他不规则性(如大石块、原木)会引起水头梯度(或者压力变化),这些水头梯度诱导了对流传输,产生了潜流交换。图 3.43 说明河床形态引起泵吸交换。由三角形沙床表面引起剪切流的扰动产生了压力变化,压力变化导致孔隙水流动,河流和饱和沙床之间发生了交换,这种交换称为泵吸交换。泵吸交换的发生非常广泛,不仅在河流中,在海岸带和沿海浅滩沙丘也有潜流交换的产生。

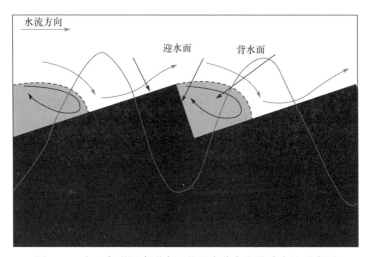

图 3.43　在三角形河床形态下的压力分布和孔隙水流示意图

2) 冲淤交换

当河床形态移动时，在河床形态的上游迎风面受到水流冲刷，泥沙被冲走，释放孔隙水；在河床形态的下游避风坡处，冲走的泥沙在此处沉降，截留河道水充当河床新位置的孔隙水，这个释放和截留孔隙水的过程引起河床与河流间的物质交换，称为冲淤交换。冲淤交换主要发生在河床形态移动或者河床冲刷地区。图 3.44 为理想状态下三角形河床形态的冲淤交换过程示意图。冲淤交换的水动力条件较为复杂，对内部的水动力机理还有待进一步研究。

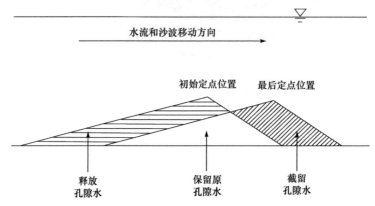

图 3.44　理想状态下三角形河床形态的冲淤交换过程示意图

3) 混合潜流交换

一般在河床移动时，既有冲淤交换，也有泵吸交换，这两者的混合称为混合潜流交换。如图 3.45 所示，在沙丘迎风面受到冲刷作用，沉积物被冲走，释放孔隙水到河道中；在沙丘的避风面，泥沙沉降，截留河流中的水充当孔隙水；由于有沙床表面的地形起伏，水流发生变化，产生的压力分布不均，在沙床上就有潜流交换流动，使河道和沙床之间发生潜流交换。大部分移动的河床形态都造成混合潜流交换。

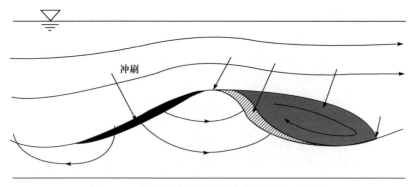

图 3.45　典型沙波引起的混合潜流交换示意图

Elliott 等[73,74]的研究得出，河床静止或缓慢移动时，河床形态引起的孔隙水流(泵吸交换)占主导地位；快速移动河床时，冲刷和沉降交换占主导地位；河床形态向前推进时，冲淤交换变得很重要。但是 Packman 等[80]试验和模拟得出，移动河床刚开始冲淤交换占主导地位，然后是泵吸交换。

3.3.2　沙波形态下潜流交换的影响条件

1. 上覆水的水流条件

通常用界面的交换量和沙波内部的潜流带深度来衡量潜流交换的大小，当沙波存在时，上覆水的流动特性不同，潜流交换在水动力上有着很大的差异，下面从上覆水为层流与紊流两个角度来分析其中的水动力规律。

由于沙波形状的影响，沙波与沙波之间会形成涡旋，而涡旋的大小与上覆水的流速有着很紧密的联系。在一定情况下，涡旋的大小会随着上覆水雷诺数的增加而增加，并且在沙波表层形成很多特征点，在压力较大的位置往往分布着水流的汇合点。该点一般在沙波的迎水面，水流和污染物从这个点的附近进入沙波，与孔隙水进行交换。而在波峰与沙波避水面附近往往分布着流动的分离点，这个点附近一般分布着压力的最小值，污染物和水流从这个点附近释放，回到上覆水中，如图 3.46 所示[75]。涡旋的几何尺寸又会影响水沙交换通量和潜流带的深度。

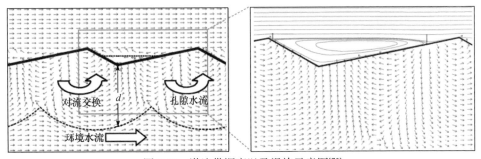

图 3.46　潜流带深度以及涡旋示意图[75]

随着上覆水雷诺数的增加，沙波表面的最大压力值逐渐往沙波下游移动，使得最大压力点与最小压力点之间的距离逐渐减小，而涡旋尺寸大小逐渐增加，如图 3.47 所示[75]。图中，p^* 为无量纲数，$p^*=(p-p_{min})/(p_{max}-p_{min})$，其中 p 为压力，p_{max} 和 p_{min} 为每一次模拟的最大值和最小值，均是在位于流线与顶部边界相交的附近位置测量得到的。在此基础上表面不均匀水压力驱动孔隙水流动，沙波内部孔隙水的流动与沙波表面的压强分布有关，孔隙水从沙波迎水面表面最大压力处进入，从沙波避水面压力分布小的区域释放。

潜流带的深度定义为 d_u，是沙波波谷到对流区域与区域地下水分离区域的距离，如图 3.48 所示[81]。将水沙界面通量 q 进行无量纲化得到通量密度，即 $q^*=q/K_{cd}$，

其中 K_{cd} 为水力传导系数。当上覆水流动为层流时，涡旋的大小变化与地表水、孔隙水发生交换时的通量和潜流带的深度有着密不可分的关系。当上覆水流动为紊流时，沙波波谷处涡旋的大小不再发生变化，潜流带的深度也保持为定值，并且潜流带的深度与潜流带的面积呈现出良好的线性关系。潜流带深度和水沙界面通量与上覆水雷诺数满足的关系如图 3.49 所示。

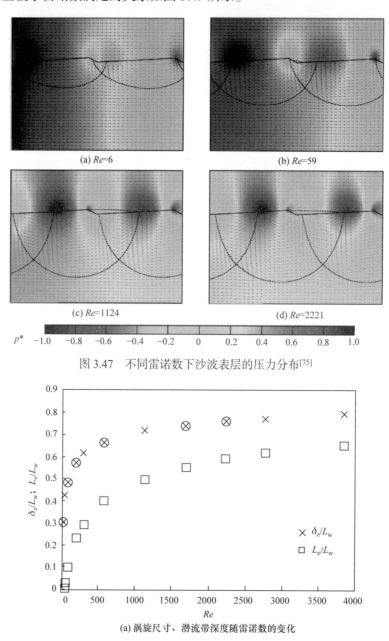

(a) $Re=6$ (b) $Re=59$

(c) $Re=1124$ (d) $Re=2221$

p^* -1.0 -0.8 -0.6 -0.4 -0.2 0 0.2 0.4 0.6 0.8 1.0

图 3.47 不同雷诺数下沙波表层的压力分布[75]

(a) 涡旋尺寸、潜流带深度随雷诺数的变化

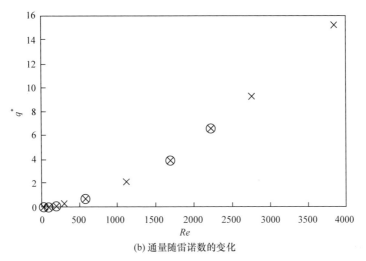

(b) 通量随雷诺数的变化

图 3.48　涡旋尺寸、潜流带深度和通量随雷诺数的变化[81]

如图 3.49(b)所示[75]，潜流带深度与上覆水雷诺数满足一定的关系，关系式为

$$\frac{\delta_y}{L_w} = \frac{ab + cRe^d}{b + Re^d} \tag{3.66}$$

而水沙界面通量与雷诺数满足幂函数关系，关系式为

$$q^* = aRe^b \tag{3.67}$$

当上覆水为层流流动时，沙波波谷处产生的涡旋大小随着雷诺数的增加而增加。但是当上覆水中的雷诺数达到一定程度时，上覆水中的层流就会转化为紊流，这时涡旋的大小会保持稳定，不会一直增加。将涡旋的大小无量纲化(L_e/H)后，发现随着雷诺数的增加，其大小一直保持在 4~6 变化，趋向于水平，保持定值(见图 3.50[75])，远远小于层流流速最大值时涡旋尺寸的大小。

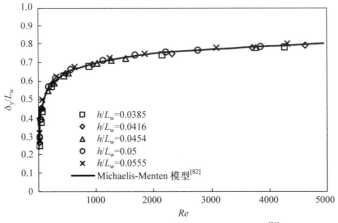

(a) 潜流带深度与雷诺数之间的变化关系[81]

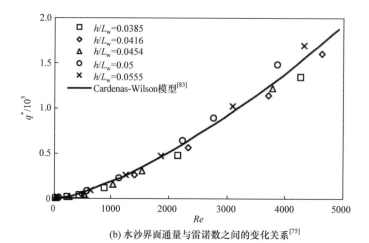

(b) 水沙界面通量与雷诺数之间的变化关系[75]

图 3.49　潜流带深度和水沙界面通量与雷诺数之间的变化关系

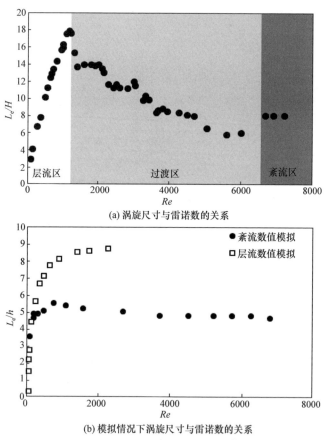

(a) 涡旋尺寸与雷诺数的关系

(b) 模拟情况下涡旋尺寸与雷诺数的关系

图 3.50　紊流情况下涡旋尺寸随雷诺数的变化规律[75]

　　在上覆水为紊流流动时，水沙界面通量与雷诺数呈幂函数关系。但是当沙波陡度增加时，水沙界面通量反而减少，这与雷诺数和沙波高度有关。并且在紊流流动的情况下，水沙界面通量与沙波表面最大和最小压力差之间呈现良好的线性关系，如图 3.51 所示。这是由于紊流发展到一定程度，潜流带深度和面积不再发生改变；然而在层流中，这种线性关系基本是不存在的，因为层流中潜流带深度和面积总是伴随着雷诺数而发生改变。

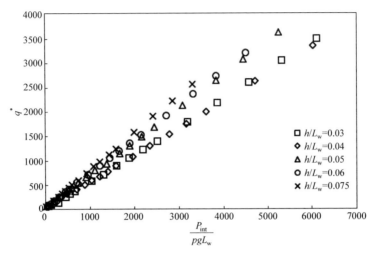

图 3.51　水沙界面通量与沙波表面最大和最小压力差的关系

水流在沙波内部交换的平均滞留时间 t_r 为

$$t_r = \frac{A_y}{LKq^*} \tag{3.68}$$

式中，A_y 为潜流带的面积。

　　由式(3.68)可以看出，平均滞留时间在沙波内部遵循着反向递减幂函数分布。因为雷诺数越高，地表水与沙波孔隙水的交换速度越快，在沙波内部停留的时间较短，如图 3.52 所示。

　　2. 沙波的几何形状

　　自然河流中沙波的形态特征主要用以下参数进行定义：沙波的长度 L_w、沙波的高度 h_w、波峰的位置 L_c、沙波的陡度 h_w/L_w 和非对称性 L_c/L_w。除了上覆水的水流条件，沙波的几何形状对潜流交换也有重要的影响，如图 3.53 所示。

　　沙波的陡度 h_w/L_w 逐渐增大时，潜流带深度反而减小，二者呈现出反向变化的关系。同时沙波表面的最大压力值也逐渐向下游平移，越来越靠近沙波表面的最小压力值处，从而减小涡旋的尺寸，改变潜流带深度。而沙波非对称性 L_c/L_w

发生改变时，沙波表面最小压力值始终分布在沙波的波峰位置，不会发生移动。当 $L_c/L_w<0.75$ 时，由于涡旋很小，最大压力值也基本不发生改变；当 $L_c/L_w>0.75$ 时，最大压力值的位置又开始往下游移动。

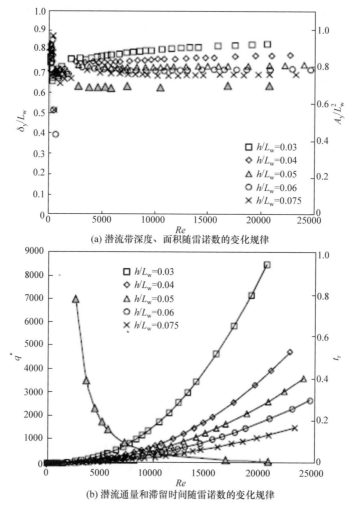

(a) 潜流带深度、面积随雷诺数的变化规律

(b) 潜流通量和滞留时间随雷诺数的变化规律

图 3.52　潜流带深度、面积、通量和滞留时间随雷诺数的变化规律

3. 沙波的非均质性

关于沙波尺度下潜流交换的研究，初期多集中在均质河床中，然而，自然河流中河床往往呈现出非均质性。非均质性主要表现在两个尺度上，内部不同粒径泥沙随机堆积和各层不同渗透系数引起分层。前者是由于孔隙大小和方向随机变化，后者是由于多个相排列，复合多孔介质每一层通常内部是均匀的，如河流中分层沙波等。

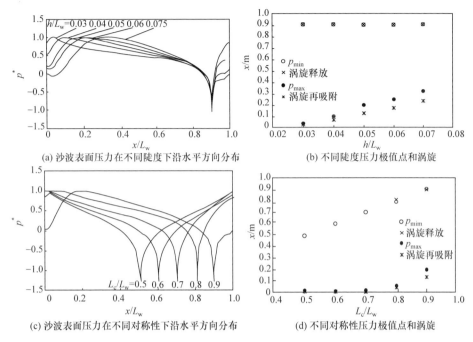

图 3.53 沙波表面压力在不同陡度和非对称性下沿水平方向分布

Salehin 等[81]在水槽中研究了非均质沙波对潜流交换的影响，发现沙波内部不同渗透性区域分布会影响界面通量空间变化，同时相比均匀沙波会增加额外界面通量，这也是研究中将沙波非均质性作为一个新驱动力来驱动潜流交换的原因。在河流系统中，结构非均质性形成往往受河流洪水周期性作用，河床中形成分层结构，在很多野外采样中发现了这一构造。Packman 等[80]在水槽中研究了分层特性下沉积物对潜流交换的影响，发现层状结构(两层)河床会产生各向异性，产生水平方向流动并限制垂向污染物输运过程。还有很多野外采样发现在一些稍高渗透性泥沙层中往往夹杂着一些淤泥层，这些淤泥层渗透性非常低，两层之间的渗透差异往往能达到2~5个数量级，低渗透性层空间分布会限制污染物垂向输运，同时改变滞留时间在沙波内部的空间分布，从而影响地下水年龄空间分布。河床的非均质性对反应性污染物也有重要的影响，如 Bardini 等[84]通过两个实测非均质河流沙波发现浓度反应速率基本保持一致。

上述描述仅仅考虑河床非均质性这一单因子的影响，实际应综合考虑非均质性与其他影响因子对潜流交换的影响。例如，Fox 等[85]在水槽中考虑地下水上升基流在非均质河床中的作用。同时多尺度多维度的非均质研究也在进行着，Cardenas 等[86]利用野外地质数据建立三维河流与河岸交换，发现河床非均质性会增加额外界面通量，滞留时间呈现对数正态分布。

3.3.3　平原河流中不同特性物质的潜流交换过程

不同特性污染物在潜流带中输运的研究主要分为几大类,即保守性污染物、颗粒类污染物(纳米颗粒、胶体等)以及吸附性污染物(金属、磷等)。

1. 保守性污染物

对于保守性污染物的研究,无论在野外河流还是室内水槽,惰性污染物都展示出了良好的示踪效果,利用该污染物示踪来研究潜流带的面积和深度等。Elliott等[73,74]对溶质进入河床过程进行了机理性的试验研究,发现当河床静止或者移动较慢时,用泵吸交换模型模拟取得了较好的结果,但对平的河床交换机理没有做出合理的解释。当河床移动较快时,若用冲淤模型模拟,在试验初始阶段模拟较好,但是试验后期模拟结果与实测值相比偏小。当河床静止或者移动速度很慢时,可以明显看出进入沙波的溶质前锋呈一定的弧线分布,而溶质进入快速移动的河床时,其溶质前锋部分大致趋向水平。Packman等[87]对移动河床进行了试验和模拟,得出在开始阶段主要是冲淤交换,发生在表层;运行一段时间后,主要是泵吸交换,发生在深层。当河床移动非常缓慢时,冲淤交换可以忽略不计。保守性污染物由于本身浓度引起的密度变化对孔隙水流动的影响也是不容忽略的。在沙波内部,孔隙水流动主要遵循质量守恒方程和达西定律,表达式为

$$\frac{\partial\left(\rho\theta_{\mathrm{p}}\right)}{\partial t}+\nabla\left(\rho q\right)=0 \tag{3.69}$$

$$q=-\frac{k_{\mathrm{p}}}{\mu}\left(\nabla p_{\mathrm{ws}}+\rho g\nabla z\right) \tag{3.70}$$

$$\rho=\rho_{\mathrm{f}}+\frac{\partial\rho}{\partial C_{\mathrm{in}}}C_{\mathrm{in}}=\rho_{\mathrm{f}}+\gamma C_{\mathrm{in}} \tag{3.71}$$

由式(3.69)~式(3.71)可以得到变密度影响下孔隙水的流动方程,即

$$\rho S_{\mathrm{f}}\frac{\partial h_{\mathrm{f}}}{\partial t}+\theta_{\mathrm{p}}\frac{\partial\rho}{\partial C_{\mathrm{in}}}\frac{\partial C_{\mathrm{in}}}{\partial t}+\nabla\left[-\rho K_{\mathrm{f}}\left(\nabla h_{\mathrm{f}}+\frac{\rho-\rho_{\mathrm{f}}}{\rho_{\mathrm{f}}}\nabla z\right)\right]=0 \tag{3.72}$$

式中,k_{p} 和 θ_{p} 分别为河床骨架孔隙率和渗透率;p_{ws} 为水沙界面压力;C_{in} 为河床内部污染物浓度;ρ_{f} 为纯水时密度;q 为地下水流速。

对于惰性污染物在河床内部输运过程,可用经典的对流扩散方程求解,即

$$\frac{\partial\left(\theta_{\mathrm{p}}C_{\mathrm{in}}\right)}{\partial t}=\nabla\left(\boldsymbol{D}\nabla C_{\mathrm{in}}-qC_{\mathrm{in}}\right) \tag{3.73}$$

式中,$\boldsymbol{D}=[D_{ij}]$ 为水动力张量。

$$D_{ij} = \alpha_{\mathrm{T}}|q|\delta_{ij} + (\alpha_{\mathrm{T}} - \alpha_{\mathrm{L}})\frac{q_i q_j}{|q|} + \theta_{\mathrm{p}} D_{\mathrm{m}} \qquad (3.74)$$

式中，D_{m} 为溶液扩散系数；α_{T} 和 α_{L} 分别为横向弥散度和纵向弥散度。

基于这些基本理论，就惰性污染物(盐)在潜流带中的输运进行了研究，其交换机制及污染物释放过程如下。

1) 水流沙波作用下潜流交换机制

在研究潜流交换机制时，往往分别考虑扩散作用或对流传输。通过试验，采用微量进样器抽取沙波不同位置的沙床孔隙水，测量孔隙水中的溶质浓度，得到在沙波存在情况下溶质在河床中迁移和释放的第一手试验资料。从图 3.54 可以看出，在同一时刻，污染物浓度随深度先增大后快速减小，逐渐增大过程说明向河床中迁移的污染物分布受到上覆水瞬时浓度的影响。深度快速下降的位置是污染物迁移前锋部分，受泵吸作用产生的对流和水动力弥散共同作用向下迁移。污染物浓度随深度增大是上覆水浓度随时间递减在空间上的反映，初始时上覆水污染物浓度较高，向下迁移的时间长，因而迁移的深度也相对最深；而后来表层进入

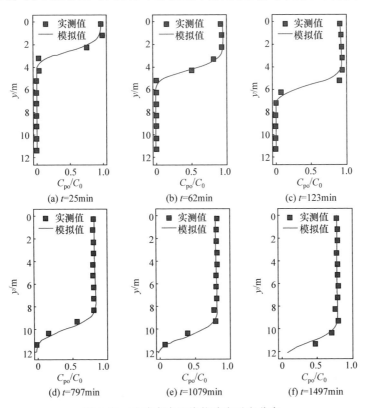

图 3.54　孔隙水中污染物浓度垂向分布

的污染物上覆水浓度较低，迁移时间较短，因而浓度低的分布在表层。Jin 等[88]通过对试验的分析和模拟，发现在河床上部，对流交换比较强烈，扩散作用相对较弱；而在河床下部，扩散占主导作用，这些结论揭示了对流与扩散均对上覆水与孔隙水的交换产生重大影响。该研究改变了传统的认识，对进一步研究复合因子对潜流交换的影响起到了重要的促进作用。

2) 密度流引起潜流交换

低密度流广泛存在于河流中，如水体中污染物的浓度差、温度变化以及靠近河口段的海水入侵，都能在河流中产生密度梯度，形成密度流。而低密度流对河流中上覆水与河床界面的交换作用往往遭到忽视。通过河床孔隙水中污染物浓度变化的监测结果与数值模拟比较，发现当不考虑密度流效应时，污染物运移模型不能预测污染物前锋的向下运移；反之，当考虑密度流效应时，污染物的运移速度更快，即使较低的密度差，也能对污染物运移造成较大的影响。

图3.55表明即使较小的密度梯度，也能够改变沙床中孔隙水流的方向和大小，污染物会在密度流的作用下加速进入区域地下水；揭示了密度流是引起潜流交换的一种新机理，发现低密度流能够加强河流和沙床间的潜流交换。以上研究改变了传统理论对低密度流的认识，认为低密度流对环境的影响可以忽略不计。低密度流不但出现在潜流带，而且在很多地下水输运过程中广泛存在。

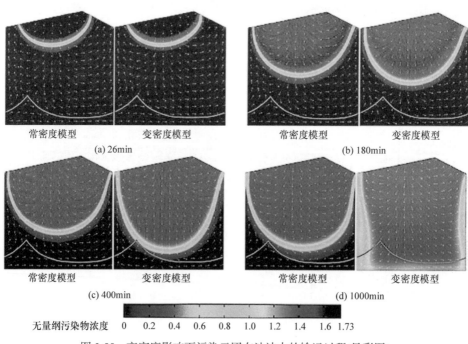

无量纲污染物浓度　0　0.2　0.4　0.6　0.8　1.0　1.2　1.4　1.6　1.73

图 3.55　变密度影响下污染云团在沙波中的输运过程(见彩图)

3) 潜流交换作用下污染物的释放过程

在水流沙波作用下，潜流带的上部产生较大的孔隙水流，污染物从潜流带中的释放速度较快。在沙波的中部，属于进流区，清水从上覆水中进入，在中部会出现污染物的低浓度区域，而污染物会从两边释放到上覆水中。由于两边会出现较高浓度，密度相对比中间区域高，致使中间的清水产生较高的压力，产生侧向流动，阻碍具有一定浓度的污染物从潜流带中释放。同时在侧岸区域地下水的影响下，区域地下水运动的强度越大，污染物的释放速度也会越慢；同样，浓度越高，产生的阻碍作用也越强，阻碍污染物的释放。在区域地下水作用较小且密度较高时，会在底部出现密度流造成的环流，有时会出现两个环流，如图 3.56 所示。这些环流的出现，加剧了潜流交换的强度，使潜流带产生更强的混合，促进潜流交换区域扩大。该研究对进一步揭示河流"二次污染"产生条件、持续时间有重要的作用。

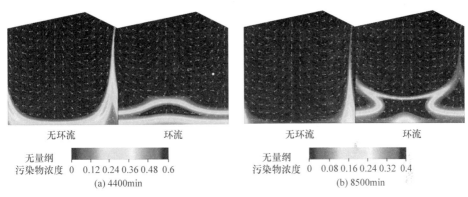

图 3.56 沙波内部环流对污染物输运的影响(见彩图)

2. 颗粒污染物

胶体又称胶状分散体，是一种广泛存在于河流中的均匀混合物。其中含有的分散物质一般由粒径为 $1\sim100nm$ 的胶体粒子组成。由于胶体粒径小，比表面积大，它能有效地吸附低溶解态污染物，影响吸附性污染物在河流中的迁移，是吸附性污染物的重要携带者。河流中的胶体分为无机胶体和有机胶体两大类。无机胶体主要包括金属氧化物、矿物黏土、硅酸盐、碳酸盐等，有机胶体主要包括腐蚀性物质、病毒、细菌、人工合成的有机大分子等。

潜流带中无机胶体(如金属氧化物和碳酸盐)在离子交换和表面络合反应作用下对放射性物质和金属的吸附非常有效。污染物和胶体之间结合力的强弱对胶体携带污染物的迁移有着重要影响。当污染物与胶体之间结合力较弱时，吸附质较容易从胶体上脱附出来，解吸所需时间较短，胶体携带污染物的迁移能力较弱；而随着吸附质和胶体之间作用的增强，吸附质从胶体上脱附出来所需时间将会增加，导致胶体携带污染物的迁移距离增加。例如，在胶体存在的情况下，铜和锌在多孔介质中的迁移速度是没有胶体存在情况下的 5～50 倍，而铅的迁移速度更是达到 10～300 倍。因此，广泛存在于河流中的胶体，自身对河流生态系统而言是污染物，同时可能也是吸附剂，吸附其他污染物，影响吸附性污染物在河流中的迁移和归宿。

颗粒类污染物沉积到沙床中主要有三个作用：第一是泵吸交换或者冲淤交换引起的；第二是沉降引起的；第三是过滤引起的，过滤主要是由化学和静电作用引起的。由于沉降和过滤的作用，胶体颗粒的潜流交换速率比保守性溶质快，说明过滤和沉降对胶体在河床中沉积有重要影响。

针对颗粒的潜流交换试验得出，上覆水中胶体的浓度下降速度要比保守性溶质的浓度下降更快。Packman 等[89]做了一个循环水槽试验，通过测量上覆水中浓度下降来确定胶体进入河床的量。由于水流作用和黏土颗粒太小，有小部分不能沉降。在表面水流泥沙浓度不高的情况下，截留的黏土能够释放到水体中。大量黏土在河床上聚集改变孔隙水流环境，这改变了通过河流-沙床界面的流量和泥沙在河床中的沉积。细颗粒泥沙在河流-沙床界面被去除掉。即使河床表面是均匀的，黏土沉积后也变得不均匀。细颗粒泥沙沉积在河床上减少了孔隙水流和潜流交换率，对水下和潜流带生态群落可能产生有害的影响。在沙床没有迁移的情况下，细颗粒泥沙沉积在河床上，对河床淤堵比较厉害，减少了潜流交换，河床渗透性和孔隙率下降。当河床移动时，淤堵几乎不发生。试验中发现只要河床不受扰动，截留在河床中的胶体不再被释放。颗粒类污染物具有自身一些特性，在试验中发现颗粒类污染物在输运过程中具有沉降特性，而且会被泥沙骨架截留。对此，在对流扩散方程的基础上，加入了颗粒自身沉降和截留作用，同时也分析了被截留后纳米颗粒释放后过程。纳米颗粒输运方程为

$$\begin{cases} \dfrac{\partial C_{po}}{\partial t} = \nabla \left(\boldsymbol{D} \nabla C_{po} - \boldsymbol{u} C_{po} \right) - K_d C_{po} + \dfrac{K_r}{\theta} S_c \\ \dfrac{1}{\theta} \dfrac{\partial S_c}{\partial t} = K_d C_{po} - \dfrac{K_r}{\theta} S_c \end{cases} \tag{3.75}$$

$$\boldsymbol{u} = -\dfrac{k}{\mu \theta} (\nabla p + \rho g \boldsymbol{k}) - v_s \boldsymbol{k} \tag{3.76}$$

式中，C_{po} 和 S_c 分别为孔隙水中污染物浓度和截留在泥沙骨架上的污染物浓度；K_d 和 K_r 分别为纳米颗粒沉积系数和从骨架上释放系数；v_s 为纳米颗粒自身沉降速度；$\boldsymbol{k}$ 为垂向单位向量；$\boldsymbol{u}$ 为考虑纳米颗粒沉降下孔隙水流速。

以在潜流带中运动的颗粒类污染物(胶体、纳米颗粒)为研究对象进行研究，得到如下结论：

(1) 胶体在潜流带中的输运过程及反馈机理。

通过对上覆水流动、孔隙水流动、胶体迁移过程的室内水槽试验和数值模拟，得出胶体在潜流带中迁移不仅受到水流的对流、扩散影响，自身重力的影响亦不可忽视；同时胶体在迁移过程中还受到截留的影响，致使胶体迁移过程中的浓度衰减加剧。通过物理试验首次测量出胶体在河床中最终的截留分层情况，试验结果表明，胶体主要截留在河床的表层5cm之内，表层截留量相对较大，随着河床深度不断增加，胶体截留的量逐渐减少，如图3.57所示。这主要是由于在迁移过程中，截留在河床表面的胶体使表面河床孔隙减小，加速胶体累积在表层。上覆水中胶体浓度和粒径变化监测结果表明，胶体首先截留在河床中的是较大粒径，致使上覆水胶体粒径随时间变小。截留在河床中的胶体阻碍上覆水中的胶体向河床中迁移，致使上覆水胶体浓度下降得较慢。该研究揭示了胶体在潜流带截留反馈作用机制。

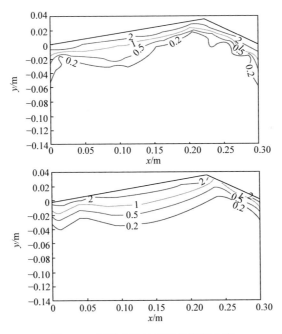

图 3.57　胶体在沙波表层的沉积分布

(2) 多因素影响下纳米颗粒在潜流带中的运移规律。

通过柱状点注射试验、水槽点注射试验和数值模拟，可以分析多因素影响下纳米颗粒在沙波中的迁移机理。纳米颗粒在沙波中的输运过程如图3.58所示，当纳米颗粒溶液浓度很高时，污染物出口逐渐偏离沙波表面，往沙波底部进行输运，最终在原有流场作用下，沿着沙波底部缓缓向两侧偏移。纳米颗粒溶液浓度会影响纳米颗粒溶液在潜流带中的释放过程。低浓度纳米颗粒溶液会在较短时间从沙波表层释放到河流中，而高浓度的纳米颗粒溶液会永久(实验室观测时间尺度)沉积在河床底部做水平缓慢移动。无论是低浓度还是高浓度的纳米颗粒溶液，纳米颗粒都会被泥沙截留一部分，并且截留量与纳米颗粒溶液浓度和沉积系数有关。同时，纳米颗粒自身沉降速度会协助密度变化作用加快垂向输运过程，泥沙截留作用会对这一输运过程产生负反馈作用[90]。

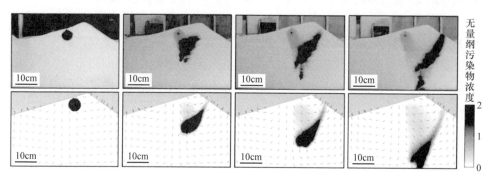

图 3.58　纳米颗粒在沙波中的输运过程(见彩图)

3.4　本 章 小 结

本章主要介绍了平原河流植被、沙波等常见床面形态河床阻力、水流流动和物质输移方面的内容。

针对植被床面，结合理论分析和试验研究，对含植物明渠水流紊动结构、紊流拟序结构和水流阻力及泥沙运动进行了系列研究，提出了植物床面条件下的明渠紊流统计特性参数分布规律、阻力系数(整体植物阻力系数、局部植物阻力系数和曼宁系数)公式、泥沙沉速公式、泥沙起动流速和切应力公式、推移质输沙率公式，给出了悬移质沙浓度分布规律和影响因素。这些成果能够运用于植物-水流-泥沙相互作用过程的研究分析，同时能够为生态河道的植物修复工程提供指导。

针对沙波床面，总结了沙波床面作用下物质输移的基本规律，并着重对水流的时均流速、雷诺应力、涡黏性系数、紊流动能产生项及涡量场等的分布特性进行了试验研究，探讨了沙波形态特征与紊流结构长度特征量之间的关系。进一步叙述了沙波形态下的潜流交换机制，探索了潜流交换作用的影响因素以及不同类型污染物在潜流带的输运过程。

参 考 文 献

[1] Nezu I, Nakagawa H. Turbulence in Open-channel Flows. IAHR Monograph, Rotterdam:

Balkema, 1993.

[2] 闫静, 陈扬, 唐洪武, 等. 含植物明渠流动分区和特征尺度研究进展. 中国水利水电科学研究院学报, 2015, 13(6): 428-434, 441.

[3] Jordanova A A, James C S. Experimental study of bed load transport through emergent vegetation. Journal of Hydraulic Engineering, 2003, 129(6): 474-478.

[4] Ghisalberti M, Nepf H M. Mixing layers and coherent structures in vegetated aquatic flows. Journal of Geophysical Research: Oceans, 2002, 107(C2): 1-11.

[5] Poggi D, Porporato A, Ridolfi L, et al. The effect of vegetation density on canopy sub-layer turbulence. Boundary-Layer Meteorology, 2004, 111(3): 565-587.

[6] Nezu I, Sanjou M. Turburence structure and coherent motion in vegetated canopy open-channel flows. Journal of Hydro-environment Research, 2008, 2(2): 62-90.

[7] Nepf H M. Flow and transport in regions with aquatic vegetation. Annual Review of Fluid Mechanics, 2012, 44(11): 123-142.

[8] Chow V T. Open Channel Hydraulics. Singapore: McGraw-Hill, 1959.

[9] Cater V, Reel J T , Rybicki N B, et al. Vegetative resistance to flow in south Florida: Summary of vegetation sampling at sites NESRS3 and P33, Shark River Slough, November, 1996//U.S. Geological Survey. Reston, 1996: 1-97.

[10] Nikora V, McEwan I, McLean S, et al. Double-averaging concept for rough-bed open-channel and overland flows: Theoretical background. Journal of Hydraulic Engineering, 2007, 133(8): 873-883.

[11] Tang H W, Tian Z J, Yan J, et al. Determining drag coefficients and their application in modelling of turbulent flow with submerged vegetation. Advances in Water Resources, 2014, 69: 134-145.

[12] 唐洪武, 闫静, 肖洋, 等. 含植物河道曼宁阻力系数的研究. 水利学报, 2007, 38(11): 1347-1353 .

[13] Watanabe K, Nagy H M, Noguchi H. Flow structure and bed-load transport in vegetation flow//Proceedings of the 13th IAHR-APD Congress. Singapore, 2002: 214-218.

[14] Jordanova A A, James C S. Experimental study of bed load transport through emergent vegetation. Journal of Hydraulic Engineering, 2003, 129(6): 474-478.

[15] Tang H W, Wang H, Liang D F, et al. Incipient motion of sediment in the presence of emergent rigid vegetation. Journal of Hydro-environment Research, 2013, 7(3): 202-208.

[16] 阎洁, 周著, 邱秀云. 植物坝前上游段推移质泥沙的输移特性. 新疆农业大学学报, 2004, 27(4): 67-72.

[17] 拾兵, 曹叔尤. 植物治沙动力学. 青岛: 中国海洋大学出版社, 2000.

[18] Elliott A H. Settling of fine sediment in a channel with emergent vegetation. Journal of Hydraulic Engineering, 2000, 126(8): 570-577.

[19] 时钟, 杨世伦, 缪莘. 海岸盐沼泥沙过程现场实验研究. 泥沙研究, 1998, (4): 28-35

[20] Tsujimoto T. Fluvial processes in streams with vegetation. Journal of Hydraulic Research, 1999, 37(6): 789-803.

[21] Wu W M, Shields F D, Bennett S J, et al. A depth-averaged two-dimensional model for flow, sediment transport, and bed topography in curved channels with riparian vegetation. Water

Resources Research, 2005, 41(3): 1-15.

[22] 唐洪武, 吕升奇, 龙涧川. 刚性植物条件下静水中粗颗粒泥沙沉速研究. 水利学报, 2007, 38(10): 1214-1220.

[23] Wang H, Tang H W, Yuan S Y, et al. An experimental study of the incipient bed shear stress partition in mobile bed channels filled with emergent rigid vegetation. Science China-Technological Sciences, 2014, 57(6): 1165-1174.

[24] Charru F, Andreotti B, Claudin P. Sand ripples and dunes. Annual Review of Fluid Mechanics, 2013, 45(1): 469-493.

[25] 詹小涌. 天然河道沙波分类研究. 地理科学, 1984, 4(2): 177-182.

[26] Andreotti B, Claudin P, Devauchelle O, et al. Bedforms in a turbulent stream: ripples, chevrons and antidunes. Journal of Fluid Mechanics, 2012, 690: 94-128.

[27] Rauen W B, Lin B L, Falconer R A. Transition from wavelets to ripples in a laboratory flume with a diverging channel. International Journal of Sediment Research, 2008, 23(1): 1-12.

[28] 詹义正, 卢金友, 唐洪武. 沙波运动基本控制方程及其解. 泥沙研究, 2014 , (6): 6-11.

[29] Best J. The fluid dynamics of river dunes: A review and some future research directions. Journal of Geophysical Research: Earth Surface, 2005, 110(F4): F04S02.

[30] Maddux T B, Nelson J M, McLean S R. Turbulent flow over three-dimensional dunes. 1. Free surface and flow response. Journal of Geophysical Research, 2003, 108(F1): 10-20.

[31] Ojha S P, Mazumder B S. Turbulence characteristics of flow region over a series of 2-D dune shaped structures. Advances in Water Resources, 2008, 31(3): 561-576.

[32] Bai Y C, Xu D. Experimental study on turbulent characteristics of flow over sand rippled bed. Journal of Hydrodynamics, 2006, 18(3): 449-454.

[33] Stoesser T, Braun C, García-Villalba M, et al. Turbulence structures in flow over two-dimensional dunes. Journal of Hydraulic Engineering, 2008, 134(1): 42-55.

[34] Noguchi K, Nezu I, Sanjou M. Turbulence structure and fluid-particle interaction in sediment-laden flows over developing sand dunes. Environmental Fluid Mechanics, 2008, 8(5-6): 569-578.

[35] 马殿光, 董伟良, 徐俊锋. 沙波迎流面流速分布公式. 水科学进展, 2015, 26(3): 396-403.

[36] Buckles J, Hanratty T J, Adrian R J. Turbulent flow over large-amplitude wavy surfaces. Journal of Fluid Mechanics, 1984, 140: 27-44.

[37] Müller A, Gyr A. On the vortex formation in the mixing layer behind dunes. Journal of Hydraulic Research, 1986, 24(5): 359-375.

[38] Kadota A, Nezu I. Three-dimensional structure of space-time correlation on coherent vortices generated behind dune crest. Journal of Hydraulic Research, 1999, 37(1): 59-80.

[39] 毛野, 张志军, 袁新明, 等. 沙波附近紊流拟序结构特性初步研究. 河海大学学报(自然科学版), 2002, 30(5): 56-61.

[40] Roussinova V, Shinneeb A M, Balachandar R. Investigation of fluid structures in a smooth open-channel flow using proper orthogonal decomposition. Journal of Hydraulic Engineering, 2010, 136(3): 143-154.

[41] Bomminayuni S, Stoesser T. Turbulence statistics in an open-channel flow over a rough bed.

Journal of Hydraulic Engineering, 2011, 137(11): 1347-1358.

[42] Zhang X D, Tang L M, Xu T Y. Experimental study of flow intensity influence on 2-D sand ripple geometry characteristics. Water Science and Engineering, 2009, 2(4): 52-59.

[43] Nelson J M, Smith J D. Mechanics of flow over ripples and dunes. Journal of Geophysical Research: Oceans, 1989, 94(C6): 8146-8162.

[44] Wren D G, Kuhnle R A. Measurements of coupled fluid and sediment motion over mobile sand dunes in a laboratory flume. International Journal of Sediment Research, 2008, 23(4): 329-337.

[45] Motamedi A, Afzalimehr H, Singh V P, et al. Experimental study on the influence of dune dimensions on flow separation. Journal of Hydrologic Engineering, 2014, 19(1): 78-86.

[46] 白玉川, 许栋. 明渠沙纹床面湍流结构实验研究. 水动力学研究与进展(A 辑), 2007, 22(3): 278-285.

[47] Gyr A, Schmid A. Turbulent flows over smooth erodible sand beds in flumes. Journal of Hydraulic Research, 1997, 35(4): 525-544.

[48] Dey S, Sarkar S, Solari L. Near-bed turbulence characteristics at the entrainment threshold of sediment beds. Journal of Hydraulic Engineering, 2011, 137(9): 945-958.

[49] 白玉川, 徐海珏. 沙纹床面明渠层流稳定性特征的研究. 中国科学(E 辑), 2005, 35(1): 53-73.

[50] Chang K, Constantinescu G. Coherent structures in flow over two-dimensional dunes. Water Resources Research, 2013, 49(5): 2446-2460.

[51] Keshavarzi A, Ball J, Nabavi H. Frequency pattern of turbulent flow and sediment entrainment over ripples using image processing. Hydrology and Earth System Sciences, 2012, 16(1): 147-156.

[52] van Mierlo M C L M, de Ruiter J C C. Turbulence measurements above artificial dunes. Hydraulic Engineering Reports. Delft, 1988.

[53] Yalin M S. Geometrical properties of sand waves. Journal of the Hydraulics Division, 1964, 90(5): 105-119.

[54] Yalin M S. Mechanics of Sediment Transport. London: Pergamon Press, 1977.

[55] Yalin M S. On the determination of ripple length. Journal of the Hydraulics Division, 1977, 103(4): 439-442.

[56] Yalin M S, Karahan E. Steepness of sedimentary dunes. Journal of the Hydraulics Division, 1979, 105(4): 381-392.

[57] Coleman S E, Melville B W. Bed-form development. Journal of Hydraulic Engineering, 1994, 120(5): 544-560.

[58] Coleman S E, Melville B W. Initiation of bed forms on a flat sand bed. Journal of Hydraulic Engineering, 1996, 122(6): 301-310.

[59] 张瑞瑾. 河流泥沙动力学. 北京: 中国水利水电出版社, 2008.

[60] van Rijn L C. Sediment transport, part I: Bed load transport. Journal of Hydraulics Engineering, 1984, 110(10): 1431-1456.

[61] Coleman S E, Eling B. Sand wavelets in laminar open-channel flows. Journal of Hydraulic Research, 2000, 38(5): 331-338.

[62] Zhou D, Mendoza C. Growth model for sand wavelets. Journal of Hydraulic Engineering, 2005,

131(10): 866-876.

[63] Crickmore M. Effect of flume width on bed-form characteristics. Journal of the Hydraulics Divison, 1970, 96(2): 473-496.

[64] Yalin M S, da Silva A M F. Fluvial Processes. Delft: International Association for Hydraulic Engineering and Research, 2001.

[65] Klaassen G J, Ogink H H M, van Rijn L C. DHL-research on bedforms resistance to flow and sediment transport//The 3rd International Symposium on River Sedimentation. Jackson, 1986.

[66] 赵连白, 袁美琦. 沙波运动规律的试验研究. 泥沙研究, 1995, (1): 22-33.

[67] Kondap D M, Grade R J. Velocity of bed forms in alluvial channel//Proceedings of the 15th Congress International Association for Hydraulic Engineering and Research. Istanbul, 1973.

[68] Shinohara K, Tsubaki T. On the characteristics of sand waves formed upon the beds of the open channels and rivers//Research Institute of Applied Mechanics, 1959, 7(25): 15-45.

[69] Harvey G L, Clifford N J, Gurnell A M. Towards an ecologically meaningful classification of the flow biotope for river inventory, rehabilitation, design and appraisal purposes. Journal of Environmental Management, 2007, 88(4): 638-650.

[70] Blackwelder R F, Haritonidis J H. Scaling of the bursting frequency in turbulent boundary layers. Journal of Fluid Mechanics, 1983, 132: 87-103.

[71] Boano F, Harvey J W, Marion A, et al. Hyporheic flow and transport processes: Mechanisms, models, and biogeochemical implications. Reviews of Geophysics, 2014, 52(4): 603-679.

[72] Thibodeaux L J, Boyle J D. Bedform-generated convective transport in bottom sediment. Nature, 1987, 325(6102): 341-343.

[73] Elliott A H, Brooks N H. Transfer of nonsorbing solutes to a streambed with bed forms: Theory. Water Resources Research, 1997, 33(1): 123-136.

[74] Elliott A H, Brooks N H. Transfer of nonsorbing solutes to a streambed with bed forms: Laboratory experiments. Water Resources Research, 1997, 33(1): 137-151.

[75] Cardenas M B, Wilson J L. Dunes, turbulent eddies, and interfacial exchange with permeable sediments. Water Resources Research, 2007, 43(8): 199-212.

[76] Cardenas M B, Wilson J L. Hydrodynamics of coupled flow above and below a sediment-water interface with triangular bedforms. Advances in Water Resources, 2007, 30(3): 301-313.

[77] Work P A, Moore P R, Reible D D. Bioturbation, advection, and diffusion of a conserved tracer in a laboratory flume. Water Resources Research, 2002, 38(6): 1088-1096.

[78] Marion A, Bellinello M, Guymer I, et al. Effect of bed form geometry on the penetration of nonreactive solutes into a streambed. Water Resources Research, 2002, 38(10): 27-1-27-12.

[79] Marion A, Zaramella M. Diffusive behavior of bedform-induced hyporheic exchange in Rivers. Journal of Environmental Engineering, 2005, 131(9): 1260-1266.

[80] Packman A I, Marion A, Zaramella M, et al. Development of layered sediment structure and its effects on pore water transport and hyporheic exchange. Water Air and Soil Pollution Focus, 2006, 6(5-6): 433-442.

[81] Salehin M, Packman A I, Paradis M. Hyporheic exchange with heterogeneous streambeds: Laboratory experiments and modeling. Water Resources Research, 2004, 40(11): 309-316.

[82] Michaelis L, Menten M L. Die kinetik der invertinwirkung (The kinetics of invertase activity). Biochemische Zeitschrift, 1913,49:333-369.

[83] Cardenas M B, Wilson J L. Hydrodynamics of coupled flow above and below a sediment-water interface with triangular bedforms. Advances in Water Resources, 2007, 30(3): 301-313.

[84] Bardini L, Boano F, Cardenas M B, et al. Small-scale permeability heterogeneity has negligible effects on nutrient cycling in streambeds. Geophysical Research Letters, 2013, 40(6): 1118-1122.

[85] Fox A, Boano F, Arnon S. Impact of losing and gaining streamflow conditions on hyporheic exchange fluxes induced by dune-shaped bed forms. Water Resources Research, 2014, 50(3): 1895-1907.

[86] Cardenas M B, Wilson J L, Zlotnik V A. Impact of heterogeneity, bed forms, and stream curvature on subchannel hyporheic exchange. Water Resources Research, 2004, 40(8): 474-480.

[87] Packman A I, Brooks N H. Hyporheic exchange of solutes and colloids with moving bed forms. Water Resources Research, 2001, 37(10): 2591-2605.

[88] Jin G Q, Tang H W, Gibbes B, et al. Transport of nonsorbing solutes in a streambed with periodic bedforms. Advances in Water Resources, 2010, 33(11): 1402-1416.

[89] Packman A I, Brooks N H, Morgan J J. Kaolinite exchange between a stream and streambed: Laboratory experiments and validation of a colloid transport model. Water Resources Research, 2000, 36(8): 2363-2372.

[90] Jin G Q, Jiang Q H, Tang H W, et al. Density effects on nanoparticle transport in the hyporheic zone. Advances in Water Resources, 2018, 121: 406-418.

第4章 平原河流各种河型的物质输移

河流水流运动以及泥沙、污染物甚至水生生物等介质输移非常复杂，加上平原河网富含黏沙，对污染物有较强的吸附能力，使得水动力与介质之间的相互作用关系更为复杂，小到纳米级别泥沙颗粒表面污染物的分布规律，大到污染物在整个河网中时空输移变化过程。各种时空尺度上水动力-泥沙-污染物-生态因子之间的作用过程都会对河网治理产生重要的影响，必须全面认识多空间尺度以及时间尺度上的水动力与介质之间的关系，为准确刻画物质输移和预测工程调控效果提供水流阻力、扩散系数、吸附/解吸系数、流速阈值等关键参数。因此，本章主要介绍水流-泥沙-污染物相互作用和耦合输移过程以及复式河型、交汇河型等平原地区常见河型的水动力与介质输移之间的关系。

4.1 水流-泥沙-污染物相互作用和耦合输移过程

平原河流细颗粒泥沙对水体中常见的污染物质(如磷、重金属等)具有很强的亲和作用，导致污染物的输移过程变得复杂。不同污染物的输移扩散规律及其与泥沙的作用关系有所不同，本章以磷为主要研究对象。磷作为水体富营养化的主要因子之一，与泥沙颗粒表面具有很强的亲和性。天然水体监测结果表明，磷在水体中一般仅以颗粒态与溶解态两种形式存在[1]，与泥沙结合的吸附态磷的浓度远大于溶解态磷的浓度，吸附态磷在总磷中的比例达90%[2]。泥沙对磷的吸附/解吸过程与水体中可溶性磷浓度大小有关，但水体中可溶性磷浓度较大时可以作为"汇"吸附一定量的活性磷，起到改善水体水质的作用；而可溶性磷浓度较小时可以作为"源"解吸一定量的活性磷，从而污染水体。可见泥沙在河流污染物迁移转化过程中扮演重要角色。本节主要从泥沙与污染物作用过程的基本认识、微观作用过程的捕捉以及动水条件下泥沙对污染物的作用等方面展开。

4.1.1 泥沙与污染物作用过程的基本认识

废水排入环境水体后，在环境水体中输移扩散的同时，与水体中的泥沙相互作用。微观上，泥沙通过对污染物质的吸附与解吸直接影响污染物质在固液两相间的赋存状态，它们之间存在着复杂的物理、化学及生物的综合作用；宏观上，伴随着泥沙在水体中的冲刷-悬浮-沉降及水平方向的迁移运动，污染物质随水沙运动而迁移。因而，泥沙与水流共同成为污染物的主要载体，影响着污染物在水体中的迁移转化过程，从而最终影响着水生态环境的状态。而磷作为地表水富营养化的主要限制性因子，来自点源和非点源的过量磷会引起地表水的富营养化。磷与河流中的悬沙和床沙有较好的亲和性，部分污染物被泥沙颗粒吸附并随泥沙的冲淤输运而迁移，该过程对于磷在河湖水体的迁移和归宿起着重要影响作用。依据水体和泥沙颗粒表面磷的浓度，泥沙在磷转化中起着"源"和"汇"的作用[3]。当有外源性磷的输入使得水体中磷浓度增加并大于泥沙的平衡磷浓度时，磷会被泥沙颗粒所吸附并随泥沙的运动而输移或沉积于河底，降低了水体中的磷含量；当水体中磷浓度减小并小于零净吸附磷浓度 EPC$_0$ 或水动力条件、氧化还原条件发生变化时，原本吸附在泥沙颗粒上的污染物会改变赋存状态，从固相转移到水相，从而显著改变了上覆水体的化学构成，甚至造成水体的二次污染。

河流水沙运动对污染物输移作用机理的研究主要包括泥沙的吸附动力学过程及平衡态吸附特征的研究、吸附动力学模型的研究、泥沙吸附污染物的影响因素研究以及吸附动力学与热力学过程的模拟以及吸附特征参数的计算。

1. 等温吸附模型

等温吸附模型用来描述在某一确定温度条件下，泥沙达到吸附、解吸平衡状态时，单位质量泥沙对应污染物含量与水相磷浓度之间的关系，主要包括 Henry 模型、Langmuir 模型和 Freundlich 模型。

1) Henry 模型

$$N_e = k_h C_e \qquad (4.1)$$

式中，C_e 为溶液中磷的平衡浓度，mg/L；k_h 为分配系数，表示平衡状态下污染物在水沙两相间的分配比；N_e 为单位质量泥沙的磷平衡吸附量，mg/g。

2) Langmuir 模型

Langmuir 吸附理论的基本假设为：①吸附质在固体表面上的吸附是单分子层的，因此只有当吸附质碰到固体的空白表面时才能被吸附，如果碰到已被吸附的表面，则不再发生吸附；②被吸附的吸附质分子间无作用力；③固体表面各处的吸附能力相同；④吸附平衡是动态平衡。

Langmuir 模型的吸附等温式为

$$N_e = \frac{B_m k_0 C_e}{1 + k_0 C_e} \qquad (4.2)$$

式中，B_m 为单位泥沙最大吸附量，mg/g；$k_0 = \dfrac{k_a}{k_d}$ 为常数，L/mg，k_a 为吸附速率常数，L/(mg·h)，k_d 为解吸速率常数，1/h。

3) Freundlich 模型

Freundlich 模型的吸附等温式为

$$N_e = k_f C_e^n \tag{4.3}$$

式中，k_f 和 n 为常数。

式(4.3)既可用于物理吸附，也可用于化学吸附，是应用最广泛的等温式之一。

2. 吸附动力学模型

吸附动力学模型是同一吸附试验吸附量随时间增长(或减少)过程的数学概括，吸附动力学特征的研究有利于探索泥沙对污染物的吸附机理[4]。House 等[5]证明 Elovich 方程和抛物线方程可以有效描述河床泥沙对磷的吸附动力学特征。

(1) Elovich 方程常被应用于土壤颗粒的吸附动力学过程[6]：

$$\frac{dN(t)}{dt} = a_0 e^{-bN(t)} \tag{4.4}$$

式中，a_0 为初始吸附率，mg/(g·h)，$a_0 = \dfrac{dN(0)}{dt}$；b 为常数，g/mg；$N(t)$为 t 时刻单位泥沙的吸附量，mg/g。

根据初始条件 $t=0$ 时 $N(0)=0$，可得

$$N(t) = \frac{1}{b}\ln(a_0bt+1) \tag{4.5}$$

(2) 抛物线方程[7]：

$$\frac{dN(t)}{dt} = k_n \left(N(t) - N_e\right)^n \tag{4.6}$$

式中，k_n 为常数，是单位质量泥沙平衡吸附量，mg/g。

当 $n=1$ 时，方程为一阶动力学模型[8]，根据初始条件 $t=0$ 时 $N(0)=0$，由式(4.6)得到

$$N(t) = N_e(1 - e^{-k_1 t}) \tag{4.7}$$

当 $n=2$ 时，方程为二阶动力学模型[8]，根据初始条件 $t=0$ 时 $N(0)=0$，由式(4.6)得到

$$N(t) = \frac{N_e^2 k_2 t}{1 + N_e k_2 t} \tag{4.8}$$

(3) Langmuir 吸附动力学模型[9]为

$$\frac{dN(t)}{dt} = k_a c(t)\left(B_m - N(t)\right) - k_2 N(t) \tag{4.9}$$

根据 $N(t)SV_m + c(t)V_m = N_0 SV_m + C_0 V_m$，$N_0=0$，由式(4.9)得到

$$N(t) = \frac{1}{2} \frac{(A_1^2 - A_2^2) - (A_1^2 - A_2^2)e^{-SA_2 k_a t}}{(A_1 + A_2) - (A_1 - A_2)e^{-SA_2 k_a t}} \qquad (4.10)$$

$$c(t) = C_0 - \frac{S}{2} \frac{(A_1^2 - A_2^2) - (A_1^2 - A_2^2)e^{-SA_2 k_a t}}{(A_1 + A_2) - (A_1 - A_2)e^{-SA_2 k_a t}} \qquad (4.11)$$

式中，S 为水体含沙量，kg/m^3；V_m 为水沙混合物体积；N_0 为单位质量泥沙颗粒磷的本底值；C_0 为水体中磷的初始浓度。

$$A_1 = \frac{C_0}{S} + B_m + \frac{1}{kS}$$

$$A_2 = \sqrt{\frac{\left(\frac{C_0}{S} - B_m\right)^2 + 2\left(\frac{C_0}{S} + B_m\right)}{kS} + \frac{1}{(kS)^2}}$$

3. 泥沙吸附/解吸污染物规律

泥沙与磷之间发生着复杂的化学、物理以及生物作用过程。泥沙对磷的吸附或解吸受磷和泥沙浓度、泥沙粒径、有机质、铁铝氧化物含量、阳离子交换量的影响。泥沙对磷的平衡磷浓度和初始阶段吸附速率随磷浓度的增加而增大[4]。泥沙粒径级配是泥沙吸附磷的主要影响因素，较小粒径的泥沙有较大的比表面积和较高的铁铝氧化物含量，这些都有利于泥沙对磷等污染物的吸附[10]。金属氢氧化物和有机质是泥沙吸附磷的主要影响因子，其中泥沙对磷的最大吸附量 B_m 随着铁、铝、钙(Fe+Al+Ca)含量的增加而增大[4]。室内静水试验发现，泥沙对磷的吸附作用在开始时较快，随着沉积物表面可吸附磷的活性位点的减少以及溶液中可被吸附的磷的减少，吸附作用变得缓慢[11]。泥沙对磷的吸附一般在 10h 内就能够达到平衡，在水相磷初始浓度相同的条件下，泥沙对磷的吸附平衡时间随含沙量的增大而减小[12]。水相磷的初始浓度对吸附平衡时间的影响没有明显的规律性，但底泥对磷的平衡吸附量和水中初始磷浓度相关[13]。郭劲松等[14]通过对三峡库区悬浮态泥沙的静水试验研究发现，泥沙平衡吸附量随磷酸盐初始浓度的增加而增加，单位泥沙对磷酸盐的平衡吸附量随着泥沙浓度的增加而减少，即存在泥沙吸附效应。

人们对泥沙吸附污染物机理的研究主要通过对吸附/解吸结果的分析来推断污染物与颗粒物之间的相互作用关系，很少结合水沙界面物质交换的影响来综合考虑水沙对污染物输运作用规律。然而，这些静态试验研究结果并不能代表河流的实际情况。天然状态下，水流-泥沙-污染物系统都处在运动状态，水流运动导致泥沙颗粒发生悬浮、沉降，同时伴随着泥沙对污染物的吸附与解吸作用，宏观表现为污染物在水、沙之间的动态分配过程[15]：①水流运动携带水体溶解态污染物以及与悬沙结合的颗粒态污染物向下游运动，同时发生悬沙对污染物的吸附/解吸作用；②泥沙颗粒在沉降过程中发生絮凝，并形成松散的絮状结构，吸附/解吸污染物；③水流携带溶解态污染物运动过程中，上覆水-床沙界面处的床沙对污染物的吸附/解吸作用；④污染物向河床内扩散，并与其中泥沙颗粒发生吸附/解吸作用；⑤泥沙颗粒再悬浮导致孔隙水与上覆水之间的交换，促进水相溶解态污染物的空间再分布；⑥在高流速区域内，通过床沙再悬浮作用向水体提供悬沙以及颗粒态污染物；⑦底泥中污染物沿垂线方向的不均匀分布，导致表层床沙与下层床沙之间的污染物交换。河流水体中泥沙吸附/解附污染物示意图如图 4.1 所示[15]。因此，水流运动导致水-沙之间持续发生复杂的污染物运动与交换作用。

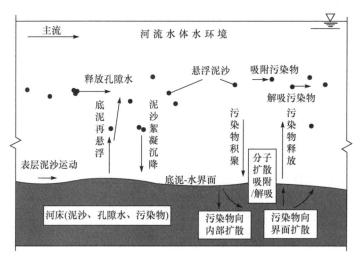

图 4.1　河流水体中泥沙吸附/解吸污染物示意图[15]

在动水条件下，上覆水体的水动力作用是影响底泥-水界面污染物扩散迁移的重要物理因素。随着上覆水流速的提高，上覆水中紊动扩散代替了分子扩散，扩散强度大大提高，促进了表层沉积物中污染物的释放；同时也增大了表层以下沉积物间隙水中污染物的扩散动力(即孔隙水与上覆水间污染物的浓度梯度)，表层以下沉积物中污染物的释放强度也相应提高[16]。水流流速、含沙量和污染物释放之间存在正相关关系，水流紊动强度提高和含沙量增加是造成沉积物中污染物释放量增大的主要原因[17]。张坤等[18]通过直水槽动水试验揭示底泥污染物的释放与河道水流流速和水深等因素有关，即在相同水深的条件下，底泥的释放率随着流速的增加而增大；在相同流速的条件下，底泥的释放率随着水深的增大而减小。周孝德等[19,20]发现河流悬沙上重金属释放主要取决于水流挟沙能力和紊动强度，而且悬移质泥沙对铜离子的吸附量是底泥吸附量的 2 倍之多。褚君达等[21]曾对河流底泥的冲刷沉降及再悬浮问题进行了系统的理论及试验研究，理论推导出考虑底泥冲刷和沉降以及底泥中污染物释放的水质基本方程。Barlow 等[22]证明水流流速和水深对循环水槽及沙柱体中黏性泥沙对污染物的吸附作用无明显影响。House 等[5]认为床沙对磷的吸附随着流速的增加而增大。House 等[7]和 Li 等[23]认为当悬沙浓度较高时，悬沙对磷的输运起着重要作用，悬沙对磷的吸附速率是床沙的数倍，因为悬沙和磷酸根离子有更大的接触概率。Wan 等[24]认为不同的水动力条件会促使不同磷形态之间发生转换。

现有的试验研究大多是静态试验，有限的动态试验也是在特定的简化条件下进行的。缺少完整意义上动态水沙环境下的污染物吸附/解吸试验研究，尤其对水流-泥沙-污染物三者耦合作用机理研究较少，污染物在水沙界面的交换特性和泥沙吸附污染物的微观吸附过程及机理尚不清楚。

4.1.2　泥沙与污染物微观作用过程

1. 水流-泥沙-污染物微界面模拟方法

水流-泥沙-污染物三者的相互作用涉及复杂的物理化学过程，其影响范围也跨越数个量级，大到整个流域尺度，小到污染物分子的纳米尺度。其中，泥沙吸附/解吸的微观界面过程是泥沙环境效应的微观物质基础，要求对污染物在泥沙颗粒表面附近的迁移过程和空间分布有深入认识，明晰微观尺度的泥沙运动规律及其周围的水流特性。然而，目前尚缺乏对微观尺度水流-泥沙-污染物相互作用的精确研究手段。一方面，传统的试验手段尚无法提供足够的、动态的颗粒尺度的微观信息；另一方面，传统数值模拟方法在处理大量复杂边界条件、多物理场耦合等领域存在诸多局限。

对于水-沙运动的颗粒尺度模拟，计算流体力学与离散元耦合法是最广泛应用的方法。然而，该方法依赖于经验性的拖曳力系数公式，且作为一个半解析方法，无法获取颗粒周围的精细水流结构。为了实现对泥沙颗粒界面附近污染物输运的精确模拟，必须引入全解析模型。另外，传统求解污染物输运的数值格式在处理运动边界时存在较大的质量守恒误差，无法应用于泥沙运动条件下吸附/解吸过程的模拟。针对这些问题，下面主要介绍颗粒尺度的水流-泥沙-污染物界面模拟方法，其中涉及水流的求解、泥沙颗粒运动的求解、污染物输运的求解、水流-泥沙-污染物间的耦合，并针对颗粒碰撞检测、接触力模型、污染物运动边界、耦合方法和复杂形状处理等方面进行改进优化，以拓展模型的适用范围，提高计算效率、模型精度和鲁棒性。

1) 水流的求解算法

对流体系统的研究可从三个不同的尺度入手：宏观连续体尺度、微观分子尺度和介观尺度。相对应地，对流体的模拟方法也可以按照这三个尺度划分。

经典流体力学理论假设流体是由微观上足够大、宏观上足够小的流体质点组成的连续介质，流体质点是指包含大量流体分子的微团。基于连续介质假设，等温黏性不可压缩流体的运动可由连续性方程和 N-S 方程描述。N-S 方程是一个二阶非线性偏微分方程，只有在一些特殊情况下有精确解。主流的数值算法包括以有限差分法、有限体积法、有限元法、谱元法等为代表的网格法，以及以光滑粒子法、物质点法等为代表的无网格法。这些数值方法取得了很大成功，但对于复杂几何边界和运动边界的处理有较大局限。

从微观分子尺度看，流体系统是由大量流体分子构成的。每一个流体分子均遵从牛顿第二定律，整个系统服从哈密顿原理。如果能获取每个流体分子的信息(如位置、位移、速度等)，则可获得整个流体系统的信息。分子模拟方法被应用于对边界层、纳米流体和超临界流体的模拟，能够提供大量的微观尺度信息。

介观尺度则介于宏观连续体尺度和微观分子尺度之间。不同于宏观连续体尺度下离散求解 N-S 方程和微观分子尺度下求解单个分子运动，介观尺度的研究采用统计力学的方法，即不关心具体每个分子的信息，而对大量分子的统计学特征进行描述。对玻尔兹曼方程进行位置空间、速度空间和时间上的离散，可得到格子玻尔兹曼方程。流体所在的空间被离散为正方体(正方形)格子，速度空间被离散为 b 个离散速度矢量，在时间上进行差分，所得到的格子玻尔兹曼方程可写为

$$f_i^+(\boldsymbol{x},t) = f_i(\boldsymbol{x},t) + \Omega_{\text{col}}^i \tag{4.12}$$

$$f_i(\boldsymbol{x}+\boldsymbol{e}_i\delta t, t+\delta t) = f_i^+(\boldsymbol{x},t) \tag{4.13}$$

式中，$\boldsymbol{x}$ 为空间位置；$f(\cdot)$ 为流体粒子的概率分布函数；$f_i^+(\cdot)$ 为碰撞后迁移前在 i 方向的分布函数；$\boldsymbol{e}_i$ 为离散速度矢量；δt 为时间步长；Ω_{col}^i 为碰撞项。

式(4.12)和式(4.13)表示在位置处的粒子间由于碰撞发生的动量交换，粒子只能沿着离散速度方向运动，因此碰撞只改变分布函数，并需要满足质量守恒和动量守恒。格子玻尔兹曼方程由于其天然的介观属性、良好的复杂边界处理能力以及高效的并行效率，尤其适用于颗粒尺度的水流-泥沙-污染物界面过程的模拟。

2) 泥沙颗粒运动的求解

类似于流体系统，对泥沙颗粒运动的研究也从宏观连续体尺度和颗粒尺度两方面入手。这里主要关心颗粒尺度，所选取的研究手段为离散元方法。离散元方法的主要思想是对于每一个颗粒单独求解牛顿第二定律，并通过接触力模型描述固体颗粒间碰撞的影响。根据力和力矩平衡，对于系统中的第 i 个颗粒，控制方程为

$$m_i\boldsymbol{a}_i = \boldsymbol{F}_i = m_i\boldsymbol{g} + \boldsymbol{F}_i^{\text{c}} + \boldsymbol{F}_i^{\text{h}} \tag{4.14}$$

$$I_i \frac{d}{dt}\boldsymbol{\omega}_i = \boldsymbol{T}_i = \boldsymbol{T}_i^{c} + \boldsymbol{T}_i^{h} \tag{4.15}$$

式中，m_i 和 I_i 分别为颗粒 i 的质量和惯性矩；$\boldsymbol{a}_i$ 和 $\boldsymbol{\omega}_i$ 分别为颗粒 i 的加速度和角速度；$m_i\boldsymbol{g}$ 为加载在颗粒 i 上的重力；$\boldsymbol{F}_i$ 为作用在颗粒 i 上的力；$\boldsymbol{F}_i^{c}$ 为颗粒间的接触力；$\boldsymbol{F}_i^{h}$ 为流体对颗粒的作用力；$\boldsymbol{T}_i$ 为作用在颗粒 i 上的力矩；$\boldsymbol{T}_i^{c}$ 和 $\boldsymbol{T}_i^{h}$ 分别为接触力和流体作用力所产生的力矩。

离散元法的核心在于如何合理地描述颗粒间由于碰撞所产生的接触力。按照是否允许颗粒间发生重叠，不考虑流体作用的情况下，离散元方法又可分为：

(1) 事件驱动的硬球模型。在发生碰撞之前，颗粒一直按照给定的速度运动，一旦检测到碰撞，则计算颗粒间的接触力并更新其速度，之后颗粒按更新后的速度运动，直到检测到下一次碰撞。

(2) 时间驱动的软球模型。颗粒的速度、位置等信息按照固定的时间步长更新，并允许颗粒间发生小的重叠，接触力的大小取决于重叠距离的大小。

接触力模型中最简单、应用最广泛的是线性接触力模型，即法向接触力的大小与重叠距离呈线性正相关，即

$$F_i^{cn} = k_n\delta + \eta(\boldsymbol{v}_j - \boldsymbol{v}_i)\cdot\boldsymbol{n} \tag{4.16}$$

$$\eta = 2\eta_0\sqrt{\frac{k_n(m_i + m_j)}{m_i m_j}} \tag{4.17}$$

式中，k_n 为颗粒的接触刚度系数；m_i 和 m_j 分别为颗粒 i 和 j 的质量；$\boldsymbol{n}$ 为接触点到颗粒质心的单位向量；$\boldsymbol{v}_i$ 和 $\boldsymbol{v}_j$ 为发生碰撞的颗粒 i、j 的速度；δ 为重叠距离；η 和 η_0 为衰减系数和初始衰减系数，表征由于碰撞产生的能量损失。

接触力的方向垂直于接触面，对于球体之间的碰撞，接触力的方向平行于两球体的球心连线。

另一种常用的接触力模型是 Hertz 接触力模型，该模型考虑了颗粒表面的弹性变形，法向接触力的大小为

$$F_i^{cn} = k_n\delta^{3/2} + \eta(\boldsymbol{v}_j - \boldsymbol{v}_i)\cdot\boldsymbol{n} \tag{4.18}$$

由于水流-泥沙-污染物系统的特殊性，颗粒的角速度受到流体作用力的限制，相对较小，因此本节与 Noble 的方法一样，忽略切向接触力的影响。

无论是线性接触力模型还是 Hertz 接触力模型，都依赖于重叠距离 δ，然而，由于软球模型假设的颗粒发生重叠实际上是与物理现实不符的，δ 仅仅用于表征接触力的大小，基于相同的思想，接触力的大小也可用重叠面积进行表征。因此，这里提出一种新的基于重叠面积的线性接触力模型，即

$$F_i^{\mathrm{cn}} = \alpha_{\mathrm{e}} k_{\mathrm{n}} A_{\mathrm{c}} + \eta(\boldsymbol{v}_j - \boldsymbol{v}_i) \cdot \boldsymbol{n} \tag{4.19}$$

式中，A_{c} 为重叠面积；α_{e} 为等效系数，用于将 A_{c} 转换为 δ。

显然接触力与重叠面积呈线性相关，可以证明该模型与 Hertz 接触力模型是等效的。首先定义无量纲重叠面积 A_{c}^* 与无量纲重叠距离 δ^*，即

$$A_{\mathrm{c}}^* = \frac{A_{\mathrm{c}}\left(R_i^2 + R_j^2\right)}{\pi R_i R_j} \tag{4.20}$$

$$\delta^* = \frac{\delta\left(R_i^2 + R_j^2\right)}{R_i R_j} \tag{4.21}$$

采用 A_{c} 替代 δ 的优势在于可以节约一个幂指数运算的计算量，并且 A_{c} 可由固液比 ε_{n} 近似估计，近似公式为

$$A_{\mathrm{c}} = \sum_{k \in \Gamma} A_{\mathrm{c}}^{\mathrm{k}}(\boldsymbol{x}_k) \tag{4.22}$$

$$A_{\mathrm{c}}^{\mathrm{k}}(\boldsymbol{x}_k) = \begin{cases} \varepsilon_{\mathrm{n}}(\boldsymbol{x}_k, i) + \varepsilon_{\mathrm{n}}(\boldsymbol{x}_k, j) - A_{\mathrm{m}}, & \varepsilon_{\mathrm{n}}(\boldsymbol{x}_k, i) + \varepsilon_{\mathrm{n}}(\boldsymbol{x}_k, j) > A_{\mathrm{m}} \\ 0, & \text{其他} \end{cases} \tag{4.23}$$

式中，Γ 为所有满足 $\left\{k \big| \varepsilon_{\mathrm{n}}(\boldsymbol{x}_k, i) > 0, \varepsilon_{\mathrm{n}}(\boldsymbol{x}_k, j) > 0\right\}$ 的格子的合集；A_{m} 为近似参数，这里取 0.95。

在离散元中，不规则形状颗粒的处理一直是研究难点，利用球化多面体技术可实现不规则形状颗粒碰撞处理。球化多面体生成示意图如图 4.2 所示。

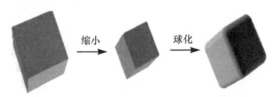

图 4.2　球化多面体生成示意图

由于离散单元需要求解每一个颗粒的运动，使用离散元计算颗粒的运动较为费时，严重制约了其在水流-泥沙-污染物界面过程模拟的应用。离散元计算中，最为耗时的步骤在于碰撞检测，需要找出所有发生碰撞的颗粒对。传统方法包括 Velet List 法、Link Cell 法、Link List 法等，但是这些方法的计算耗时在最理想的情况下也是随颗粒数线性增长。针对这一问题，这里根据水流-泥沙-污染物界面过程的特征，提出一种计算效率不依赖于颗粒数的碰撞检测方法。在求解水流时必须首先计算固液比，而为了满足精度网格尺寸，网格尺寸必须远小于颗粒尺寸 (Ladd 建议对于球形颗粒，最少用 9 个格子覆盖)。如图 4.3 所示，一旦某个格子

同时被两个不同的颗粒覆盖，说明这对颗粒表面间的距离十分小，针对这样的颗粒对进行距离检测可以筛选出发生碰撞的颗粒对。由于是利用水流求解的数据进行再加工分析来检测碰撞，这里提出的碰撞检测方法运行时间几乎不随颗粒数量的增长而变化，其复杂度不再与颗粒总数相关。

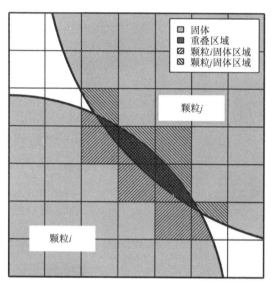

图 4.3　本书提出的高效碰撞检测方法示意图

离散时间随机行走法中，污染物浓度场被离散为一个个自由移动的粒子，每个粒子携带一定质量的污染物随时间进行迁移，每次迁移的时步都是相同的，其控制方程为

$$x(t+dt) = x(t) + udt + \sqrt{2D_d dt}\,\xi \tag{4.24}$$

式中，dt 为时间步长；D_d 为问题的维度；ξ 为由标准正态分布随机数组成的随机向量。

随机行走法(random walk method, RWM)非常适合解决对流扩散方程，相对于格子玻尔兹曼法(lattice Boltzmann method, LBM)，它具有以下几个优点：①在欧拉法中，溶质的浓度在网格中都是平滑变化的，这种特点会造成数值弥散，从而使得原本陡峭的浓度梯度被平滑了。解决这一问题的常见方法是加密网格，但是这样会极大地增加计算量。而由于随机行走法本身的离散属性，它可以有效地避免数值弥散的问题；②由于随机行走法的质量体现在粒子上，数值计算中并不会产生负值，可以完全保证整个溶质质量的守恒，而传统的欧拉法在物质浓度梯度变化较大的区域会产生负的浓度，从而破坏整体的物质质量守恒，高精度的有限元方法可以从一定程度上避免这个问题，但是会显著增加计算时间；③当溶质运移与动边界相结合时，动边界的移动会将不含有溶质的固体节点变成含有溶质的流体节点，一般来说，固体节点的浓度需要由周边流体节点的浓度通过插值来确定，这必然会带来质量守恒的问题。而随机行走法在边界对粒子采取碰撞反弹方法，可以避免这个问题，从而从始至终保证物质的质量守恒。物质的质量守恒在解决溶质在泥沙表面吸附的这类问题时显得尤为重要。因为就单个泥沙颗粒来说，其吸附的物质的质量一般只占总溶质质量的 1%～2%，传统欧拉法带来的质量不守恒会影响计算结果的准确性，带来计算误差。由于泥沙颗粒吸附的溶质质量相对较小，物质不守恒带来的误差会掩盖掉需要研究的物理现象，进而无法对这类问题进行精细的研究。随机行走法保证了质量守恒，在河床泥沙吸附污染物的模拟上相对于传统的欧拉法有较大的优势。污染物浓度场对比图如图 4.4 所示。

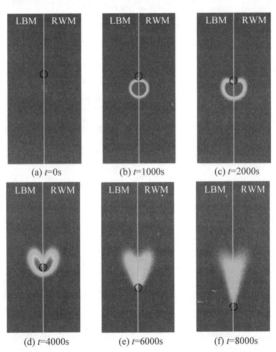

(a) t=0s　　　　　　(b) t=1000s　　　　　　(c) t=2000s

(d) t=4000s　　　　　　(e) t=6000s　　　　　　(f) t=8000s

图 4.4　污染物浓度场对比图

3) 水流-泥沙-污染物耦合求解方法

流体和泥沙颗粒之间的相互作用需要通过耦合离散元和格子玻尔兹曼法进行模拟。为求解泥沙颗粒的运动，需要先确定水流对泥沙颗粒的作用力和力矩，而泥沙颗粒运动对水流的影响则通过在颗粒表面施加无滑移边界条件体现，大致有以下几种方法来处理移动边界。Ladd[25]基于标准的碰撞格式提出了一种应用广泛的运动边界格式，即 Ladd 方法。其中计算节点划分为被颗粒覆盖的固体节点和流体节点,将与固体节点相邻的流体节点称为边界节点。对于边界节点,首先采用碰撞反弹格式,其次考虑无滑移边界条件造成的动量交换,对每一个边界节点动量交换求和,就可获得水流对泥沙颗粒的作用力和力矩。Ladd 方法具有简便、适用性广等优点,但由于存在流体节点和固体节点间的切换,会导致颗粒的运动和受力的震荡;而且由于真实的颗粒边界其实位于流体节点与固体节点的中间,呈现出阶梯状,因此与真实的颗粒尺寸有所出入,需要加入一个虚拟的水力半径进行人为经验的修正。

为了克服 Ladd 方法的缺陷,Noble 等[26]利用浸入式边界条件法处理运动边界,其核心思想是用一个体积(面积)分数来平滑固体节点和流体节点间的切换。当 $\varepsilon_n = 0$ 时对应流体节点,当 $\varepsilon_n = 1$ 时对应固体节点,介于 $0 \sim 1$ 之间的为边界节点。修正后的格子玻尔兹曼方程为

$$f_i(\boldsymbol{x} + \boldsymbol{e}_i \delta t, t + \delta t) = f_i(\boldsymbol{x}, t) + B_n \Omega_i^s + (1 - B_n)\left[\frac{\delta t}{\tau}(f_i^{eq} - f_i)\right] \tag{4.25}$$

式中, B_n 为关于 ε_n 的一个单调递增函数,Noble 等[26]对比了各种不同形式的 B_n,模拟结果的差别不大,其中与圆柱在流体中匀速运动的试验结果吻合最好的表达式为

$$B_n = \frac{\varepsilon_n\left(\tau - \dfrac{1}{2}\right)}{(1 - \varepsilon_n) + \left(\tau - \dfrac{1}{2}\right)} \tag{4.26}$$

Ω_i^s 为附加碰撞项,用于表征由于固体颗粒和流体之间碰撞造成的动量交换,具体计算公式为

$$\Omega_i^s = [f_{i'}(\boldsymbol{x}, t) - f_{i'}^{eq}(\rho, \boldsymbol{v}_p)] - [f_i(\boldsymbol{x}, t) - f_i^{eq}(\rho, \boldsymbol{v}_p)] \tag{4.27}$$

可以看出,当 $\varepsilon_n = 0$ 时,式(4.25)复原至单松弛模型的格子玻尔兹曼方程,当 $\varepsilon_n = 1$ 且 $\boldsymbol{v}_p$ 为零时,式(4.25)则复原至标准的碰撞反弹格式。

流体对于颗粒的总作用力可由每个边界节点上的动量交换累计求和得到

$$\boldsymbol{F}_j^h = \frac{\delta_x^3}{\delta_t}\left[\sum_{j=1}^{N_{bj}} B_j\left(\sum_{i=1}^{N_{ei}} \Omega_i^s \boldsymbol{e}_i\right)\right] \tag{4.28}$$

式中, N_{bj} 为颗粒 j 的边界节点的个数; N_{ei} 为颗粒 i 的边界节点的个数。

类似地,可以得到流体对颗粒的总力矩:

$$\boldsymbol{T}_j^h = \frac{\delta_x^3}{\delta_t}\sum_{j=1}^{N_{bj}}\left[(\boldsymbol{x} - \boldsymbol{x}_c)B_n\left(\sum_{i=1}^{N_{ei}} \Omega_i^s \boldsymbol{e}_i\right)\right] \tag{4.29}$$

对比 Ladd 方法和 Noble 方法可知，两者的主要区别在于是否用固液比 ε_n 对流体节点与固体节点间切换进行平滑，因此 Ladd 方法可看成 Noble 方法的特殊情况。然而，对比二者可发现，当 $\varepsilon_n = 1$ 时，Noble 方法无法完全复原至 Ladd 方法，主要区别在于分布函数是否参加式(4.13)的碰撞过程。这是因为 Ladd 方法假设固体边界位于流体节点和固体节点的中点，其本质是对半步反弹格式的改进，Noble 方法则是基于标准碰撞反弹格式。为了克服这一问题，同时又保留这两种格式的优点，提出如下格式：

$$f_i(\boldsymbol{x} + \boldsymbol{e}_i \delta t, t + \delta t) = f_i^+(\boldsymbol{x}, t) + B_n \Omega_i^{s+} \tag{4.30}$$

$$\Omega_i^{s+} = [f_{i'}^+(\boldsymbol{x}, t) - f_{i'}^{eq}(\rho, \boldsymbol{v}_p)] - [f_i^+(\boldsymbol{x}, t) - f_i^{eq}(\rho, \boldsymbol{v}_p)] \tag{4.31}$$

显然，当 $\varepsilon_n = 1$ 时，式(4.30)与式(4.31)可完全恢复至 Ladd 方法。

在水-沙耦合的基础上，可添加污染物输运模块及泥沙表面吸附/解吸模型。本节将介绍一种新型的泥沙对污染物的吸附/解吸模型，该模型是基于微观尺度的物理化学过程，而非通过边界条件加载的传统半经验吸附/解吸动力学方程。其主要特点是：①不同于以往采用宏观吸附/解吸动力学方程为边界条件的方法，这里提出的模型是基于微观尺度上吸附位的状态变化过程；②多数描述吸附/解吸动力过程的方法中，最基本物理量为污染物的浓度，而这里所提出模型中的最基本物理量则是微观尺度上组成污染物的数量。

真实的泥沙表面并不是处处都具有吸附能力，而是由分布其上的一个个吸附位单独发挥作用，每一个吸附位都有自己的最大吸附容量、吸附系数和解吸系数(取决于吸附位的自身属性，如微观几何形态、晶格缺失状态和化学元素属性等)。对于远大于颗粒尺度的问题，由于吸附位的特征尺寸最大也仅为微米级，远小于宏观尺度，可不考虑吸附位的离散属性而将其概化为连续且均匀分布的，多数对于吸附性床面的研究即属于这一范畴。然而，对于颗粒尺度上的泥沙吸附/解吸界面过程，其特征尺寸也同在微米级，而且泥沙的粒径越小，其比表面积越大，吸附能力也越强。这时上述连续性假设显然不再适用。基于上述尺度分析可以发现，对于颗粒尺度的模拟，有必要将吸附位在颗粒表面进行离散化处理。离散化后的泥沙颗粒的固体节点、边界节点和边界上的吸附位组分布示意图如图 4.5 所示，在颗粒表面分布着若干个吸附位组(图中灰色圆点所示)。需要指出的是，真实的泥沙表面可能分布着数量众多的吸附位，针对每个吸附位都进行单独处理显然是不现实，因此这里提出吸附位组的概念，即由若干个吸附位组成的集团。在吸附位组内，假设吸附位均匀分布且吸附能力和吸附量一致。

泥沙表面的吸附速率与泥沙表面接触到污染物量的多少(对于宏观模型，采用污染物在 t 时刻的浓度 C_t 表征)以及附着概率 S_t 呈线性正相关：$r_a = C_t S_t$，附着概

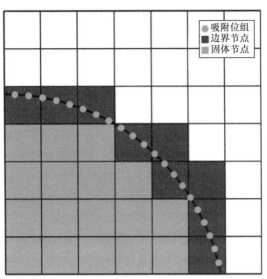

图 4.5 泥沙颗粒的固体节点、边界节点和边界上的吸附位组分布示意图

率为吸附率的函数，即 $S_t = f(\theta_t)$，$\theta_t = \dfrac{q_{t0}}{q_{\max}}$ 为吸附率，$q_{\max}$ 为吸附质的最大吸附能力，q_{t0} 为 t 时刻已吸附的量。

Langmuir 假设吸附质的表面是水平的，且其表面上的吸附位均匀分布，并仅发生单层吸附，则对于 $f(\theta_t)$，有 $S_t = k_a(1-\theta_t)$，其中 k_a 为吸附系数。解吸速率则与 t 时刻的吸附率 θ_t 呈线性正相关，即 $r_d = k_d\theta_t$，其中 k_d 为脱附系数。吸附速率与解吸速率的差值即为吸附量的变化率，由此可以得到 Langmuir 吸附动力学方程：

$$\frac{\mathrm{d}\theta}{\mathrm{d}t} = r_a - r_d = k_a C_t(1-\theta_t) - k_d\theta_t \tag{4.32}$$

式中，C_t 用以表征多少污染物与泥沙表面发生了接触。C_t 作为一个宏观量，只表征在该位置处所有污染物量的总和。然而在微观过程中，只有朝向泥沙表面运动的污染物才可能与吸附位发生作用，在处理宏观问题时这一差异影响不大，而对颗粒尺度的模拟需要更精细的考量。因此，将 Langmuir 吸附动力学方程改写为

$$\frac{\mathrm{d}\theta}{\mathrm{d}t} = \frac{k_a(1-\theta_t)}{n_c}\sum_{i\in\varGamma_c} g_i - k_d\theta_t \tag{4.33}$$

式中，n_c 为该处边界节点内吸附位组的总个数；g_i 为分布函数；$\varGamma_c$ 为所有与泥沙表面发生接触的分布函数的合集。

2. 水流-泥沙-污染物微界面作用过程

基于建立的颗粒尺度的水流-泥沙-污染物界面模拟方法，本节主要介绍该模

拟方法在微尺度水沙耦合运动对污染物输运作用规律研究等方面的应用。

1) 吸附/解吸系数的影响

通过 Langmuir 吸附动力学方程的假设和推导,可以看出吸附系数 k_a 和脱附系数 k_d 属于泥沙和污染物的固有属性,应该只与污染物的种类、泥沙表面形态、吸附位分布等相关(假设温度恒定)。然而在诸多试验研究中,k_a 和 k_d 常被当成拟合参数,其中不仅包括了泥沙天然属性的影响,其他如水流、泥沙运动、表面生物膜的影响等也统统通过 k_a 和 k_d 来反映,这样处理虽然简单易用,但大大弱化了这些系数的物理意义。为了探讨水流流速对吸附/解吸的影响,这里 k_a 和 k_d 仅用于反映污染物、泥沙固有属性对吸附/解吸的影响。就 k_a 和 k_d 对吸附的影响进行参数化研究,平衡吸附量 M^{eq} 与 k_a 和 k_d 的关系如图 4.6 所示。平衡吸附量随着 k_a 的增大而增大,随着 k_d 的减小而增大。当 k_d 较大时,平衡吸附量呈现出指数型快速增长,然而这一趋势随 k_d 的减小转变为近乎线性;当 $k_d=0.0001$ 时,k_a 越大,M^{eq} 增长的量越小。最大的平衡吸附量出现在最大 k_a 和最小 k_d 的组合,而最小平衡吸附量则对应最小 k_a 和最大 k_d。

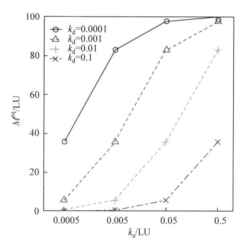

图 4.6　平衡吸附量 M^{eq} 与 k_a 和 k_d 的关系

2) 上覆水流速的影响

上覆水中携带的污染物随着对流扩散作用与床沙接触并发生吸附/解吸作用,影响着污染物的归宿。而河流上覆水的流速又存在着显著的时空差异,如汛期上覆水流速可超过枯水期一个甚至多个数量级,上覆水流速的变化对床沙吸附/解吸的影响格外受到关注。

格子玻尔兹曼法一般使用无量纲单位,用格子单位 lattice unit(LU)表示。本节中将物理参数转化为格子参数的无量纲化方法可参考 Ten 等[27]提出的方法。采用 U_{top} 来表征上覆水流速的大小,显然上覆水流速越大,切应力也越大,相同位置的剪切流速也越大。图 4.7 为当初始污染物浓度 $C_{top}=100$ 时、在不同上覆水流速 U_{top} 条件下，污染物垂向浓度分布的数值模拟结果。U_{top} 对污染物的浓度分布并未表现出显著影响。

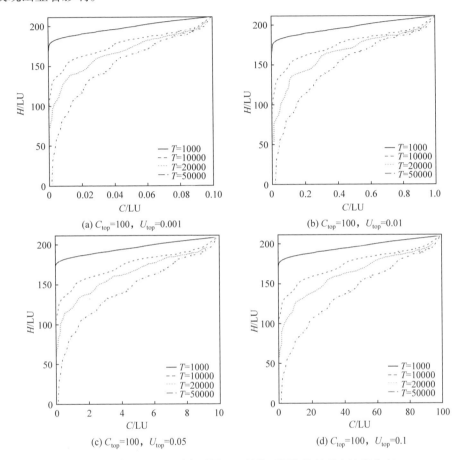

图 4.7　当 $C_{top}=100$ 时在不同 U_{top} 条件下污染物的垂向浓度分布

　　对于泥沙吸附量的计算大致可分为直接和间接两种方法：直接方法是利用水体中污染物浓度的变化反推泥沙的吸附量；间接方法是对吸附后的泥沙进行消解处理，使泥沙吸附的污染物溶解至消解液中，再测量消解液中的污染物浓度。由于这里使用的吸附模型是直接作用于颗粒表面吸附位组的，因而可以直接通过对吸附位组上的已吸附量求和获得泥沙的吸附量。

　　在不同的 U_{top} 和 C_{top} 组合下，泥沙吸附的污染物量随时间的变化如图 4.7 所示。可以将吸附过程分为两个阶段，首先是近乎线性的快速吸附过程，然后吸附速率逐渐减缓至稳定。需要指出的是，该曲线虽然与室内吸附试验的结果类似，但也存在一定的不同。吸附试验中，吸附速率会持续减小至零，此时吸附达到平衡态，而从图 4.7 可以看出稳定后的吸附速率是一个非零的常数。这是由于在吸附试验中污染物的总量是恒定的；而这里上边界作为一个浓度恒定的源，持续不断地向系统中补充污染物，促进了床沙的吸附。快速吸附和稳定吸附的分界点大致在 $T=100$，且不受 C_{top} 变化的影响。当垂向动能 E_v 达到稳定时意味着床面内的渗流速率达到恒定值，在该稳定渗流速率的作用下，污染物被持续稳定地向下运移，在模拟的时间范围内，污染物影响范围尚未到达底面，也就是说，总有部分泥沙刚刚开始发生吸附，其已吸附量远小于最大吸附容量，因而解吸量可忽略不计，吸附速率可认为是常数，这就解释了为何图 4.7 中在快速吸附阶段后存在着稳定的吸附速率。

泥沙的吸附总量主要受到 C_{top} 的影响。由图 4.8 可以看出，染物的浓度分布对 U_{top} 的变化不敏感，同时也显示出 U_{top} 对泥沙的吸附量存在影响，其规律因 C_{top} 的变化而不同。对于低浓度 $C_{top}=10$ 的情况，从图 4.8(c)可以看出吸附量与 U_{top} 呈

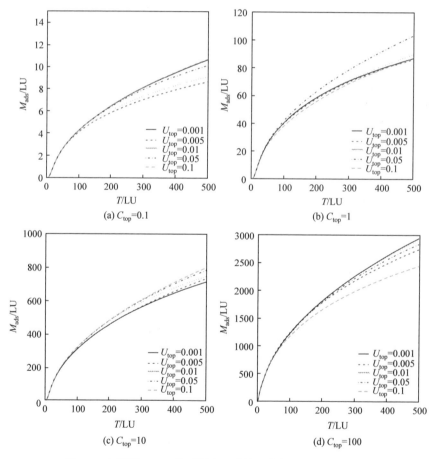

图 4.8　在不同 U_{top} 工况下泥沙吸附的污染物量随时间的变化

正相关。较大的 U_{top} 对应较大的渗流速率，有利于污染物与更多颗粒相接触，从而促进吸附。然而当 C_{top} 增大为 100 时，最大的 U_{top} 却对应最小的吸附量。

图 4.9 为在 $C_{top}=100$、$U_{top}=0.1$ 工况下，不同时刻污染物浓度的空间分布。从图 4.9(a)和(b)可以看出，初始时污染物主要依靠扩散作用向下输运，其在水平方向上分布十分均匀；随着垂向流速的发展，水平方向上的污染物分布开始出现差异，区域中部的污染物下切比两侧稍快，如图 4.9(c)所示；这一趋势在图 4.9(d)中更为明显，由于上边界的污染物浓度 C_{top} 恒定，在水沙交界面上浓度逐渐接近 C_{top}，在水沙交界面下则有明显的浓度梯度。

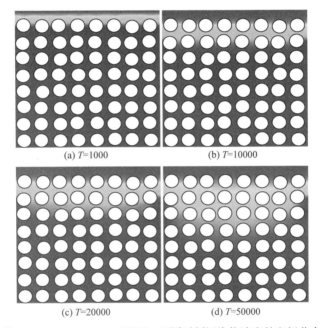

(a) $T=1000$　　　　　　(b) $T=10000$

(c) $T=20000$　　　　　　(d) $T=50000$

图 4.9　在 $C_{top}=100$、$U_{top}=0.1$ 工况下，不同时刻污染物浓度的空间分布(见彩图)

4.1.3　动水条件下泥沙对磷的作用过程

本节以淮河泥沙为研究对象利用环形水槽开展动水条件下泥沙对磷吸附特征和絮凝作用对泥沙吸附特性的影响的试验研究。

1. 动水中泥沙对磷的吸附特征

1) 磷初始浓度 C_0 和含沙量 S 的影响

图 4.10(a)为动水试验中水流流速和含沙量一定时不同磷初始浓度下水体中磷浓度随时间的变化特征。水体中磷浓度开始时下降较快，然后逐渐减缓，最终达到准平衡状态，而达到平衡状态时磷浓度并非常数，主要是因为动水中紊动较大。

当 C_0=0.5mg/L 时，相对于初始值，C_e/C_0 的范围为 85.67%～88.27%；当 C_0=5mg/L 时，该范围提高到 96.90%～97.83%。这说明低浓度时，有更大比例的磷被吸附，反之亦然。这是由于泥沙表面的吸附点位数量是一定的，吸附量越大，其表面覆盖度越大，活性吸附点位比例越小，吸附量的增加值越小，而解吸量越大。

　　图 4.10(b)为动水试验中水流流速和磷初始浓度一定时不同含沙量下水体中磷浓度随时间的变化特征。水体中磷浓度减少量随着含沙量的增大而增大，而增大幅度逐渐减小。当 S=0.5g/L 时，C_e/C_0 的范围为 97.33%～98.16%；当 S=2g/L 时，该范围下降至 94.83%～95.81%。在相同条件下，含沙量越大，活性吸附点位越多，吸附总量越大。

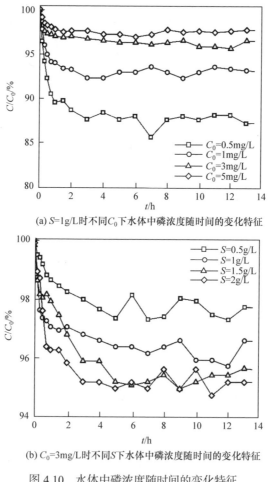

(a) S=1g/L时不同C_0下水体中磷浓度随时间的变化特征

(b) C_0=3mg/L时不同S下水体中磷浓度随时间的变化特征

图 4.10　水体中磷浓度随时间的变化特征

　　图4.11(a)为动水试验中水流流速和含沙量一定时不同磷初始浓度下单位泥沙吸附量随时间的变化特征。随着磷初始浓度的增大，单位泥沙吸附量以及达到吸

附平衡所需时间均增大。泥沙吸附达到平衡时波动较大，严格来说属于动态平衡，与静水试验相比[27]，其动水试验中吸附量的平均值明显要大于静水条件下的平衡吸附量。

图 4.11(b)为动水试验中水流流速和磷初始浓度一定时含沙量对单位泥沙吸附量随时间的变化特征。单位泥沙吸附量及达到吸附平衡的时间随着含沙量的增大而减小，这是由于随着含沙量的增大，泥沙活性吸附点位之间的竞争更加激烈。总的来说，单位泥沙吸附量随时间的变化符合二阶反应动力学模型(见式(4.8))，说明该粒径泥沙对磷的吸附以化学吸附为主。

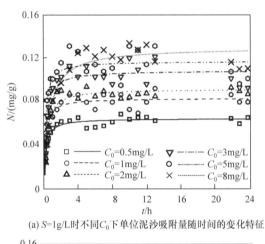

(a) $S=1$g/L时不同C_0下单位泥沙吸附量随时间的变化特征

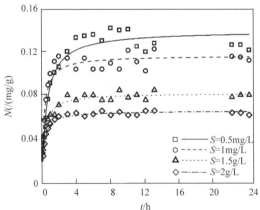

(b) $C_0=3$mg/L时不同S下单位泥沙吸附量随时间的变化特征

图 4.11　单位泥沙吸附量随时间的变化特征

2) 水流流速的影响

图 4.12(a)～(d)为含沙量一定时不同水流流速和磷初始浓度下单位泥沙吸附量随时间的变化特征。当磷初始浓度为 0.5mg/L、1mg/L 时，水流流速对单位泥

沙吸附量的影响较小；而当磷初始浓度为 3mg/L、5mg/L 时，单位泥沙吸附量随
着水流流速的增大而增大。因为在水体中，电解质浓度越大，泥沙颗粒表面扩散
层越薄，电动电位 ζ（扩散层表面与自由溶液之间的电位差）越小，双电层的厚度越
薄，磷酸根离子越容易到达泥沙颗粒表面。同时随着水流流速的增大，水体的紊
动强度增大，磷的输运扩散速率增大，从而增加了泥沙颗粒和磷酸根离子的接触
概率。试验泥沙对磷的吸附以化学吸附为主，随着水流流速的增大，泥沙表面部
分由于范德瓦耳斯力和电荷力引起的物理吸附的磷酸根离子发生解吸，而发生化
学吸附的磷酸根离子占主导，所以单位泥沙吸附量会随着水流流速的增大而增大。
图 4.12(e)和(f)为磷初始浓度一定时不同水流流速和含沙量下单位泥沙吸附量随时
间的变化特征。可以看出，初始阶段的吸附速率、平衡吸附量和达到平衡所需时
间均随着水流流速的增大而增大。

　　值得注意的是，动水中泥沙对磷的吸附达到平衡状态时的波动比静水中的
大[28]。水槽中较大的水流流速和紊动强度使得床沙不能停留在河床上，而是与

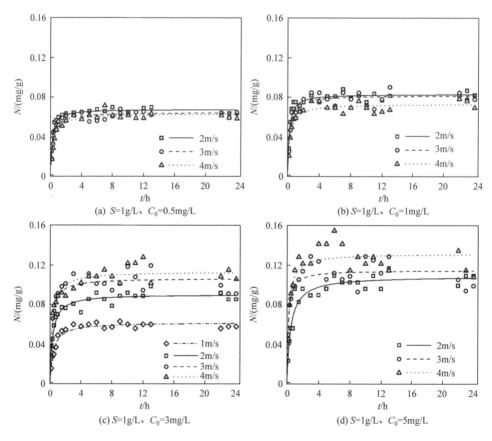

(a) S=1g/L、C_0=0.5mg/L

(b) S=1g/L、C_0=1mg/L

(c) S=1g/L、C_0=3mg/L

(d) S=1g/L、C_0=5mg/L

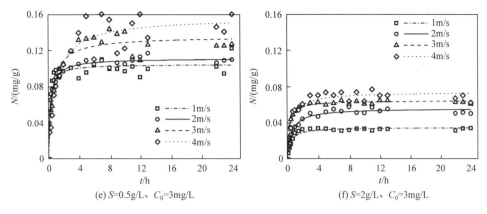

(e) S=0.5g/L、C_0=3mg/L   (f) S=2g/L、C_0=3mg/L

图 4.12 不同水流流速下单位泥沙吸附量随时间的变化特征

悬沙不断发生交换。悬沙不仅可以加速对磷的吸附,还增强了磷在泥沙表面的附着强度。在较大水流流速和紊动的作用下,床沙和悬沙的不断交换导致泥沙吸附量有较大的波动并有较大的吸附量。

磷浓度较大时,动水中泥沙对磷的吸附量随着水流流速的增加而增大,其主要原因有:①较大的水流流速增大了 $H_2PO_4^-$ 与泥沙颗粒的接触概率;②较大的水流流速及紊动增大了水体中的溶解氧含量[23],进而增大 Fe、Al 氧化物含量,其中,Fe^{2+} 被氧化为 Fe^{3+},与有机质在 Fe^{3+} 表面发生络合,最终以 Fe^{3+}-O-HS-M^+(其中 HS 为腐殖质;M 为二价或三价金属离子,如 Mg^{2+}、Ca^{2+})等络合物的形式存在,而 Fe^{3+}-O-HS-M^+ 具有较大的比表面,能够大量吸附 $H_2PO_4^-$[29];③水流流速增大,悬沙含量增加,而悬沙的吸附速率及吸附量要远大于床沙;④水流流速较大时,泥沙的流速小于水流流速,二者间有相对运动[30]。相对运动的流速越大,圆球绕流现象越明显,水沙界面边界层相对越小,进而增加了水沙界面上磷的浓度梯度,有利于吸附量的增加。当磷初始浓度较小时(C_0=0.5mg/L、1mg/L),水流流速对单位泥沙吸附量的影响较小,主要由于浓度较低时,水沙界面磷浓度梯度较小,并且沙粒之间不断发生碰撞,不利于磷在泥沙表面的滞留,部分由于范德瓦耳斯力和电荷力而发生的物理吸附的 $H_2PO_4^-$ 发生解吸。泥沙对污染物的宏观作用表现为吸附与解吸作用的强度差,吸附量随水流流速的变化主要取决于吸附与解吸作用的相对强度。

3) 平衡态特征

对比不同条件下达到泥沙吸附平衡所需时间 T_{eq},分析各因子对吸附速率的影响。对比发现,静态试验中 T_{eq} 值始终恒定在 6h 左右,大于动水条件下达到吸附平衡的时间。说明水流运动能够促进水流-泥沙-污染物之间的频繁接触,加速吸附作用。

水流流速 V、含沙量 S 以及污染物初始浓度 C_0 对 T_{eq} 值存在一定的影响，T_{eq} 随 V、S 的增大而减小，随 C_0 的增大而增大。原因是水流流速的增加导致水体紊动增强，促进磷酸盐在水体中的扩散以及泥沙与污染物之间快速频繁的接触。随着接触频率的增高，泥沙对应的吸附速率增加，达到平衡的时间降低。含沙量的增大导致泥沙与污染物接触频率增加[31]，而对应单位泥沙的平衡吸附量发生降低，达到平衡的时间缩短。而污染物浓度的增加导致泥沙的平衡吸附量也发生一定程度的增大，单位泥沙颗粒需要吸附更多的污染物才能达到相应的平衡状态。因此，污染物浓度越高，达到吸附平衡的时间越长。

水流流速对泥沙平衡吸附量的影响取决于初始时刻水相溶解态磷浓度 C_0。当 $C_0=0.5\text{mg/L}$、1mg/L 时，单位泥沙的平衡吸附量随着水流流速的增大而减小；当 $C_0=3\text{mg/L}$、5mg/L 时，单位泥沙的平衡吸附量及吸附总量随着流速的增大而增大。污染物初始浓度 C_0 以及含沙量 S 对泥沙平衡吸附量的影响类似于静态试验：当水流流速及含沙量保持不变时，磷的浓度变化对单位泥沙平衡吸附量(N_e)以及泥沙吸附污染物总量的影响具有同步性，二者均表现出随着污染物浓度的增大而增大的趋势，且污染物浓度的增大可以导致泥沙的平衡吸附量增加一倍左右。当水流流速以及污染物浓度一定时，含沙量对 N_e 和泥沙吸附污染物总量的影响完全相反，N_e 值随着含沙量的增大而减小，泥沙吸附污染物总量则随着含沙量的增大而增大。

分配系数 K_d 反映了在达到吸附平衡状态时吸附质在固相和液相中的分配比，直观表征吸附剂对吸附质的吸附容量的大小，可以用平衡时单位质量泥沙固相吸附量 N_e 和液相平衡磷浓度 C_e 的比值表示，即

$$K_d = \frac{N_e}{C_e} \tag{4.34}$$

如图 4.13 所示[28]，K_d 随着磷初始浓度的增加而减小。当水体中磷浓度较小时，水槽动水中的 K_d 大于静水中的 K_d，当磷浓度较大时，二者的 K_d 比较接近。即动水条件下的分配系数要大于静水中的分配系数，但是，二者均小于连续震荡水体中的分配系数，表明连续震荡锥形瓶中悬沙对磷的吸附被高估了[32]。当磷浓度保持不变($C_0=3\text{mg/L}$)时，K_d 随水流流速的增加而增大，而随含沙量的增加而减小，这说明动水中泥沙对磷的吸附同样存在泥沙吸附效应。

2. 剪切流作用下团聚泥沙对磷的吸附特征

平原河流中由于水位变动和泥沙沉积固结等自然现象，细颗粒泥沙会在表面腐殖质和矿质胶体等的作用下黏结团聚，以泥沙团聚体的形式赋存在河床中。泥沙团聚后会改变其与磷的接触面积，影响动水条件下泥沙对磷的吸附特征。因此，需要开展泥沙团聚前后吸附特征的对比试验，以及研究不同强度剪切水流对团聚

泥沙颗粒磷吸附特征的影响。

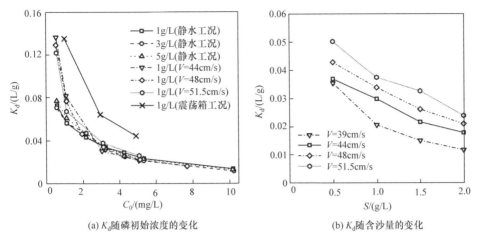

(a) K_d随磷初始浓度的变化　　　　　　(b) K_d随含沙量的变化

图 4.13　分配系数 K_d 随磷初始浓度和含沙量的变化特征[28]

1) 团聚对泥沙磷吸附特征的影响

通常情况下，河床中的细颗粒泥沙在上覆水体压力和自重作用下会发生沉降固结，引起泥沙颗粒间的黏聚，这个过程通常需要数年之久。此外，当床沙经历干燥之后，颗粒间水分迅速蒸发排出，几天之内发生快速压缩固结，细沙颗粒在有机质和腐殖质等的作用下黏结团聚，并且再次浸湿后也并不会完全分散恢复至干燥前的状态，会以泥沙团聚体的形式存在于床沙中。Dieter 等[33]在沙柱干燥试验过程中观察到，沙柱干燥后会发生不可逆的压缩固结，厚度明显变小，且重新浸湿后也无法自然恢复到干燥前的形态。利用野外河流采集的 31μm 以下中细粉砂级泥沙的干、湿不同状态模拟泥沙团聚前、后的状态，用经过超声波分散处理后的泥沙模拟泥沙团聚体分散后的状态。泥沙团聚前后的级配曲线对比如图 4.14 所示。可以看出，泥沙团聚后的粒径是团聚前的 3 倍，其中黏粒和中细粉砂粒粒径组分相对于团聚前分别减小了 15%和 29%，并且当团聚后的泥沙经过超声波分散处理后与团聚前的泥沙粒径分布相近，这表明粒径小于 31μm 的泥沙颗粒有很强的黏聚力，易黏聚在一起形成较大的泥沙团聚体。

分别对团聚前后的泥沙样品进行等温吸附试验，并利用 Henry 吸附方程、Freundlich 吸附方程和 Langmuir 吸附方程等模型对其进行等温吸附曲线的拟合，结果如图 4.15 所示,对应的吸附特征参数如表 4.1 所示。团聚后的泥沙 EPC_0 值(零净吸附磷浓度)是团聚前的 1.2~2 倍，表明泥沙团聚后更易向上覆水释放活性磷，且在上覆水浓度更高时才能够吸附活性磷。泥沙团聚后的吸附特征受外界水动力条件的影响较大，而团聚前的吸附特征几乎不受影响，这主要与水动力作用下泥沙团聚体的分散有关。

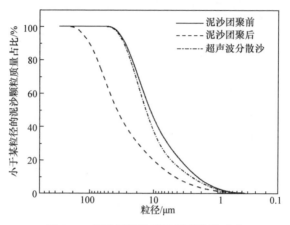

图 4.14　泥沙团聚前后的级配曲线对比

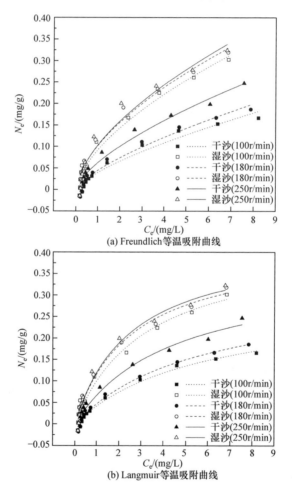

(a) Freundlich等温吸附曲线

(b) Langmuir等温吸附曲线

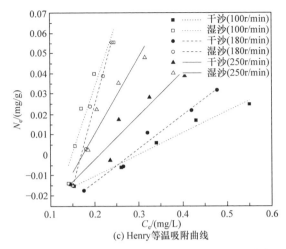

(c) Henry等温吸附曲线

图 4.15　不同振荡强度下泥沙团聚前后的等温吸附曲线对比

表 4.1　干湿泥沙 Henry、Freundlich 和 Langmuir 吸附方程拟合吸附特征参数对比

振荡强度/(r/min)	沙样	EPC$_0$/(mg/L)	Henry 吸附方程 ($C_0 \leqslant 0.8$mg/L)			Freundlich 吸附方程 ($C_0 \geqslant 0$mg/L)			Langmuir 吸附方程 ($C_0 \geqslant 0$mg/L)	
			k_h	b	R^2	k_f	n	R^2	k	R^2
100	干沙	0.298	0.107	−0.032	0.983	0.040	0.716	0.947	0.169	0.973
	湿沙	0.148	0.636	−0.094	0.919	0.094	0.622	0.968	0.306	0.975
180	干沙	0.281	0.165	−0.046	0.981	0.045	0.713	0.955	0.172	0.973
	湿沙	0.169	0.788	−0.133	0.972	0.104	0.599	0.956	0.387	0.973
250	干沙	0.21	0.216	−0.045	0.924	0.064	0.670	0.963	0.221	0.973
	湿沙	0.172	0.376	−0.065	0.920	0.105	0.609	0.947	0.386	0.975

2) 剪切水流对团聚泥沙磷吸附特征的影响

河床泥沙团聚后,其团聚结构在水体中主要受剪切水流作用,通过罐搅拌装置模拟剪切水流,作用于上面所述团聚后的泥沙和超声波分散沙,通过二者吸附特征的对比,可研究剪切水流对泥沙团聚体的作用,如图 4.16 所示。剪切水流作用下团聚泥沙和超声波分散沙的中值粒径随水流剪切速率(G)的变化如图 4.16(a)所示,团聚泥沙的中值粒径随着水流剪切速率的增大而减小,而超声波分散沙的中值粒径几乎不受水流剪切强度影响,说明剪切水流可以对团聚泥沙起分散作用。进一步对泥沙团聚体各粒径组分随水流剪切速率的变化情况进行分析,如图 4.16(b)所示,团聚泥沙中大于 31μm 的粒径组分受剪切水流影响最大,其所占比例随着水流剪切速率的增大而大大减小,相应的其中 4～31μm 和小于 4μm 的粒径组分占比明显增多,表明泥沙团聚体在剪切水流作用下被分散成更小的单粒和团聚体。

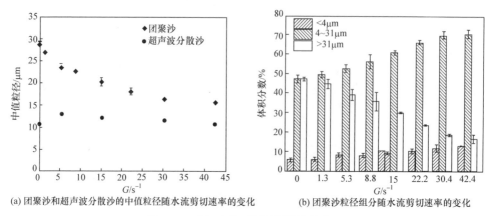

(a) 团聚沙和超声波分散沙的中值粒径随水流剪切速率的变化　　(b) 团聚沙粒径组分随水流剪切速率的变化

图 4.16　剪切水流对泥沙团聚体的作用

通过不同强度下剪切水流的作用,可以得到不同分散程度的泥沙团聚体样本,分别对其进行活性磷平衡吸附试验,结果如图 4.17 所示。在工况 1(C_0=2mg/L,S=3g/L,团聚沙)和工况 2(C_0=5mg/L,S=1.5g/L,团聚沙)条件下,团聚沙的单位质量泥沙平衡吸附量都随着水流剪切速率的增大而增大。当 $G<5.3s^{-1}$ 时,泥沙部分悬浮,其活性磷吸附量相对较小;当 $G=5.3s^{-1}$ 时,泥沙全部悬浮,相比于静置条件,其活性磷平衡吸附量迅速增大,主要是由于泥沙悬浮量的增大和泥沙团聚体的分散;当 $G>5.3s^{-1}$ 时,团聚泥沙活性磷平衡吸附量先随着剪切速率的增大而迅速增大,而随着剪切速率的进一步增大($G>20s^{-1}$),其增长趋势减缓,这与图 4.16(a)中泥沙粒径随剪切速率增大而减小的变化趋势相对应。与此相反,在工况 3(C_0=5mg/L,S=1.5g/L,超声波分散沙)的试验条件下,剪切速率对超声波分散沙活性磷平衡吸附量的作用只在泥沙未全部起悬之前($G<5.3s^{-1}$)产生影响,其后剪切速率对超声波分散沙的活性磷吸附量影响很小,与图 4.16(a)中超声波分散沙粒径不受水流剪切速率影响的情况一致。建立的单位质量泥沙平衡吸附量与团聚粒径的相关关系曲线如图 4.18 所示,泥沙团聚粒径与单位质量泥沙平衡吸附量呈显著线性负相关,在工况 1 和工况 2 下的皮尔逊相关系数分别为–0.95 和–0.96,说明团聚粒径是团聚泥沙单位质量泥沙平衡吸附量的主要特征参数。以试验中 $G=5.3s^{-1}$ 条件下团聚泥沙全部起悬后的活性磷平衡吸附量为参照,在试验条件范围内,剪切水流作用下由泥沙团聚程度改变引起的活性磷平衡吸附增量可达 37.7%。

泥沙团聚体可以视为多孔介质,其内部的颗粒只能吸附扩散进团聚体内部的离子,这限制了泥沙团聚体的吸附能力。当剪切水流作用于悬浮的泥沙团聚结构时,①水动力会破坏泥沙颗粒之间的团聚,使包裹在内部的具有更大比表面积的

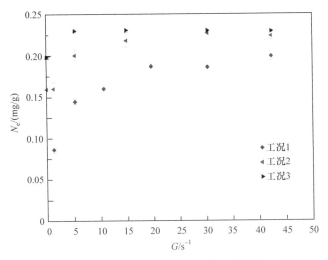

图 4.17　团聚沙和超声波分散沙单位质量泥沙平衡吸附量随水流剪切速率的变化

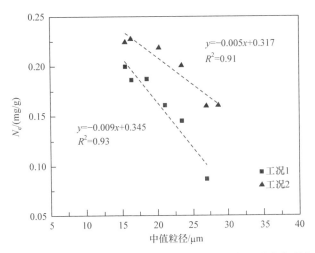

图 4.18　工况 1 和工况 2 中单位质量泥沙平衡吸附量与团聚粒径的相关关系

黏细颗粒释放出来，增大了泥沙与磷溶液之间的界面面积，使磷酸根离子可利用吸附位增多；②团聚结构的分散可将其中起胶结作用的 Al-OH 等矿质胶体暴露在水沙界面，Al-OH 等矿质胶体对磷会起表面络合作用，进而产生新的可利用吸附位[34]。因此，相比于大颗粒团聚体，分散的小颗粒团聚体可以提供更多物理化学反应发生的场所，可以更加高效地与周围的水体发生离子交换，从而吸附更多的磷酸根离子[35]。因此，泥沙起悬后，剪切水流主要通过改变团聚沙的团聚程度，增大团聚沙与磷酸根离子的有效接触面积，提高其吸附能力，并且剪切速率越高，团聚沙分散程度越大，越有利于团聚沙对活性磷的吸附。

4.2　复式河型的物质输移

　　复式河道由主槽和广阔的河漫滩组成,是平原河流的一种主要河道形式。复式河道断面形式如图 4.19 所示。同时,河漫滩作为河流的生态湿地,具有调蓄洪水、补充地下水、滞留营养和污染物质、保护植被和为水陆生物提供适宜栖息地等多种生态功能,是河道生态修复中常采用的断面形式。因此,揭示复式河道水动力过程,对河道行洪、水污染防治、水生态保护与修复具有重要的理论和现实意义。

　　复式河道的水动力过程包括地表水动力过程和滩槽潜流交换过程。

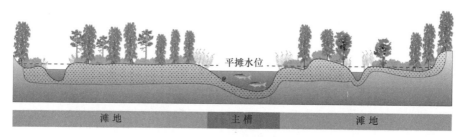

图 4.19　复式河道断面形式(见彩图)

4.2.1　复式河道地表水动力过程

　　河流洪水漫滩形成复式河道水流。复式河道水流特性如图 4.20 所示。

　　(1) 主槽的快速水流和滩地的慢速水流之间发生动量交换,主槽过流能力比漫滩前显著降低,而滩地水流主流流速也大于相同水深的单一河槽水流主流流速。

　　(2) 在滩槽交互区,形成以大横向剪切层为主要特征的复杂紊流结构,水流的紊动强度大于主槽和滩地,产生一系列的立轴涡旋[36]和纵向次生螺旋涡。

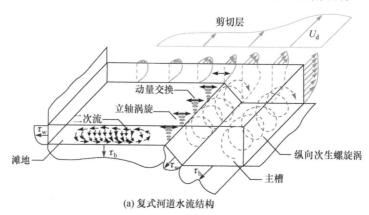

(a) 复式河道水流结构

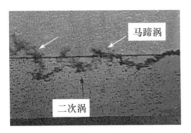

(b) 流动示踪法的涡结构[36]　　　　　　(c) 平面涡旋[37]　　　　　　(d) 水面泡漩[38]

图 4.20　复式河道水流特性

(3) 滩槽交界面附近，主槽和滩地之间的水体发生交换，产生许多大大小小的涡旋[37,38]。

上述水动力特征形成的主要原因是滩槽交互区水流动量交换，包括二次流引起的对流和滩槽交互区流速差引起的扩散。当水流漫滩后，快速的主槽水流与慢速的滩地水流间产生横向剪切层，剧烈的动量交换影响着紊动结构的发展，在主槽区产生了纵向次生螺旋涡(横断面上表现为二次流)，在滩槽交界面上产生了立轴涡旋。相对水深(滩地水深与主槽水深之比)较小、立轴涡旋尺度较大时，动量交换作用可能影响到滩地的绝大部分区域，但是随着相对水深的增加，主槽与滩地水流的相互作用逐渐减弱。滩槽交互区内较强的二次流也会对动量交换和床面剪应力有重要影响。

1. 复式河道水动力特征

1) 水流阻力

传统水力计算中把复式河道断面划分为多个子断面的组合，这种计算方法没有考虑滩槽交互区水流动量交换形成的附加阻力，计算得到的主槽流量偏大。因为在漫滩水位较低时主槽过水所占的比重大，按照这种分割断面方法求得的整个断面过水能力过高。对壁面光滑的复式河道，Myers 等[39]建议用以下计算公式：

$$f = \Phi\left(Re, \ \frac{Re_c}{Re_f}\right) \tag{4.35}$$

式中，Re 为全断面水流雷诺数；Re_c 为主槽水流雷诺数；Re_f 为滩地水流雷诺数。

预测复式河道过流能力的传统方法是将河道细分为多个离散的子区域，为每个区域赋予不同的面积 A、湿周 P、水力半径 R、阻力系数 f 或糙率 n，通过曼宁方程(糙率 n)或者 Darcy-Weisbach 方程(阻力系数 f)分别计算各个区域的过流能力。然后将各个区域的过流能力相加，得到整个河道的过流能力。

Knight 等[40]使用实测的数据计算出曼宁系数 n 随水深变化，而河道的全局曼宁系数在漫滩后先急剧减小后增大，增大曼宁系数可以增加阻力值。这种现象是由于水力半径 R 的突然变化所带来的影响，而不是糙率的实际变化。由于河岸植被的存在，水流漫滩后将增加河道糙率。为了获得准确的主槽过流能力，必须增加主槽区域的阻力值并且将滩地阻力降低到远低于真实值的水平。

2) 横向流速分布

横向流速分布是反映复式河道流动特征的最直接参数。复式河道横向流速分布如图 4.21 所示。可以看出，滩槽流速差异明显，主槽主流流速较大，而滩地主流流速较小。主槽水流拖曳滩地水流，而滩地水流阻碍主槽水流。受到滩槽交互区流速差的影响，主槽和滩地断面平均流速趋于均匀化。在滩槽交互区，由于主槽和滩地间两股水流的混合、拖曳和碰撞，形成了流速梯度较大的区域。在滩槽交互区，流速分布相对复杂；而距离交互区域较远处，流速分布相对均匀，这说明距离交互区域较远处的流速基本上不受滩槽交互区水流动量交换的影响。

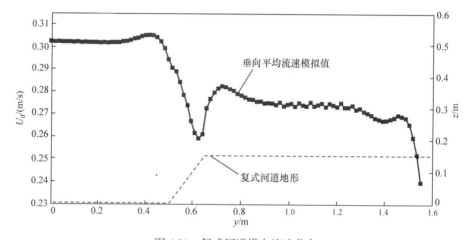

图 4.21　复式河道横向流速分布

3) 滩槽流量比分布

复式河道的滩地在洪期起着重要的行洪作用，适当增加滩地宽度可以有效提升河道过流能力，降低洪水水位。随着滩地宽度增大，滩地水深降低，主流流速降低。Knight 等[41]、Myers 等[42]和 Atabay 等[43]提出了一些试验的经典结果，绘制了滩槽水深比、滩地几何形状、粗糙度及流量对主槽和滩地流量占比的影响。主槽与滩地之间的流量比在定床条件下比动床条件下更大，在非对称条件下比对称条件下更大。在相似的几何条件下，滩地宽度较小时，其增长对主槽与滩地之间的流量比有着更为积极的意义。

4) 二次流

复式河道沿长度方向存在纵向次生螺旋流，在横断面的二次流中表现为出现在滩槽交互区的反向涡旋。由于二次流的存在，复式河道断面上的水流分布存在下降现象，即由于二次流将低速水流由主槽的床面和壁面传递到自由水面，最大主流流速出现在水面以下。交界处附近的各向异性紊流会产生二次流，该二次流与时间有关并且是间歇性发生的，这种时变特征无法通过使用简单紊流模型进行求解。这些特性增加了复式河道三维水流结构的复杂性。

对主槽边坡角和相对水深对复式河道二次流的影响进行研究。相对水深 D_r(边滩水深 H_f 与主槽水深 H_m 之比)=0.5 时不同主槽边坡角下二次流流速分布如图 4.22 所示。可以看出，滩槽交界面垂直时，二次流涡旋的影响范围从滩槽交互区开始并延伸至自由表面，水平方向的影响范围约为 $1.3 \leqslant \dfrac{z}{H_m} \leqslant 2.3$，其中，主槽 $1.3 \leqslant \dfrac{z}{H_m} \leqslant 2$ 区域内的逆时针涡旋称为主槽涡，滩地 $1.9 \leqslant \dfrac{z}{H_m} \leqslant 2.3$ 区域内的顺时针涡旋称为滩地涡，主槽涡的范围和幅度均大于滩地涡。二次流流速最大值 $\left(V_s = \sqrt{V^2 + W^2}\right)$ 为主流流速最大值的 3.84%，这与 Tominaga 等[44]试验测得的二次流流速最大值(0.04U_{max})十分相近。当主槽边坡角 β=60°时，主槽涡与滩地涡水平方向的长度均有所增大，分别增至 $1.3 \leqslant \dfrac{z}{H_m} \leqslant 2.2$ 和 $2.1 \leqslant \dfrac{z}{H_m} \leqslant 2.6$，但二次流强度有所减弱，二次流流速最大值减小至 0.028U_{max}。主槽涡影响范围在 β=45°时并未发生明显变化，滩地涡水平长度进一步增大至 $2.1 \leqslant \dfrac{z}{H_m} \leqslant 2.7$，同时二次流流速最大值进一步减小至 0.021$U_{max}$。当 β=30°时，主槽涡水平方向的影响范围扩大至 $1.3 \leqslant \dfrac{z}{H_m} \leqslant 2.4$，滩地涡水平方向的影响范围变化不明显；同时，主槽涡和滩地涡的形状已变得比较模糊，二次流强度继续减弱，二次流流速最大值已减小至 0.016U_{max}。总的来说，当主槽边坡角逐渐变缓时，二次流水平方向的影响范围逐渐增大，但二次流强度逐渐削弱。上述变化的原因是：当主槽边坡角减小时，滩槽之间的过渡区域增大，界面附近的横向流速梯度减小，削弱了滩槽间动量交换的强度，使二次流强度减弱。

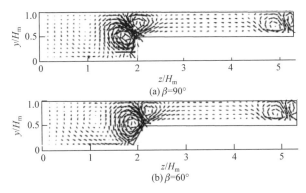

(a) β=90°

(b) β=60°

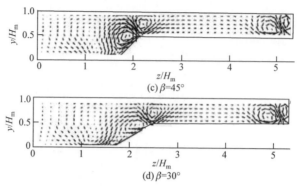

图 4.22　相对水深 $D_r=0.5$ 时不同主槽边坡角下二次流流速分布

　　主槽边坡角 $\beta=45°$ 时不同相对水深下二次流流速分布如图 4.23 所示。可以看出，二次流水平方向的影响范围在相对水深逐渐减小的过程中逐渐增大，但二次流强度随相对水深的减小而削弱。流速过渡区在边坡较缓的主槽和滩地之间形成，滩槽间的流速梯度与动量交换强度在这里被削弱，也是二次流强度减弱的可能原因。

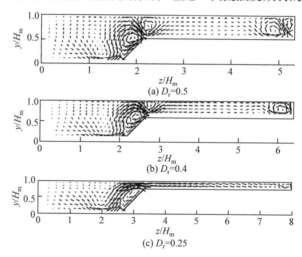

图 4.23　主槽边坡角 $\beta=45°$ 时不同相对水深下二次流流速分布

5) 主流流速

　　复式河道的主流流速等值线在交界处附近向自由表面凸起[45]，影响区域到达自由水面，表明二次流引起了滩槽间的动量交换，将滩地一侧主流流速较慢的水体卷入了主槽，降低了主槽内水体的主流流速。

　　相对水深 $D_r=0.5$ 时不同主槽边坡角下主流流速等值线如图 4.24 所示。可以看出，主槽边坡角的变化对主流流速分布的显著影响。当 $\beta=90°$ 时，在主槽 $1.3 \leqslant \dfrac{z}{H_m} \leqslant 2.3$ 区域内，等值线在交汇处边缘附近向主槽自由水面凸起。当 $\beta=60°$

时，交界处等值线凸起的宽度增大至 $1.3 \leqslant \dfrac{z}{H_m} \leqslant 2.5$，但凸起的高度减小，表明当主槽边坡角减小后，滩槽交界区主流流速减小的现象逐渐削弱。当 β 依次减小为 45°、30° 时，交界处等值线凸起的宽度进一步增大，在 $\beta=30°$ 时已扩大至 $1.3 \leqslant \dfrac{z}{H_m} \leqslant 2.8$，但凸起的高度持续减弱。总体来说，当主槽边坡角逐渐变缓时，主流流速等值线在交界处附近向自由表面凸起的宽度逐渐增大，但凸起的高度逐渐减小，主槽主流流速减幅变小，表明交界处主流流速减小的现象逐渐减弱，这与试验结果十分近似。这是因为二次流强度随主槽边坡角的减小而减弱，滩槽间动量交换减弱，滩地中被卷入主槽的低流速水体减少。

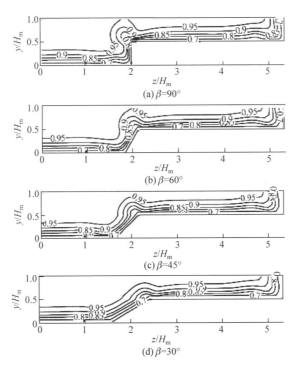

图 4.24　相对水深 $D_r=0.5$ 时不同主槽边坡角下主流流速等值线

主槽边坡角 $\beta=45°$ 时不同相对水深下主流流速等值线如图 4.25 所示。可以看出，不同相对水深下主流流速等值线均在交界处附近凸起，但随着相对水深的增加，等值线凸起的高度逐渐增大。这表明相对水深越小，主流流速减小的现象越发明显。随着相对水深减小，滩槽交互区流速差增大，滩地处的最大主流流速由 $D_r=0.5$ 时的 $0.95U_{max}$ 减小至 $D_r=0.4$ 时的 $0.9U_{max}$。在相对水深 $D_r=0.25$ 的情况下，交界处主流流速等值线凸起的程度比 $D_r=0.4$ 时进一步增大，滩地最大主流流速进

一步减小至 $0.7U_{\max}$，滩地与主槽交界面处的流速差值越来越大。

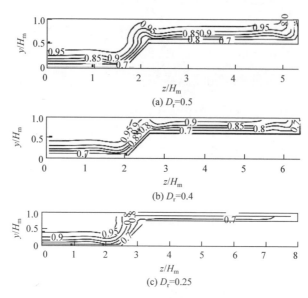

(a) $D_r=0.5$

(b) $D_r=0.4$

(c) $D_r=0.25$

图 4.25　主槽边坡角 $\beta=45°$ 时不同相对水深下主流流速等值线

6) 边界切应力

切应力沿壁面的分布规律是研究水流结构及水流阻力的重要因素。对于复式河道，滩地的存在改变了边界切应力的分布规律，进而影响滩槽的阻力分布和过流能力。相对水深 $D_r=0.5$ 时不同主槽边坡角下边界切应力分布如图 4.26 所示。其中切应力经平均切应力 τ_0 进行无量纲化处理，床面切应力 $\tau_b = \rho u_*^2$ 计算，其中 ρ 为水的密度，u_* 为摩阻流速。

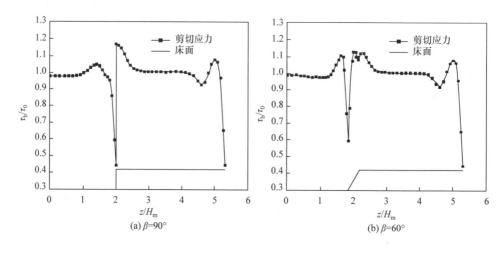

(a) $\beta=90°$

(b) $\beta=60°$

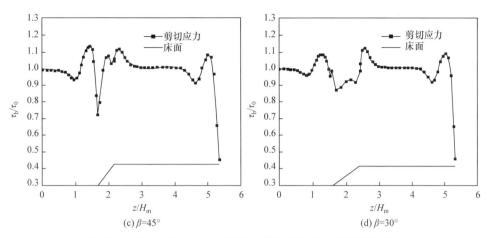

图 4.26　相对水深 $D_r=0.5$ 时不同主槽边坡角下边界切应力分布

在主槽及滩地内都存在平衡区，平衡区内受动量交换的影响小，切应力分布基本均匀；而在滩槽交互区附近动量交换最为强烈，切应力分布最不均匀。当 $\beta=90°$ 时，切应力分布在交界处出现了突变，相对切应力在边坡区域内出现了一个最小值 0.44，而后急剧增大至 1.17。然而对于 $\beta=60°$、$45°$、$30°$ 主槽边坡角情况，切应力在交界区的分布呈现出与 $90°$ 完全不同的规律。在滩槽交互区内存在两个切应力极小值，其中绝对最小值出现在主槽边坡的坡脚处，相对最小值出现在滩地边缘处。当主槽边坡角逐渐变缓时，坡脚处的绝对最小值逐渐增大，由 $60°$ 工况的 0.58 增大至 $30°$ 工况的 0.88。同时，滩地边缘处的相对最小值逐渐减小，由 $60°$ 工况的 1.08(第 2 个极小值)减小至 $30°$ 工况的 0.91。这是因为随着主槽边坡角的减小，二次流强度逐渐减弱，削弱了滩槽交互区的动量交换强度。

不同相对水深下边界切应力的分布如图 4.27 所示。可以看出，当相对水深逐渐变小时，坡脚处的绝对最小值逐渐增大，由 $D_r=0.5$ 工况的 0.77 增大至 $D_r=0.25$ 工况的 0.93；同时，滩地边缘处的相对最小值逐渐减小，由 $D_r=0.5$ 工况的 0.49

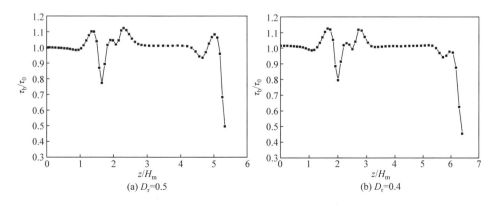

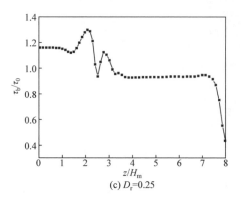

(c) $D_r=0.25$

图 4.27 不同相对水深下边界切应力分布

减小至 $D_r=0.25$ 工况的 0.44。这是因为随着相对水深的减小，二次流强度也逐渐减弱，滩槽间切应力趋于均匀化分布。

7) 雷诺应力

相对水深 $D_r=0.5$ 时不同主槽边坡角下雷诺应力分布如图 4.28 所示，其中雷诺应力通过平均摩阻流速 $\bar{u}_*$ 进行无量纲化处理。摩阻流速 u_* 按 $u_* = \sqrt{\dfrac{\tau_b}{\rho}}$ 计算，其中 ρ 为水的密度，τ_b 为床面切应力；再将摩阻流速沿床面平均求得平均摩阻流速 $\bar{u}_*$。雷诺应力分布与主流流速梯度密切相关，包括垂向流速梯度和横向流速梯度。当 $\beta=90°$ 时，$-\overline{u'w'}$ 的负值主要出现在交界处斜向上水流轮廓线外的下部区域，这些负值区域恰好与主流流速等值线中 $\dfrac{\partial U}{\partial y}$ 为负值的区域一致，表明在 $0.4 \leqslant \dfrac{y}{H_m} \leqslant 0.8$ 区域内主流流速沿水深方向逐渐降低。

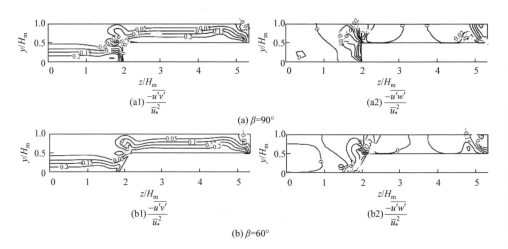

(a1) $\dfrac{-\overline{u'v'}}{\bar{u}_*^2}$ (a2) $\dfrac{-\overline{u'w'}}{\bar{u}_*^2}$

(a) $\beta=90°$

(b1) $\dfrac{-\overline{u'v'}}{\bar{u}_*^2}$ (b2) $\dfrac{-\overline{u'w'}}{\bar{u}_*^2}$

(b) $\beta=60°$

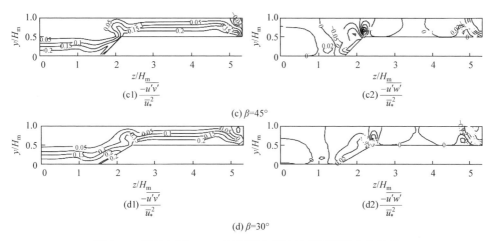

图 4.28　相对水深 D_r=0.5 时不同主槽边坡角下雷诺应力分布

$-\overline{u'v'}$ 在 $\dfrac{z}{H_\mathrm{m}}$=1 位置处为零，在此位置处往主槽一侧为正值，往滩地一侧为负值，并在交界处主槽一侧达到负值极点-0.25，而后在滩地一侧达到正值极点0.06，这表明在滩槽交界区域内存在动量交换，使得交界处附近主槽一侧的主流流速减小，而滩地一侧的主流流速增大。$-\overline{u'v'}$ 与 $\dfrac{\partial U}{\partial z}$ 的正负值区域基本一致。

当 β=60°时，雷诺应力 $-\overline{u'w'}$ 的负值区域有所缩小。当主槽边坡角减小至30°时，负值区域已完全消失，表明随着主槽边坡角的减小，$0.4 \leqslant \dfrac{y}{H_\mathrm{m}} \leqslant 0.8$ 区域内主流流速减小的现象逐渐削弱，这是因为二次流引起的动量交换强度随着主槽边坡角的变缓而逐渐减弱，缓解了此区域内主流流速减小的现象。另外，当主槽边坡角逐渐减缓时，雷诺应力 $-\overline{u'v'}$ 的分布特征也与90°工况下的相似。在交界区域内，雷诺应力 $-\overline{u'v'}$ 的最小值呈逐渐增大的趋势，在 β=30°时已增大至-0.1，这也表明在滩槽交界区域内，动量交换的强度随主槽边坡角的减小而逐渐减弱。

主槽边坡角 β=45°时不同相对水深下雷诺应力分布如图 4.29 所示，其中雷诺应力通过平均摩阻流速 $\overline{u}_*$ 进行无量纲化处理。当 D_r=0.5 时，在交界处斜向上水流轮廓线外的下部区域出现大部分 $-\overline{u'w'}$ 负值，表明在 $0.4 \leqslant \dfrac{y}{H_\mathrm{m}} \leqslant 0.8$ 区域内，顺水深方向主流流速逐渐降低。随着水深减小，$-\overline{u'w'}$ 负值区域逐渐减小。

当水深逐渐减小时，交界区域内的雷诺应力 $-\overline{u'v'}$ 的最小值呈逐渐增大的趋势，这也表明在滩槽交界区域内，动量交换的强度随水深的减小而逐渐减弱。

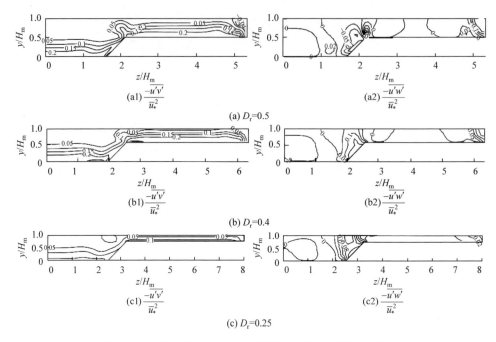

图 4.29 主槽边坡角 $\beta=45°$ 时不同相对水深下雷诺应力分布

8) 紊动能

相对水深 D_r 较低时，自由水面附近的最大紊动能是由滩槽间的动量交换导致的，并且和平面涡旋有关[45]。相对水深 $D_r=0.5$ 时不同主槽边坡下紊动能等值线分布如图 4.30 所示，其中紊动能 $k(k=(u'^2+v'^2+w'^2)/2)$ 通过平均摩阻流速 $\bar{u}_*$ 进行无量纲化处理。当 $\beta=90°$ 时，与主流流速等值线的分布特征相似，紊动能等值线在滩槽交互区附近向主槽自由水面凸起，但凸起的程度相对微弱一些。因此，二次流引起的动量交换使交界处附近的水流紊动能增大，从而会引起局部的水头损失。

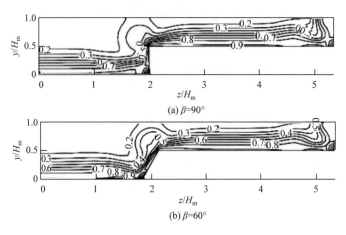

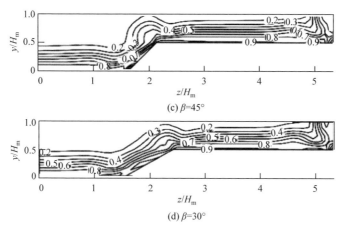

图 4.30　相对水深 D_r=0.5 时不同主槽边坡角下紊动能 $(k/\overline{u}_*^2)$ 等值线分布

当主槽边坡角逐渐减小时，等值线凸起的程度有所减小，表明交界处附近紊动能增大的现象有所减弱，因此此区域内的局部水头损失减少，这有利于复式河道水流输运。

主槽边坡角 β=45°时不同相对水深下紊动能等值线分布如图 4.31 所示，其中紊动能 $k\,(k=(u'^2+v'^2+w'^2)/2)$ 通过平均摩阻流速 $\overline{u}_*^2$ 进行无量纲化处理。紊动能等值线与主流流速等值线具有相似的分布特征，在滩槽交互区附近产生朝向主槽自

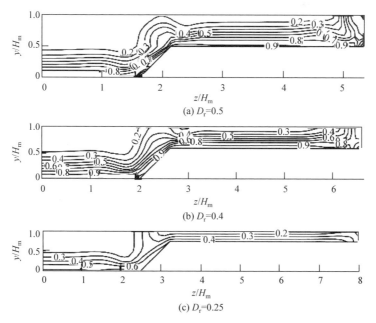

图 4.31　主槽边坡角 β=45°时不同相对水深下紊动能 $(k/\overline{u}_*^2)$ 等值线分布

由水面的相对微弱凸起。当水深逐渐减小时，等值线接触到自由表面，表明交界处附近紊动能增大仍然剧烈。

9) 紊动各向异性

相对水深 $D_r=0.5$ 时不同主槽边坡角下紊动的各向异性分布如图 4.32 所示。$v'^2-w'^2$ 值代表了紊动的各向异性，而二次流正是由紊动的各向异性产生的，故此值决定了二次流的结构。当 $\beta=90°$ 时，正应力差值在交界处主槽一侧区域呈现负值，表明此区域内存在复杂的二次流结构。当 $\beta=45°$ 时，负值区域范围急剧缩小。因此，主槽边坡角越小，交界处附近水流紊动的各向异性特征越弱，二次流的强度也因此减弱。

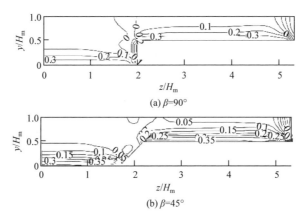

图 4.32 相对水深 $D_r=0.5$ 时不同主槽边坡角下紊动的各向异性 $[(v'^2-w'^2)/\bar{u}_*^2]$ 分布

主槽边坡角 $\beta=45°$ 时不同相对水深下紊动的各向异性分布如图 4.33 所示。在 $\beta=45°$ 情况下，当 $D_r=0.5$ 时，在交界处主槽一侧区域内的正应力差值呈现负值，可以表征该区域内存在复杂的二次流结构。当 $D_r=0.25$ 时，负值区域范围持续增

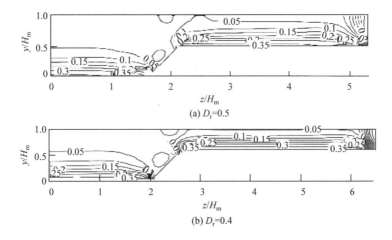

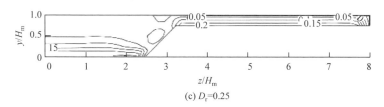

图 4.33 主槽边坡角 $\beta=45°$ 时不同相对水深下紊动各向异性分布

大，此现象表明水深越小，交界处附近水流紊动的各向异性特征越强，但是二次流特征减弱。

2. 复式河道过流能力预测方法

复式河道过流能力预测涉及水位与流量及断面形态之间的关系、主槽与滩地流量分配比等诸多方面，准确描述复式断面河道的过流能力并非易事。前面介绍了复式河道滩槽交互区水流动量交换引发的复杂水流结构，其水流结构给复式河道过流能力的预测带来了一定的困难。

1) 断面分割法

对复式河道过流能力的计算，Chow[46]提出了复合糙率法，但是这种方法的计算精度较低。通过修改断面分割法可以更精确地模拟复式河道中的滩槽水动力相互作用过程。这些方法分为五类，简要介绍如下：

第一种方法是基于更改子区域的湿周，通常在计算滩地的湿周时不包括主槽/滩地垂直界面的长度，而将其纳入主槽的湿周。这种方法旨在延迟主槽区域的流量并增强滩地流量。但是，由于划分线的长度在滩地水深较小时很短，当滩槽间存在强烈相互作用时，这种方法会产生较大误差[41]。

第二种方法是一种基于河道流量分布的方法。通过调整主槽和滩地之间的水流协同作用，以实现河道流量的优化分布。在协同度法中，通过计算滩地和主槽之间的协同系数，可以对两者之间的水流交换进行定量分析。该方法旨在提高河道的整体输沙能力和防洪安全性。然而，在实际应用中，协同度法可能受到河道几何形状、河床材料和流量波动等多种因素的影响，因此在特定情况下可能存在一定的局限性。

第三种方法是基于量化分区分割线上的表观切应力或表观剪切力。在了解深度平均雷诺应力和涡度项后可以将这些界面力包含在一维分析中，以提供每个子区域的有效剪切力或阻力，从而对子区域过流能力进行修正，这样就可以在横断面中准确分配流量。基于表观切应力或表观剪切力建立的流量分配经验公式大多数以相对水深为主要变量，以河宽和相对粗糙度为辅助变量[47,48]。尽管大多数方程可以通过调节参数拟合特定的试验数据，但是通常不具有普适性。

第四种方法是指定零切应力作为子区域的分割线。然而复式河道的复杂三维水流结构导致很难针对不同形态、不同流量、不同深度、不同粗糙度来确定零切应力线的位置[47,48]。从三维紊流方面考虑，等角线的正交线也并不一定意味着切应力为零[49]。

第五种方法是结合使用垂直和水平界面以及权重因子的渠道分割法。这种方法中，将单个加权参数应用于通过垂直和水平划分方法预测的分量速度，以产生一个中间速度，该速度与主河槽和滩地的真实速度更为贴近。

特定方法在特定河道中的预测能力好不代表该方法具备普适性。因为降低主槽流量和增加滩地流量显然是相互抵消的，整体流量准确也必须检查子区域之间的流量分配是否准确。断面分割法很难获得准确的水深-流量过程线预测。若想通过修正得到准确的水深流量，就必须权衡对子区域流量和边界切应力的预测精度和水深流量计算的准确性[50]。

2) 协同度法

Ackers[51]提出的协同度法被认为是处理漫滩水流及关于非均匀粗糙度和形状效应较好的一维方法之一。COH(coherence)定义为通过将河道作为具有摩擦系数周长权重的单个单位来计算的过流能力与通过各个区域过流能力相加而得出的过流能力之比，即

$$\text{COH} = \frac{\sum_{i=1}^{n} A_{\text{sub}i} \sqrt{\dfrac{\sum_{i=1}^{n} A_{\text{sub}i}}{\sum_{i=1}^{n} (f_i P_{\text{sub}i})}}}{\sum_{i=1}^{n} \left[A_{\text{sub}i} \sqrt{A_{\text{sub}i} (f_i P_{\text{sub}i})} \right]} \tag{4.36}$$

式中，i 为第 i 个子区域；A_{sub} 为分区面积；P_{sub} 为湿周；f 为 Darcy-Weisbach 阻力系数。

COH 越接近 1，就越适合使用整体几何结构将河道视为单个单元。在某些情况下，COH 可能低至 0.5，在相干性远小于统一性的地方，需要流量调节因子来校正每个子区域中的流量。

英国科学工程研究协会洪水水槽设施试验表明，至少在四个不同的深度区域需要流量调节因子[51]。

$$\text{COH} < \text{DISADF} < 1 \tag{4.37}$$

式中，DISADF 为流量调节因子。

这意味着当发生漫滩流动时，对于给定的水位，实际流量始终小于等于基于对不同区域流量求和而计算出的基本值，但大于等于基于将河道作为整体处理的值，即

$$Q_{single} \leqslant Q_{actual} \leqslant Q_{zones} \tag{4.38}$$

对于给定流量，实际水位高于通过区域综合预测的水位，但是低于将河道视为单个单元的水位。

过流能力 Q_c 与河道几何和糙率导致的能坡有关，Chow[46]定义运输能力 K_{con} 为

$$Q_c = K_{con} S_f^{1/2} \tag{4.39}$$

为了使式(4.39)更加适合于漫滩流动，Ackers 等[52]引入了修正的输运系数 K_d，即

$$K_d = \frac{Q_c}{\sqrt{8gS}} = A\sqrt{\frac{A}{fP}} \tag{4.40}$$

因此，对于分为三个子区域(主槽和两个对称的滩地)的典型复式河道，基本过流能力 K_{db} (在考虑任何相互作用影响之前)由每个子区域过流能力的总和得出，即

$$K_{db} = A_c\sqrt{\frac{A_c}{f_c P_c}} + 2A_f\sqrt{\frac{A_f}{f_f P_f}} \tag{4.41}$$

式中，下标 c 和 f 分别指主槽和滩地。

通过将基本过流能力乘以流量调节因子 DISADF 来计算实际流量，并考虑到相互作用的影响，有

$$K_d = DISADF \cdot K_{db} \tag{4.42}$$

区域或子区域之间应使用垂直分隔线，任何区域的湿周均不得使用垂直分隔线。从标准阻力方程中计算出各个区域的基本流量，并将其相加以获得总的基本流量，然后对其进行调整以考虑滩槽相互作用的影响。调整取决于河道特性，也随着水位的变化而变化。

3) SKM 方法

SKM 方法是一维协同度方法的扩展。Knight 等[40]提出了该模型的 4 组工况，在每种情况下，都选择了来自 FCF 的试验数据来测试 SKM 方法的预测能力，并在两个不同的渠道内对 3 组不同的校准方法进行了比较。第 1 组校准方法在主槽中选取适当的床面摩擦项 f、侧向剪切项 λ 和二次流项 Γ，可以使模型与试验数据取得很好的一致性。第 2 组校准用恒定的 λ 值($\lambda = 0.13$)和可变的 Γ 值进行校准。第 3 组校准中 λ 再次保持恒定在 0.13，改变 f 值，Γ 值设置为零。在这种情况下，速度分布可以很好地模拟，但边界切应力的横向变化则不能。这证明了 Γ 项的重要性以及在校准模型时使用正确的摩擦因数(即局部摩擦因数)以给出边界切应力的重要性。Liao 等[53]通过 SKM 的不同类型复式河道之间的关系来确定水深和流量的关系。在宽度方向上对水深平均流速 U_d 积分可以得到流量，但是对于某些复

式河道的特殊几何形态，仅能以闭合形式积分方程。复式河道解析模型工作都是基于 SKM 方法开展，以考虑河道内的特殊影响因素，如河床粗糙程度、滩地植被、二次流和侧向剪切等，因为这些因素在水流结构的数值模拟和河道内水位预测方面具有重要的价值。

4) 谢汉祥法

谢汉祥[54]提出了滩槽横向流速重分布的解析解，但是鉴于该公式比较复杂，不便于应用，故提出了进一步简化的漫滩水流计算方法，即谢汉祥法。对于一边有滩地的复式河道断面，具体计算公式为

$$V_{\mathrm{fm}}=\frac{V_{0\mathrm{f}}}{B_{\mathrm{f}}}\left[B_{\mathrm{f}}-N\left(\mathrm{e}^{-\alpha B_{\mathrm{f}}}-1\right)+\frac{\alpha}{4}N^{2}\left(\mathrm{e}^{-2\alpha B_{\mathrm{f}}}-1\right)-\frac{\alpha^{2}}{6}N^{3}\left(\mathrm{e}^{-3\alpha B_{\mathrm{f}}}-1\right)\right] \quad (4.43)$$

$$V_{\mathrm{cm}}=\frac{V_{0\mathrm{c}}}{B_{\mathrm{c}}}\left[B_{\mathrm{c}}-G\left(1-\mathrm{e}^{-\beta B_{\mathrm{c}}}\right)+\frac{\beta}{4}G^{2}\left(1-\mathrm{e}^{-2\beta B_{\mathrm{c}}}\right)-\frac{\beta^{2}}{6}G^{3}\left(1-\mathrm{e}^{-3\beta B_{\mathrm{c}}}\right)\right] \quad (4.44)$$

$$N=\frac{\beta D_{\mathrm{m}}\left(V_{0\mathrm{c}}^{2}-V_{0\mathrm{f}}^{2}\right)}{2V_{0\mathrm{f}}^{2}\alpha\left(\alpha D_{\mathrm{f}}+\beta D_{\mathrm{m}}\right)} \quad (4.45)$$

$$G=\frac{\alpha D_{\mathrm{f}}\left(V_{0\mathrm{m}}^{2}-V_{0\mathrm{f}}^{2}\right)}{2V_{0\mathrm{m}}^{2}\beta\left(\alpha D_{\mathrm{f}}+\beta D_{\mathrm{m}}\right)} \quad (4.46)$$

式中，V_{fm}、V_{cm} 分别为滩地和主槽的平均流速；$V_{0\mathrm{f}}$、$V_{0\mathrm{c}}$ 分别为不考虑动量交换影响直接利用谢才-曼宁公式计算的滩地和主槽的平均流速；B_{f}、B_{c} 分别为滩地和主槽宽度；α、β、D_{f}、D_{m} 为与复式河道断面水深和糙率有关的参数。

$$\begin{cases}\alpha=\dfrac{1}{h_{\mathrm{f}}}\sqrt{\dfrac{0.6C_{\mathrm{f}}+6}{2.4C_{\mathrm{f}}}}\\[2mm]\beta=\dfrac{1}{h_{\mathrm{c}}}\sqrt{\dfrac{0.6C_{\mathrm{c}}+6}{2.4C_{\mathrm{c}}}}\\[2mm]D_{\mathrm{f}}=\dfrac{4.8\gamma h_{\mathrm{f}}}{C_{\mathrm{f}}\left(0.6C_{\mathrm{f}}+6\right)}\\[2mm]D_{\mathrm{m}}=\dfrac{4.8\gamma h_{\mathrm{c}}}{C_{\mathrm{c}}\left(0.6C_{\mathrm{c}}+6\right)}\end{cases} \quad (4.47)$$

式中，h_{f}、h_{c} 分别为滩地和主槽的水深；C_{f}、C_{c} 分别为滩地和主槽的谢才系数；γ 为水的容重。

对于两边都有滩地的复式河道断面，滩地的平均流速可以分开计算，主槽平均流速计算公式为

$$V_{tm} = \frac{1}{B_c} \left\{ \int_0^{B_c} \left[V_{0c}^2 - \frac{\alpha_1 D_{f1} \left(V_{0c}^2 - V_{0f1}^2 \right)}{\alpha_1 D_{f1} + \beta D_m} e^{-\beta z} \right]^{\frac{1}{2}} dz \right.$$

$$\left. + \int_0^{B_c} \left[V_{0c}^2 - \frac{\alpha_2 D_{f2} \left(V_{0c}^2 - V_{0f2}^2 \right)}{\alpha_2 D_{f2} + \beta D_m} e^{-\beta z} \right]^{\frac{1}{2}} dz - B_c V_{0c} \right\} \tag{4.48}$$

式中，V_{tm} 为主槽同时受到两侧滩地水体阻力后的平均流速；上标 1 和 2 分别代表左岸滩和右岸滩。两项积分式分别是两侧滩地的平均流速 V_{m1} 和 V_{m2}。V_{tm} 具体表达形式为

$$V_{tm} = V_{m1} + V_{m2} - V_{0c} \tag{4.49}$$

对于天然复式河道断面，由于形状不规则，应用该方法时需要将其概化成规则的复式河道断面，然后再利用该方法计算。同时在保证一定精度的条件下，谢汉祥[54]提出了一种更为简单的计算方法，具体公式为

$$V_{fm} = V_{0f} \left[1 - \frac{N}{B_f} \left(e^{\alpha \beta_f} - 1 \right) \right] \tag{4.50}$$

$$V_{cm} = V_{0c} \left[1 - \frac{G}{B_c} \left(1 - e^{\alpha \beta_m} \right) \right] \tag{4.51}$$

在求出复式河道断面各部分平均流速后，将平均流速乘以对应面积即可得到断面的流量，重复以上步骤，即可得到该断面的水位流量关系。

$$Q = V_{tm} A_c + V_{f1} A_{f1} + V_{f2} A_{f2} \tag{4.52}$$

5) 能量法

Yang 等[55]根据水流能量的概念，提出利用能量法计算复式河道断面的过流能力。任取一段水体作为研究对象，水体容重为 γ，断面流量为 Q，水力坡度为 J，则单位体积水体具有的能量为 γJ，在单位时间内，单位长度水体具有的能量为 W_b，则根据水流能量损失理论，有

$$W_b = \gamma Q J \tag{4.53}$$

W_b 等于垂向上的能量损失 W_{sv} 和横向上的能量交换 W_{st} 之和，即 $W_b = W_{sv} + W_{st}$，则断面的总流量 Q_t 可以表示为

$$Q_t = \frac{1}{\gamma J} \left(W_{sv} + W_{st} \right) \tag{4.54}$$

W_{sv} 和 W_{st} 可以表示为

$$W_{sv} = \gamma Q J \tag{4.55}$$

$$W_{st} = \frac{1}{4}\left(\bar{V}_{fm} - \bar{V}_{cm}\right)\left(h_m + h_f\right)\tau_a^m W \tag{4.56}$$

$$\tau_a^m = \frac{1}{2}\rho\alpha_m\left(\bar{V}_{cm}^2 - \bar{V}_{fm}^2\right) = \frac{1}{2}\rho\alpha_d\left(V_{cm}^2 - V_{fm}^2\right) \tag{4.57}$$

总流量可表示为

$$Q_T = Q_c + Q_f - \frac{1}{4\gamma J}\tau_a^m\left(h_m + h_f\right)\left(\frac{Q_c}{A_c} - \frac{Q_f}{A_f}\right) \tag{4.58}$$

式中，Q_c、Q_f 分别为主槽流量和滩地流量，利用谢才-曼宁公式计算；A_c、A_f 分别为主槽面积和滩地面积；τ_a^m 为表观切应力；a_m 和 α_d 均为动量输运系数。

4.2.2　复式河道滩槽潜流交换过程

　　河流的主槽与滩地及其毗邻区通常有较活跃的物质交换过程，从而展现出三维空间内的高度连通性。图 4.34 为河流生态系统的三维结构图。由河岸带地形或泥沙特征的空间差异性引起的水压力作用，使地表水进入河岸与地下水发生交换，从而在河岸带与河床之间形成横向潜流交换。复式河道主槽边坡角的存在和变化使滩槽交互区床面形成以横向剪切层为主要特征的复杂紊流结构。

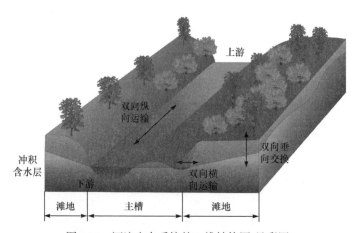

图 4.34　河流生态系统的三维结构图(见彩图)

　　复式河道的独特紊流结构将引起漫滩河流的横向压力变化，促使河水从复式断面床面水力高压区(滩槽连接处)进入河床，与其中的地下水进行混掺与交换，再从床面水力低压区返回地表，这种循环反复的横向潜流交换过程决定着污染物在滩槽地表-地下水体之间的迁移和归宿。

1. 复式河道潜流交换的产生作用机制

1) 床面水头分布

主槽边坡角的变化引起上覆水流动结构与二次流涡旋强度的变化，从而改变了复式断面床面水头分布。图 4.35 为二次流流速最大值随主槽边坡角的变化。可以看出，在相同主流流速条件下，二次流流速最大值 V_{smax} 随着主槽边坡角的增大而增大。主流流速越大，二次流流速最大值 V_{smax} 随主槽边坡角增长的幅度越大，如在 0.3m/s 流速条件下，当主槽边坡角由 25° 增大至 90° 时，V_{smax} 增加了 0.0075m/s，其增量仅为 1m/s 流速情况下的 33.3%。

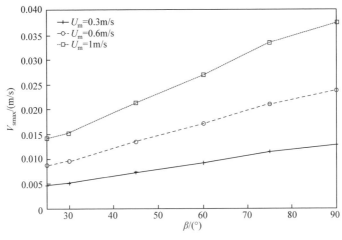

图 4.35　二次流流速最大值随主槽边坡角的变化

复式断面河床表面水头分布梯度随主槽边坡角的变化如图 4.36 所示。可以看出，不同主槽边坡角的床面水头在主槽边坡区域发生明显变化。当主槽边坡角增大时，主槽边坡区域水头上下波动的水平范围也变小，这是因为上覆水中二次流涡旋水平范围减小，但是由于二次流涡旋强度增大，边坡区域内水头变化加剧，这与床面水头梯度随主槽边坡角的定量变化规律一致。在相同主流流速条件下，床面水头梯度均随主槽边坡角的增大呈现增大的趋势。这是因为当主槽边坡角增大时，二次流强度增大，在其影响下床面水头分布变化加剧。与上覆水二次流强度相似的是，在上覆水平均流速较大时(U_m=1m/s)，床面水头梯度随主槽边坡角增加的幅度更大，说明上覆水平均流速越大，主槽边坡角对床面水头分布的影响越明显。较快的上覆水流动将会在复式断面河床引起更大的水头梯度，但是与二次流强度相比，上覆水平均流速对床面水头梯度的影响比对二次流强度的影响更弱一些。在较大的主槽边坡角下，水头梯度的增量也较大，这表明主槽边坡角越大，上覆水平均流速对床面水头分布的影响越明显。此外，受上覆水边

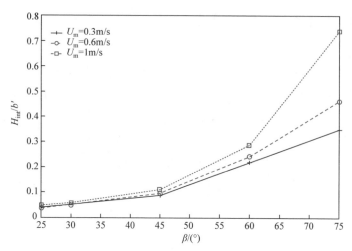

图 4.36　复式断面河床表面水头梯度随主槽边坡角的变化

b′. 主槽边坡在水平方向上的投影长度

壁涡的影响，滩地边坡附近的水头分布也出现较为显著的波动。

2) 潜流交换过程

复式河道地表水横向流动(二次流)在床面产生水头变化，从而引起河床中孔隙水流动，产生横向潜流交换。复式断面河床浅层地下水动力分布如图 4.37 所示。可以看出，水头最大值和最小值均出现在复式断面河床表面，其中最大水头值出现在主槽边坡区域的河床表面，最小水头值分别出现在主槽和滩地区域的河床表面，这两个水头梯度促使复式断面河床内部产生两个环流，水流从边坡区域进入河床，分别从两侧的主槽和滩地区域流出河床，此环流与上覆水边坡区域的二次流涡旋相对应。

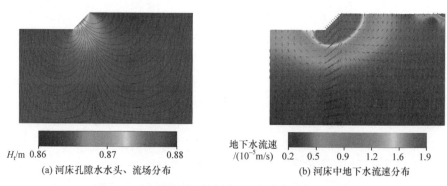

(a) 河床孔隙水水头、流场分布　　　(b) 河床中地下水流速分布

图 4.37　复式断面河床浅层地下水动力分布(见彩图)

3) 孔隙水流速场及滞留时间

滩槽交互区床面附近浅层河床中形成了一个孔隙水流速高值区，该区域内孔隙水流速远大于其他区域的孔隙水流速，并随横向、垂向距离的增大而逐渐减小。

随着主槽边坡角的增大，孔隙水流速高值区面积减小，孔隙水流速有所增大，但河床深处区域的孔隙水流速未发生明显变化，说明主槽边坡角变化只对浅层河床孔隙水流速场产生影响。复式断面河床孔隙水流速场分布和示踪粒子迹线如图 4.38 所示。可以看出，各主横边坡角工况下，粒子流迹线主要集中在以主槽边坡床面为中心的河床浅层区域，代表横向潜流交换在此处较为集中。

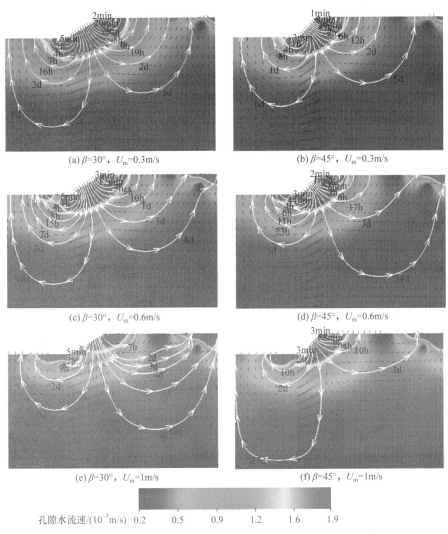

图 4.38　复式断面河床孔隙水流速场分布和示踪粒子迹线(见彩图)

不同上覆水平均流速下界面交换总流量与河床面积的关系如图 4.39 所示。可以看出，界面交换量随着对应的河床面积的增大而增大，且交换量的增量在河床浅层区域内较大，随着河床面积的增加，交换量的增量逐渐减小，最后几乎保持不变。因此，交界处床面附近区域的交换速率远大于其他部位，对整个河床中的横向潜流交换起着主导作用。

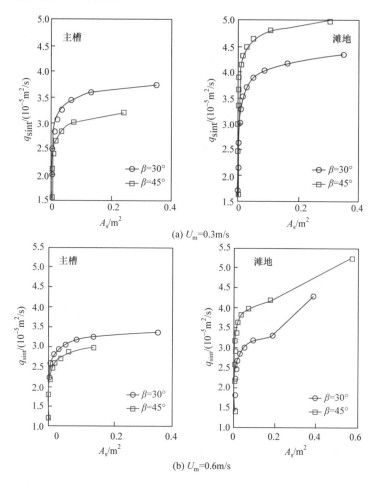

(a) $U_m=0.3$m/s

(b) $U_m=0.6$m/s

图 4.39　不同上覆水平均流速下界面交换总流量与河床面积的关系

潜流交换面积随主槽边坡角的变化如图 4.40 所示。可以看出，在相同上覆水平均流速下，河床中横向潜流交换的面积随着主槽边坡角的增大而减小。例如，上覆水平均流速为 0.3m/s 情况下，当主槽边坡角由 25°增大至 90°时，潜流交换的面积由 25°时的 0.72m² 减小至 90°时的 0.21m²(减幅约为 71%)，污染物在河床中向下迁移的速率减慢，同一时刻下污染物净交换量减少了约 17%。上覆水平均流速增大可以使横向潜流交换面积有所增大，如主槽边坡角为 45°时，潜流交换面积由 0.3m/s 时的 0.53m² 增大至 0.6m/s 时的 0.78m²，增加了约 47%。

当上覆水平均流速增大时，潜流交换深度、潜流交换面积总体上呈现增大的趋势。同时界面交换通量也有所增大，这是因为上覆水流速的增大提高了二次流强度，使床面水头梯度增大，为横向潜流交换提供了更大的驱动力。

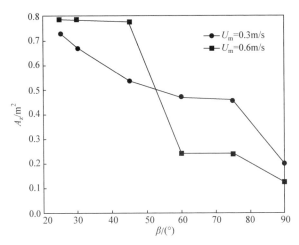

图 4.40　潜流交换面积随主槽边坡角的变化

4）界面交换通量

不同上覆水平均流速下潜流交换界面平均交换通量($\overline{q_{int}^{*}}$)随主槽边坡角的变化如图 4.41 所示。在相同上覆水平均流速下，界面平均交换通量随着主槽边坡角的变化呈单调递增的趋势。在上覆水平均流速为 0.3m/s 时，平均交换通量值由 25°工况下的 0.0262 增大至 90°边坡角工况下的 0.033(增幅为 25.95%)，因此，大角度的主槽边坡增强了滩槽横向潜流交换的强度，界面交换通量的峰值与平均值均增大，这也表明坡度较大的复式断面形态更有利于潜流交换的发生。

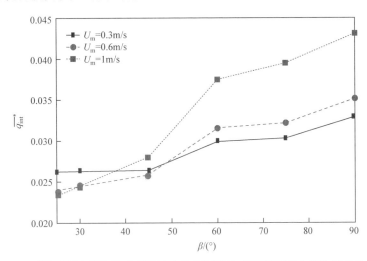

图 4.41　不同上覆水平均流速下潜流交换界面平均交换通量随主槽边坡角的变化

在上覆水平均流速较大时(U_m=1m/s)，界面平均交换通量随主槽边坡角增加的幅度更大，说明上覆水平均流速越大，主槽边坡角对界面交换通量的影响越明显。此外，上覆水平均流速的增大使界面平均交换通量整体呈现增大趋势(除小角度工况外)，如45°边坡角情况下，当上覆水平均流速由0.3m/s增大至1m/s时，界面交换通量增加了大约4.2%。且在主槽边坡角较大的情况下，界面交换通量的增量较大，这表明主槽边坡角越大，上覆水平均流速对界面交换通量的影响越显著。

2. 污染物在河床中的迁移过程

1) 河床中的污染物分布

地表水中污染物在向河床内部迁移的过程中，受到床面形态引起的对流作用的影响。此外，Jin 等[56]在沙波引起的纵向潜流交换研究中还发现，除了对流作用之外，水动力弥散也是影响污染物从上覆水向河床中迁移的重要作用，对流作用在污染物迁移初期(河床浅层区域)起主导作用，当污染物迁移至河床深部时，弥散作用的影响更大[57]。为了明确弥散作用对浅层河床中污染物迁移过程的影响，设置了三种水动力纵向弥散系数(α_L=0.005、0.05、0.5，其中最大弥散系数0.5代表砾石河床中高弥散情况[58])对不同上覆水平均流速与不同弥散系数下的污染物迁移过程进行模拟分析。污染物进入河床的浓度分布图如图 4.42 所示，图中云图表示污染物浓度场，黑色实线表示对流交换作用下的粒子示踪轨迹曲线，白色实线表示污染物前锋(C=0.5kg/m^3 的污染物浓度曲线)，灰色实线代表污染带边界(用 C=0.1kg/m^3 的浓度曲线近似代表)。

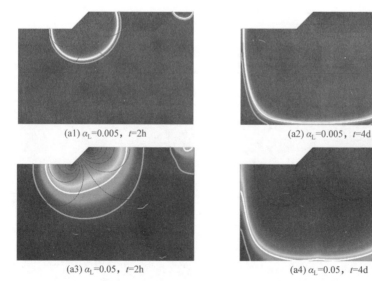

(a1) α_L=0.005，t=2h　　　　　　　　　(a2) α_L=0.005，t=4d

(a3) α_L=0.05，t=2h　　　　　　　　　(a4) α_L=0.05，t=4d

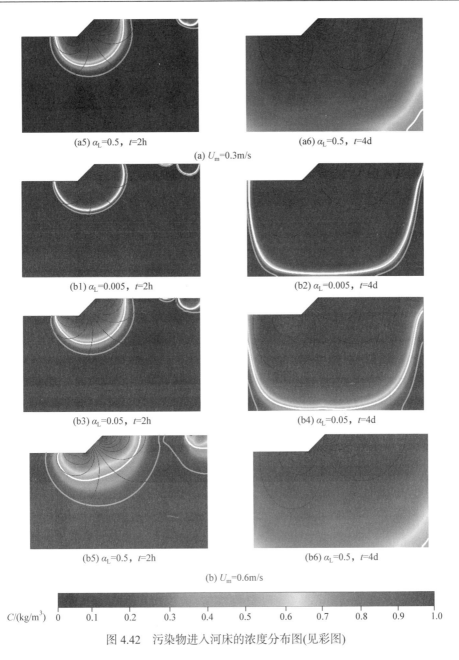

(a5) α_L=0.5，t=2h　　　　　　　(a6) α_L=0.5，t=4d

(a) U_m=0.3m/s

(b1) α_L=0.005，t=2h　　　　　　(b2) α_L=0.005，t=4d

(b3) α_L=0.05，t=2h　　　　　　(b4) α_L=0.05，t=4d

(b5) α_L=0.5，t=2h　　　　　　(b6) α_L=0.5，t=4d

(b) U_m=0.6m/s

C/(kg/m³)　0　0.1　0.2　0.3　0.4　0.5　0.6　0.7　0.8　0.9　1.0

图 4.42　污染物进入河床的浓度分布图(见彩图)

　　上覆水中的污染物从孔隙水环流开始的主槽边坡区域的床面进入河床，然后向下迁移到河床深处。对比不同时刻的粒子轨迹曲线与污染物浓度场可以看出，在初始阶段(进行 2h)，污染物前锋还处在河床浅层区域，孔隙水流迹线路径与向下迁移的污染物前锋位置吻合较好，迁移增量主要是由对流作用产生的，污染物向沙床内部迁移的速度很快;随着时间的推移(进行 4d),污染物前锋深入河床深部,浓度峰值位置逐渐偏离流迹线路径,弥散作用逐渐明显,污染物向下迁移的速度逐渐变慢。污染物浓度的过渡带(污染物前锋位置附近)附近存在相对较大的化学、能量梯度,预示着可能也是生物、化学、生态过程较为活跃的区域[59]。

从图 4.42 还可以看出,同一上覆水平均流速下,在水动力弥散系数较小时(α_L=0.005),污染物向下迁移的过程中污染物前锋曲线与污染物迁移进入河床的位置几乎一致(白色曲线与灰色曲线位置几乎一致);当水动力弥散系数增大后(α_L=0.5),浓度前锋(白色曲线)所在深度与污染物最大迁移位置(灰色曲线)所在深度的差别增大,且污染物向下迁移的最大深度与水动力弥散系数较小时相比更深。因此,弥散系数越大,弥散作用对污染物迁移过程的影响越大,污染物向下迁移的速度越快。对比图 4.8(a)和(b)可以看出,上覆水平均流速增大后,污染物迁移速度仍然随水动力弥散系数的增大而增大。但是在相同水动力弥散系数下,污染带边界的位置比低流速情况下的位置更深一些,代表河床中受污染的面积有所减小,但是面积的变化程度相对较小,尤其是在水动力弥散系数较小的情况下,由此说明尽管上覆水平均流速对污染物迁移速度的影响相对较弱,但总体来看,污染物在复式断面河床中向下迁移的速度仍然随着上覆水平均流速的增大而增大。

不同时刻污染物进入河床的净交换量与主槽边坡角的关系如图 4.43 所示。可以看出,在相同上覆水平均流速下,污染物净交换量(m^*)随着主槽边坡角的增大而减少。如在 U_m=0.3m/s 情况下,迁移后期(进行 12h)净交换量由 25°时的 0.4282 减少至 90°时的 0.1997,减幅约为 53%。此规律与文献[56]报道的纵向沙纹河床中污染物净交换量随迎风坡坡度增大而增加的趋势不同,这是因为尽管主槽边坡角增大使界面交换通量有所增大,但交换面积显著减小,代表污染物以更快的速度通过更短的对流路径流出河床需要更短的时间,即溶质的滞留时间减少,同一时刻下留在河床中的污染物净交换量则减少。这一结果表明,在复式断面河床中,尽管坡度较大的复式断面形态可以促进地表-地下流体之间的交换,但是在一定程度上阻碍了污染物向河床深处迁移。因此,由主槽边坡角变化带来的潜流交换面积的变化比界面通量变化对污染物迁移过程的影响更大,从而削弱了交换通量对污染物迁移的影响。特别地,在上覆水平均流速 U_m=1m/s 情况下,当主槽边坡角分别由 25°增大至 45°、75°增大至 90°时,污染物净交换量却呈现增大的趋势,这可能是因为在上覆水平均流速较大的情况下,滩槽间横向动量交换引起的二次流涡旋强度增大,使边坡区域的河床表面水头分布变化加剧且更加复杂,在其影响下河床中孔隙水流速场分布发生了复杂的变化,与 U_m=0.3m/s 和 U_m=0.6m/s 时的流速场分布规律产生差异,故污染物净交换量随主槽边坡角呈现出非单调递增的特征。

从图 4.43 还可以看出,上覆水平均流速增大后,除小角度工况外,同一时刻

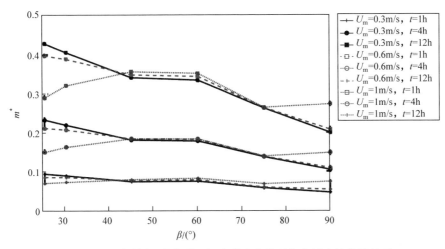

图 4.43　不同时刻污染物进入河床的净交换量与主槽边坡角的关系

下污染物进入河床的净交换量整体呈增大趋势，如 45°边坡角情况下，后期污染物净交换量由 0.3m/s 时的 0.341 增大至 0.6m/s 时的 0.348(增幅约 2.1%)。这是因为尽管界面通量增大，但交换面积增加的幅度更大。45°边坡角情况下的交换面积增大了 18.2%，而界面交换通量仅增加了 6.1%，这代表溶质需要经过较长的时间通过较长的路径流出河床(滞留时间增加)，因此同一时刻留在河床中的污染物净交换量增大。因此，当上覆水平均流速增大时，它对潜流交换面积的影响比对孔隙水流速的影响更显著，从而削弱了交换通量变化对污染物迁移速率的影响。

2) 河床界面污染物净交换量

图 4.44 为污染物迁移进入河床的净交换量随时间的变化。可以看出，污染物净交换量随着时间的推移逐渐增大，但是净交换量的增幅随时间的推移逐渐减少。在迁移初期，对流作用影响较大，弥散作用的影响相对较弱，此时对流作用决定了界面交换速率，不同弥散系数下进入河床的污染物净交换量曲线在初期几乎重合在一起。随着时间的推移，弥散作用的影响逐渐明显，不同弥散系数下的曲线发生了分散。相同上覆水平均流速下，弥散系数越大，污染物进入河床的净交换量越大，但是当弥散系数较小时(α_L=0.005、0.05)，在迁移的整个过程中，不同弥散系数下净交换量曲线几乎重叠在一起，只有在弥散系数较大的情况下(α_L=0.5)，净交换量曲线的差别才逐渐明显，α_L=0.5 时的净交换量仅为 α_L=0.005 时的 1.2 倍左右。而 Jin 等[56,60]对纵向沙纹河床中污染物迁移过程的模拟结果显示，在弥散系数增长相同量级的情况下，污染物净交换量计算值相差近 5 倍，由此表明在复式断面河床中，污染物迁移的整个过程主要受对流传输的影响，弥散作用的影响很微弱。

不同上覆水平均流速下，污染物净交换量随时间变化的总体趋势相近，均是污染物净交换量逐渐增大后趋近于 1。在同一弥散系数条件下，上覆水平均流速

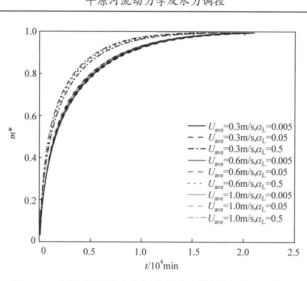

图 4.44　污染物迁移进入河床的净交换量随时间的变化

越大，同一时刻下净交换量越大。但是总体而言，上覆水平均流速对净交换量的影响微弱，特别是在弥散系数较小的情况下(α_L=0.005、0.05)，不同上覆水平均流速下的交换量曲线几乎重叠。

3) 污染物通量分析

污染物通量决定着污染物在某时刻的迁移量，为更好地理解污染物在复式河床断面的迁移过程，这里分别对弥散通量 $\left|D_{ij}\nabla C\right|$ 和对流通量 $\left|Cu\right|$ 进行分析，其中 D_{ij} 为水动力张量，∇C 为浓度梯度。图 4.45 和图 4.46 分别为不同上覆水平均流速与不同水动力弥散系数下的对流通量分布和弥散通量分布。

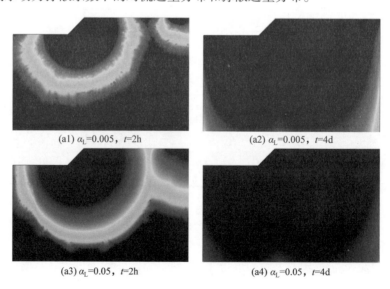

(a1) α_L=0.005, t=2h　　　　　(a2) α_L=0.005, t=4d

(a3) α_L=0.05, t=2h　　　　　(a4) α_L=0.05, t=4d

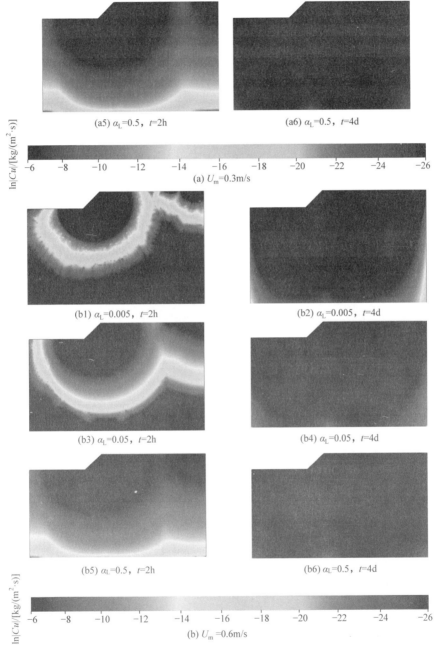

图 4.45　不同上覆水平均流速与不同水动力弥散系数下的对流通量 $|Cu|$ 分布(见彩图)

　　从图 4.45 可以看出，对流通量与流速场分布和污染物进入河床的区域有很大关系。污染物对流通量分布与浓度分布有些相似，均受到流速场的影响。各工况下，对流通量的最大值位于主槽边坡区域床面和滩地边界区域床面，这些区域的上覆水流速最大，最小值也发生在河床中上覆水流速较小的区域；随着时间的推移，进入河床中污染物的量增大，河床受污染区域增大，对流通量发生的区域也随之增大。

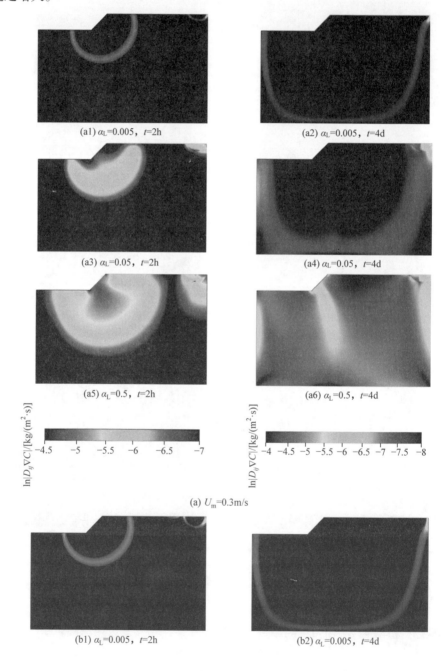

(a1) $\alpha_L=0.005$，$t=2h$　　　　　　　　(a2) $\alpha_L=0.005$，$t=4d$

(a3) $\alpha_L=0.05$，$t=2h$　　　　　　　　(a4) $\alpha_L=0.05$，$t=4d$

(a5) $\alpha_L=0.5$，$t=2h$　　　　　　　　(a6) $\alpha_L=0.5$，$t=4d$

$\ln|D_{ij}\nabla C|/[\mathrm{kg}/(\mathrm{m}^2\cdot\mathrm{s})]$

(a) $U_m=0.3\mathrm{m/s}$

(b1) $\alpha_L=0.005$，$t=2h$　　　　　　　　(b2) $\alpha_L=0.005$，$t=4d$

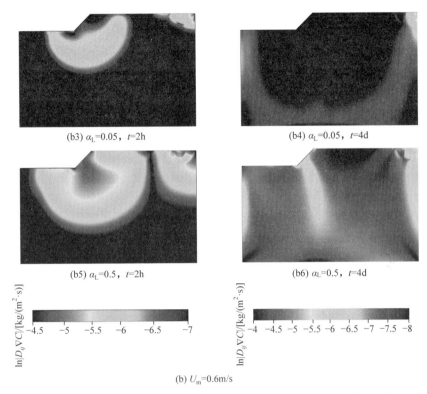

(b3) $\alpha_L=0.05$，$t=2h$　　　　　　　(b4) $\alpha_L=0.05$，$t=4d$

(b5) $\alpha_L=0.5$，$t=2h$　　　　　　　(b6) $\alpha_L=0.5$，$t=4d$

$\ln|D_{ij}\nabla C|/[\text{kg}/(\text{m}^2\cdot\text{s})]$

$-4.5\ \ -5\ \ -5.5\ \ -6\ \ -6.5\ \ -7$

$\ln|D_{ij}\nabla C|/[\text{kg}/(\text{m}^2\cdot\text{s})]$

$-4\ \ -4.5\ -5\ -5.5\ -6\ -6.5\ -7\ -7.5\ -8$

(b) $U_m=0.6\text{m/s}$

图 4.46　不同上覆水平均流速与不同水动力弥散系数下的弥散通量 $\left|D_{ij}\nabla C\right|$ 分布

从图 4.46 可以看出,各工况下的弥散通量主要发生在污染物浓度的过渡带(污染物前锋位置附近),即含有浓度梯度的地方,说明这里也有可能是生物地球化学过程较为活跃的地方[59]。而高浓度区的弥散通量很小,这是因为高浓度区的浓度虽然很高,但是梯度趋近于零,故弥散通量非常小。在污染物迁移的初期(进行 2h),污染物进入河床后,在弥散作用下向低浓度区扩散,部分污染物未按照对流路径返回到上覆水中,从而减少了从河床中流出的污染物的量,同一时刻下留在河床中的净交换量增加,且弥散系数越大,弥散作用发生的区域也越大,这就解释了弥散系数越大,同一时刻下污染物净交换量越大的规律;随着时间的推移(进行 4d),在弥散作用的影响下,污染物到出流区的通量增大,代表河床中污染物流出的量增大,则留在河床中的量减少,这也可以解释净交换量增幅随时间的推移而减少的现象。同时,随着时间的推移,污染物进入河床的区域增大,浓度梯度减小,弥散通量随之减小。

在相同弥散系数条件下,上覆水平均流速越大,弥散作用发生的区域越大,说明弥散作用对污染物迁移的影响越大,因此同一时刻下污染物净交换量越大。

不同上覆水平均流速下的对流通量分布与弥散通量分布差别很小，上覆水平均流速对对流作用与扩散作用的影响很弱。

4.3　交汇河型的物质输移

在平原河网中常见的河道交汇，既在水、沙、污染物等物质输移中起到关键作用，也是各类沿程变化(水动力、含沙量、污染物浓度等)的突变点。明晰交汇河道水动力过程以及物质输移规律对平原河网的防洪排涝、水生态环境完善，尤其是通过水动力重构实现复合水问题治理意义重大。河道交汇区存在水流剪切、分离、涡旋、二次流等复杂水流结构，以及由此引起的泥沙输移、河床冲淤、污染物在上覆水中的掺混扩散及在河床上的吸附富集等独特的现象。伴随流动测试技术以及三维流体动力学模型的发展，平原河网交汇区复杂的三维水流结构、泥沙运动过程、污染物掺混输移与床面富集等物质输移规律得到了更深入的认识。

4.3.1　河道交汇区水流结构

1. 基本特征

交汇区水流在空间上具有典型的分区特征。Best[61,62]经过大量的室内试验及现场观测，提出了较为完善的交汇河道水流分区模型。他将交汇区水流分为六个区域，即汇流点处的停滞区、两支水流交界面的剪切层、水流偏转区、下游内岸侧的分离区、最大流速区、水流恢复区，如图4.47所示。交汇区内各分区的尺寸及其水力特性会受到众多因素的影响。这些影响因素可分为两类：一类与交汇河道形态相关，如交汇河道宽深比、交汇区上下游河道的平面形态、河道坡度以及汇流角等；另一类是水力要素，如弗劳德数、床面粗糙度、汇流比等。

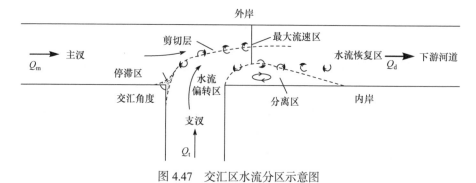

图 4.47　交汇区水流分区示意图

在交汇区上游，主支流相互顶托在交汇区的上游形成壅水，使得在交汇区上下游断面间形成水位高程差。Taylor[63]早在 1944 年对交汇区上下游断面水位高程差和流量比之间的关系开展研究，这也是交汇区水流研究的开端。后人在此基础上，进一步考虑临界水深、阻力和汇流角等因素对交汇区水流结构的影响。

停滞区出现在上游汇流角附近，是两汊来流在汇流角处相遇后各自发生一定程度偏转而形成，该区域局部流速很小。停滞区的范围主要由汇流比 q_r(支流流量/主流流量)决定，该范围相对较小，对交汇区整体水流结构的影响相对有限。

分离区是由于水流流向发生偏转、脱离壁面后产生的平面回流。当支汊水流汇入主汊后向下游偏转时在拐角处与边壁分离，挤压主汊水流向外岸偏移，同时在交汇区下游内岸侧形成低流速区，即分离区。分离区内，水流减速回流，故分离区又称回流区。分离区的存在束窄了交汇水流通向下游的过流断面，因此增大断面平均流速，并在收缩断面处达到最大，即最大流速区。分离区的形态主要受汇流角和汇流比的影响，并从水面向下逐渐衰减[64]。

两股水流的交界面是河道交汇处动量交换和物质掺混的主要区域，该区域掺混过程复杂、紊动剧烈且各向异性特征明显，是交汇区水动力和物质掺混特性最复杂的一个区域。该区域称为剪切层。Mignot 等[65]根据剪切层不同的平面形态和水力特性，将剪切层分为直剪切层、弯曲剪切层和加速剪切层。其中直剪切层沿程的形态几乎为一条直线，通常出现在平行交汇中。当两股水流存在较大的流速差时会产生由开尔文-亥姆霍兹不稳定性引起的涡结构。直剪切层的宽度随着向下游距离的增加而线性增加，紊动强度则逐渐减弱，最大紊动强度以及最大雷诺切应力均发生在剪切层的中间线上。弯曲剪切层的沿程形态为一条曲线，水流的弯曲会带来附加的离心力，引起高德勒(Görtler)不稳定性[66]。根据剪切层两侧的流速大小不同，会形成稳定和不稳定两种状态。以弯曲剪切层为例，最大流速发生在剪切层凸面一侧时为稳定状态弯曲剪切层，此时 Görtler 不稳定性可以忽略不计，并且随着开尔文-亥姆霍兹不稳定性的增强，剪切层的弯曲程度会逐渐降低；最大流速发生在剪切层凹面一侧时为不稳定状态弯曲剪切层，此时开尔文-亥姆霍兹不稳定性和 Görtler 不稳定性同时存在，并在向下游发展的过程中，开尔文-亥姆霍兹不稳定性逐渐减弱，Görtler 不稳定性逐渐占据主导地位。随着剪切层向下游发展，不稳定弯曲剪切层的宽度要比直剪切层增加得快，而直剪切层的宽度又比稳定弯曲剪切层增加得快[67]。不稳定弯曲剪切层的紊动强度和雷诺切应力会随着与交汇点距离的增加而增大，而稳定的弯曲剪切层却保持不变[66]。加速剪切层发生在剪切层两侧水流流速同步增大的情况下，加速剪切层的紊动强度以及雷诺切应力有明显增强，但增大到一定值后保持不变[68]。在河道交汇区，水流发生偏转的同时往往还伴随着顺水流方向流速的增加，因而河道交汇区剪切层通常是更为复杂的加速弯曲剪切层。

除形态特征外，剪切层的紊动特征也非常重要且更为复杂。de Serres 等[69]通过现场观测发现剪切层具有较强的紊动能，且顺水流方向流速分量的脉动强度占比可达 50%。Sukhodolov 等[70]在比较剪切层内外水流的紊动特征时发现，剪切层内紊动能为外部水流的 2～3 倍，并且发现剪切层内二维的大尺度紊动主要由水流剪切形成，三维的小尺度紊动主要由床面摩擦阻力引起。Rhoads 等[71]对剪切层水流的紊动能谱进行了深入研究，发现能谱存在三个明显分区：①高频区，谱密度与频率之间存在幂为–5/3 的指数关系，即惯性子区；②中频区，顺水流方向流速分量和横向流速分量的谱密度近似相等且大于竖向速度分量；③低频区，横向速度分量的谱密度存在规则峰值，这与剪切层水流剪切形成的立轴涡旋有关。

Yuan 等[72]对交汇河道水流结构进行了更细致的研究，发现了汇流区剪切层倾斜这一特殊的水流结构。这种特殊的水流结构对交汇区的物质输移过程有着重要的影响。

2. 剪切层倾斜及其紊流结构

利用直角交汇水槽对河道交汇区三维水流结构进行研究，可以通过时均流速场、紊动能、雷诺切应力、紊动能谱、象限分析等水流参数的测量和计算深入探讨交汇区的三维水流结构和紊动特性。

1) 流速场

图 4.48 为总流量一定、不同汇流比下交汇区近水面和近底面的时均水平流速场。观测区域内汇流比大的水平流速明显大于汇流比小的情况，主要是因为大支流汇入形成大尺寸分离区，束窄过流通道，从而提升观测区域的水流流速。水流底部和表面流速方向的不一致表明了螺旋流的存在。

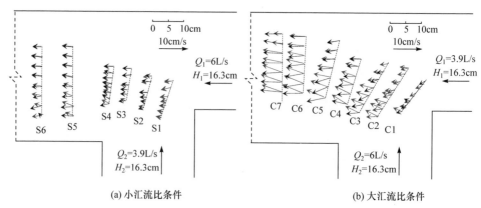

(a) 小汇流比条件　　　　　　　　　　　(b) 大汇流比条件

图 4.48　交汇区近水面和近底面的时均水平流速场(见彩图)

H_1. 主流的水深；H_2. 支流的水深；Q_1. 主流的流量；Q_2. 支流的流量；C1～C7. 大汇流比条件下的断面；
S1～S6. 小汇流比条件下的断面；←近水面；←近底面

　　图 4.49 为交汇区三维流场分布图。从顺水流向(与主流方向一致)流速场图可以看出,两汊水流交汇后存在较大的流速梯度,产生较强的水流剪切。流速梯度最大的区域即为剪切层所在位置,可以看到小汇流比时,剪切层几乎是垂直的;而大汇流比时,剪切层发生了明显的倾斜,而且两汊水流流速趋于一致需要的距离更长。在横向(与支流方向相反)流速场图中,近水面的负值和近地面的正值说明了逆时针螺旋流的存在;而且,显然大汇流比时水流的横向运动要强得多。在竖向流速场图中,左侧的负值和右侧的正值同样说明了逆时针螺旋流的存在。这种明显的螺旋流就是由 Görtler 不稳定性引起的,汇流比越大,螺旋流更强,向下游持续的距离也更长。

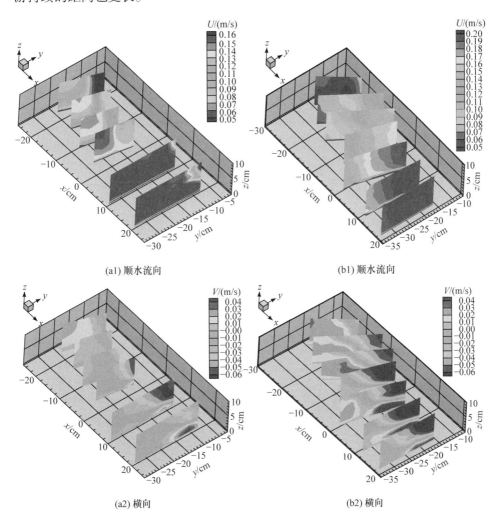

(a1) 顺水流向　　　　　　　　　　　　　　(b1) 顺水流向

(a2) 横向　　　　　　　　　　　　　　　　(b2) 横向

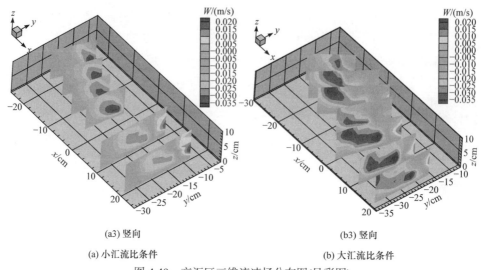

(a3) 竖向　　　　　　　　　　　　　　　　(b3) 竖向

(a) 小汇流比条件　　　　　　　　　　　　(b) 大汇流比条件

图 4.49　交汇区三维流速场分布图(见彩图)

主流方向为 x 正向，支流方向为 y 负向，竖直向上为 z 正向；交汇点在坐标(−30cm, 0cm)处

2) 紊动能

紊动能是反映水流紊动特性的重要参数，交汇区紊动能数值大的区域可以表征水流紊动强烈的剪切层[70]。图 4.50 为不同汇流比下交汇区紊动能分布图。在小汇流比条件下，剪切层内水流的紊动能为层外水流的 3～5 倍。紊动能的最大值出现在交汇点附近，并向下游逐渐减小。剪切层外紊动能沿水深方向的分布符合明渠水流紊动能分布规律，即由近床面向水面逐渐减小。在剪切层内部，紊动能由床面向水面先略有减小后增大。在大汇流比条件下，所有断面的剪切层均有明显的倾斜。剪切层倾斜时，水流剪切引起的涡旋的轴线也发生了倾斜，即不再是立轴涡。剪切层内水流的紊动能从近床面往上迅速增加，然后逐渐减小；最大紊动能出现在每个断面的水深中部，而且所在的水深位置沿程逐渐下降。

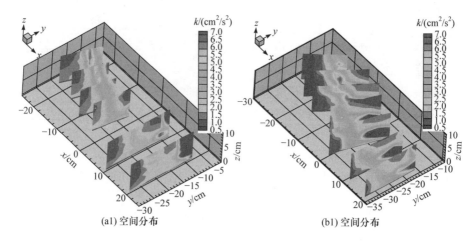

(a1) 空间分布　　　　　　　　　　　　　　(b1) 空间分布

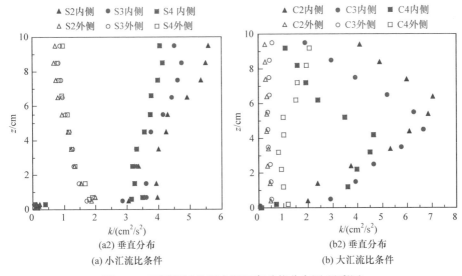

(a2) 垂直分布　　　　　　　　(b2) 垂直分布

(a) 小汇流比条件　　　　　　　(b) 大汇流比条件

图 4.50　不同汇流比下交汇区紊动能分布图(见彩图)

3) 雷诺切应力<$u'v'$>

雷诺切应力$-\rho$<$u'v'$>(后面直接用<$u'v'$>值表征)可以反映水平流速 u'、v' 的脉动(<>表示时间平均)以及交汇区内立轴涡旋运动特征。交汇区内雷诺切应力值较大区域可以表征包含大量立轴涡的剪切层位置。图 4.51 为不同汇流比下交汇区雷诺切应力<$u'v'$>分布图。在小汇流比条件下，剪切层内水流分布有较大的<$u'v'$>正值，证明了剪切层内存在水流剪切引起的立轴涡。沿水流方向，随着水流剪切的减弱，剪切层水流的雷诺切应力值向下游减小；沿水深方向，雷诺切应力值从近床面向近水面递增，并在近水面处达到最大值。在大汇流比条件下，剪切层内水流分布有较大的<$u'v'$>负值，可见与小汇流比工况相反的流速梯度产生了反向涡旋。沿水流方向，

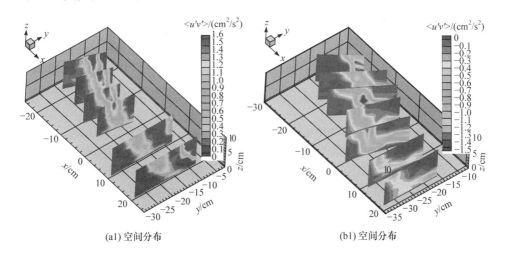

(a1) 空间分布　　　　　　　　(b1) 空间分布

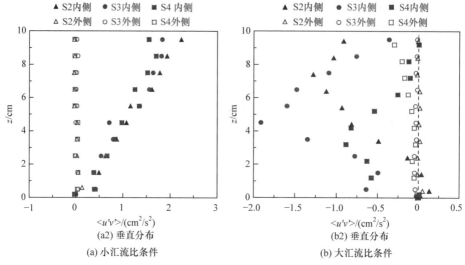

(a) 小汇流比条件　　　　　　　　　　　　(b) 大汇流比条件

图 4.51　不同汇流比下交汇区雷诺切应力分布图

同样剪切层水流的雷诺切应力向下游减小；沿水深方向，雷诺切应力的最大值出现在水深的中部。无论哪种情况，在剪切层外侧，雷诺切应力都趋近于 0。

4) 紊动能谱

通过计算各流速分量时间序列的能谱，可以得到不同频率的紊动能分布。Rhoads 等[71]曾发现剪切层内紊动能谱具有特殊的分布规律，可分为高频区、$S_{uu}\approx S_{vv}>S_{ww}$ 的中频区以及 S_{vv} 呈现峰值的低频区(其中，S_{ii} 为 i 方向流速分量在某一频率下的能量密度)。该结论与这里的小汇流比条件下观测到的现象一致。图 4.52(a)为小汇流比条件下三个方向流速的紊动能谱。高频区域的频率范围为 3～10Hz，能谱密度与频率呈幂为–5/3 的指数关系，符合惯性子区内紊流能量串级耗散特征；三条能谱曲线相似，表明该频率区域紊流的三维性和各向同性。中频位于 1～3Hz，存在 $S_{uu}\approx S_{vv}>S_{ww}$。水平流速的平均能谱 S_{uu}、S_{vv} 在低频 1～1.5Hz 的峰值证明了该频率范围内水流剪切引起的立轴涡的存在。与 S_{uu} 和 S_{vv} 能谱的峰值相比，S_{ww} 能谱的低频峰值不明显。而在大汇流比条件下，任何断面都没有观察到剪切层水流各向流速的紊动能谱有明显的驼峰现象(见图 4.52(b))，表明当剪切层倾斜时，剪切层内的涡旋不再是简单的立轴涡。

5) 雷诺切应力<u'w'>和象限分析

剪切层的倾斜会引起垂向脉动速度的变化，可以用雷诺切应力–ρ<u'w'>(后面直接用<v'w'>值表征)来反映；同时，雷诺切应力<u'w'>在泥沙输移和床面冲淤方面起关键作用。雷诺切应力的最大值区通常位于剪切层内或附近区域，且雷诺切应力沿下游减小。在小汇流比条件下，主汊水槽侧(外岸)存在一片区域负雷诺切应力<v'w'>较大，而大汇流比条件下相同区域未出现。通过比较两个雷诺切应力

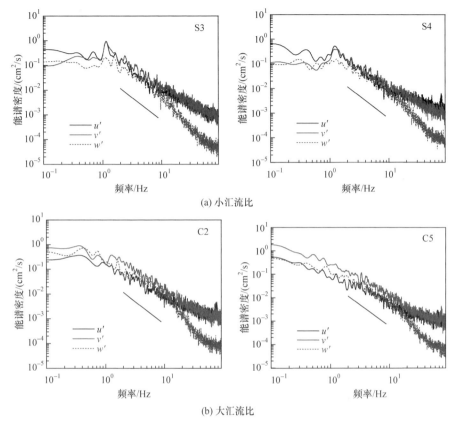

(a) 小汇流比

(b) 大汇流比

图 4.52　不同汇流比下三维流速紊动能谱图

<u'v'>和<u'w'>的空间分布，发现大汇流比条件下<u'w'>的最大值区域与剪切层一致，如图 4.53 所示。

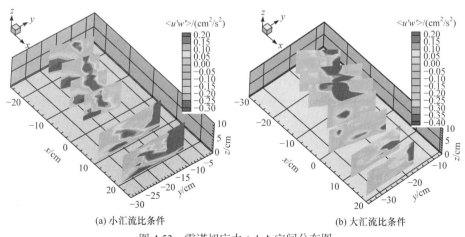

(a) 小汇流比条件　　　　　　　　　　(b) 大汇流比条件

图 4.53　雷诺切应力<u'w'>空间分布图

　　紊动猝发常用于解释泥沙的起动和输移，利用象限分析法研究交汇区的猝发现象[73]，四象限分别代表外交互作用事件、喷射事件、内交互作用事件、清扫事件。图4.54为不同汇流比条件下四象限事件发生概率的分布图。在小汇流比条件下，剪切层内的外交互作用事件、喷射事件、内交互作用事件、清扫事件大致相

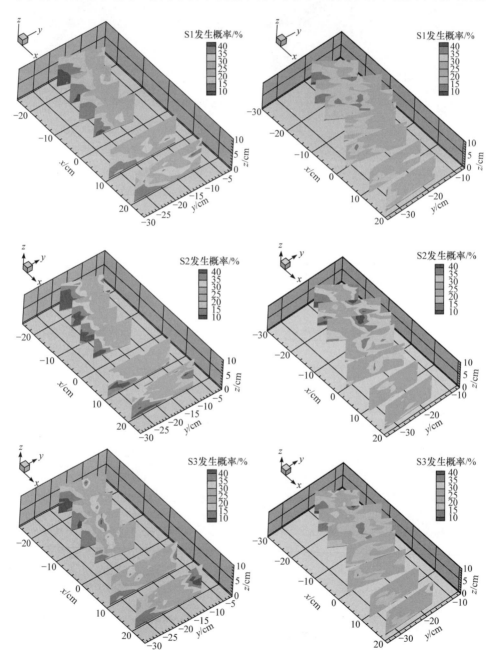

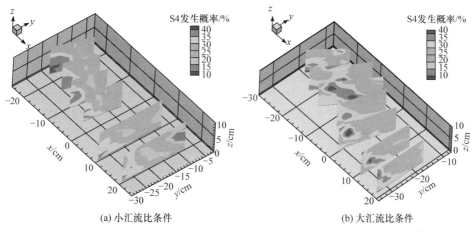

图 4.54 不同汇流比条件下四象限事件发生概率分布图

S1、S2、S3、S4 分别代表外交互作用事件、喷射事件、内交互作用事件、清扫事件

似，发生概率为 20%～30%；内交互作用事件的概率略大于其他事件。而剪切层外侧，发生概率最高的是喷射事件(大于 40%)，其次为外岸一侧的清扫事件(35%～40%)，其他两个事件的发生概率只占约 10%。剪切层内四个事件的发生概率相近主要归因于剪切层内的水平涡，而剪切层外侧壁面涡导致近底面喷射事件和清扫事件出现的概率更高。大汇流比条件下，外岸侧也出现了与小汇流比相似的强烈喷射和清扫事件；但与小汇流比条件不同的是，剪切层中喷射和清扫事件的发生概率仍然很高，主要是由于剪切层的倾斜导致剪切层内喷射和清扫事件的增强。

4.3.2 河道交汇区泥沙运动和河床演变

1. 基本特征

河道交汇区独特的水流结构使得交汇区的泥沙运动和床面形态也非常特殊，针对交汇区泥沙运动的研究主要聚焦在推移质的运动。Best[74]发现在交汇处，冲刷坑两边推移质输移有明显分离现象，泥沙几乎不从冲刷坑中间通过。Rhoads[75]也在冲刷坑附近发现了分离现象，而且分离的泥沙在离冲刷坑不远处的下游会汇聚掺混。Roy 等[76]在剪切层区观察到高紊动强度，并认为交汇区内推移质的高输沙率应与其有关。Boyer 等[77]发现推移质输沙率在剪切层的边缘出现最大值，并认为与此处较大的水平垂直交叉应力 $\rho<u'w'>$ 有关。此外，汇流比的改变会使剪切层发生迁移，改变近床面的水力特性、输沙率以及河床冲刷、淤积区域的空间分布，从而改变河床形态。Liu 等[78]通过清水冲刷试验研究了交汇区输沙率随时间变化的过程，发现输沙率从河床泥沙起动到冲淤稳定过程中经历先增后减的变化趋势。

在复杂水沙运动过程的影响下，交汇区床面形态主要具有六大特征：主支汉床面不等高、冲刷坑、支流口沙垄、河中沙垄带、分离区沙垄以及上游交汇点处的轻微泥沙堆积区。这些地形特征是否出现以及出现时的形态主要受交汇区水流结构的影响[74]。无论多大尺寸的交汇河道以及是否对称交汇，通常都会存在一个冲刷坑，冲刷坑的深泓线大致处于汇流角的平分线上。Best[74]在研究冲刷坑深泓线的走向与汇流比之间的关系时发现，当支汊来流流量增大即汇流比增大时，冲刷坑的深泓线摆向外岸，冲刷也会相应地加剧。Mosley[79]进行了多组动床试验，发现冲刷坑深度随着汇流角的增大而增大，但并不呈线性关系。在对称交汇河道中，冲刷坑形状通常也是对称的；但非对称交汇河道中冲刷坑形状比较复杂，支汊水流的汇入会引起外岸的持续冲刷，从而增大汇流角，使非对称的交汇河道向对称交汇河道转变。有时受河道地形和平面形态的影响，冲刷坑也会消失。例如，Biron 等[80]发现在干支流床面存在高程差的交汇河道中，冲刷坑可能会很小，甚至消失。此外，在汇流角较小或者床面糙率较大的交汇河道中，冲刷坑也会很小或者消失。对于冲刷坑形成的原因仍有多种推测，包括交汇区内的较大流速、强烈的紊动、水流剪切和水流偏转引起的螺旋流的作用等[74,81-83]。

室内试验和现场观测都发现了分离区会形成沙垄[62,74,75,80,84]，这些沙垄称为分离区沙垄或者贴岸沙垄。它们由比附近河床更细的泥沙组成，并且会在枯水期露出水面。Best[74]认为沙垄的形成主要与水流分离有关。但是，有时沙垄所在区域的水流仅仅是发生了减速而并未发生分离，尤其是当支汊进入主汊时内岸顺流线过渡或者床面糙率明显增大时，水流分离现象会消失，而且随着泥沙在分离区内沉积，水流分离作用也会减弱。因此，将分离区沙垄的形成仅仅归因于水流分离是不充分的。

综上所述，交汇区泥沙输运和河床演变过程非常复杂，而且很多认识还不清楚，为此开展了交汇区泥沙运动和床面冲淤变化的试验研究。

2. 水-沙-床面变形的相互作用机理

本节主要介绍交汇区泥沙运动和床面冲淤变化的水槽试验研究，包括河道交汇区的河床变形、泥沙输移规律以及对应的水流结构等，并且在此基础上进一步阐明交汇区水-沙-床面变形的相互作用机理。

1) 床面形态和泥沙运动过程

交汇区床面形态主要包含两个发育良好的冲刷坑、依附于水槽边壁处的沙垄以及下游离内侧岸边一定距离的两条沙脊。不同汇流比下的床面形态如图 4.55 所示。转角处的冲刷坑是由支流水流偏转造成的，它的形态受汇流比的影响不大。另外一个河中冲刷坑显然受汇流比的影响。当汇流比为 0.4 时，冲刷坑长约 25cm，宽约 10cm，最大深度为 2cm；当汇流比为 0.6 时，冲刷坑长约 45cm，宽约 20cm，最大深度为 3.1cm。因此，汇流比越大，河中冲刷坑的尺寸越大，而且冲刷坑的深泓线更趋向于与岸边平行。沙垄的形成与发展主要与分离区有关，分离区内流速降低导致泥沙淤积形成沙垄。两种汇流比条件下的沙垄形态比较相似，这是由于淤积的大部分泥沙来自转角处的冲刷坑。沙垄向下游发展的过程中高度不断减小，沙垄离开内岸边壁形成两条沙脊。

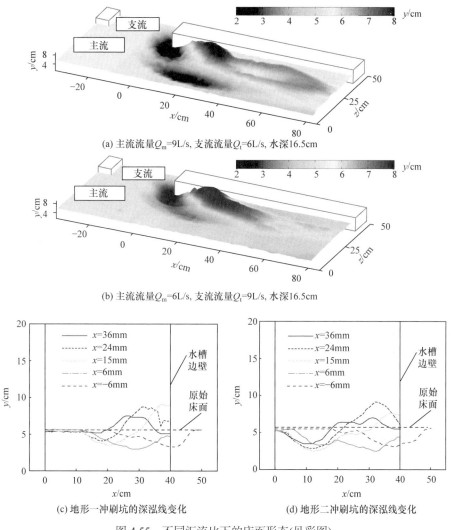

(a) 主流流量Q_m=9L/s, 支流流量Q_t=6L/s, 水深16.5cm

(b) 主流流量Q_m=6L/s, 支流流量Q_t=9L/s, 水深16.5cm

(c) 地形一冲刷坑的深泓线变化

(d) 地形二冲刷坑的深泓线变化

图 4.55 不同汇流比下的床面形态(见彩图)

当交汇区床面形态逐渐形成后，泥沙输移通道也逐步固定下来。细沙输移的主要通道包括下游两条沙脊之间以及沙脊与内岸边壁之间的两条深槽。来自转角处冲刷坑的泥沙越过沙垄沿着靠近内岸沙脊的内侧表面移动，部分细沙可以翻过沙脊进入深槽，并沿着深槽移动。来自河中冲刷坑的泥沙则沿着远离内岸沙脊的外侧表面移动，同样部分细沙可以翻过沙脊进入深槽。这两条沙脊在x=65cm处相交，并随着流速和紊流强度的降低，泥沙停止移动而形成新的沙垄。交汇区泥沙输移路径示意图如图 4.56(a)所示。通过交汇区河中冲刷坑区(A1)、转角沙垄区(分离区沙垄，A2)和交汇后河中沙垄区(A3)中泥沙颗粒级配分析(见图 4.56(b))，也可侧面反映泥沙的运动轨迹。从泥沙级配来看，转角沙垄区(A2)(d_{50}=0.46mm)和河中沙垄区(A3)的泥沙(d_{50}=0.48mm)与初始泥沙(d_{50}=0.90mm)相比要细一些，而河中深坑区(A1)的泥沙(d_{50}=1.40mm)则要粗一些。从泥沙不同粒径组的质量分数来看，初始泥沙的分选性最差，粒径为 0.355～0.5mm 和 1.4～3mm 的泥沙大约占总量的 85%；而细沙的淤积与冲刷致使 A2 区主要为细颗粒泥沙，A1 区主要为粗颗粒泥沙；这些被冲蚀的泥沙沿着两条沙脊的侧面运移，当运动到下游流速和紊动减弱的区域时，其中较粗的颗粒会淤积从而形成沙垄，因此 A3 区的泥沙会比 A2 区粗一些。

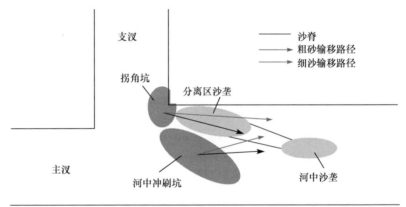

(a) 交汇区泥沙输移路径示意图

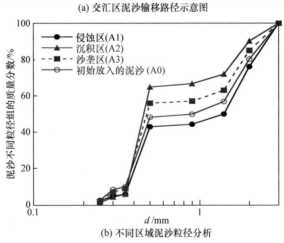

(b) 不同区域泥沙粒径分析

图 4.56　交汇区泥沙输移路径示意图及泥沙粒径分析

2) 三维流速场及紊动分析

图 4.57 为不同汇流比条件下冲淤稳定床面后的三维流速场。可以看出，支汊

水流的汇入引起主汊很大一部分水流流速场的改变，使主汊顺水流方向流速向下游断面逐渐增大；且在汇流比较大的条件下，流速的增加更加明显。受交汇后河道拓宽的影响，在汇流比较小的条件下观测到一片低流速区，主要分布在 S2 断面到 S4 断面的中部，但在汇流比较大的条件下并无明显的低速区。除 S1/C1 和 S2/C2 断面水流方向指向外岸和床面，其余三个断面即交汇区河中冲刷坑的上方都形成了明显的螺旋流，并且随着向下游发展，螺旋流的中心从近床面位置逐渐上升到中间水深处。由前面所述，螺旋流是由水流偏折引起的。螺旋流导致冲刷坑深处形成一股很强的向下水流并在沙垄外侧表面形成一股上升水流。河床受到下降水流的强烈剪切作用，致使泥沙被冲刷，接着在上升水流的作用下，冲刷的泥沙沿着沙垄侧表面输移，部分泥沙甚至被螺旋流携带越过沙脊。

　　交汇区水流具有强烈的紊动，伴随着大量不同尺度的涡旋，强紊动发生的位置一般在剪切层、螺旋流、分离区和壁面附近等区域。图 4.58 为不同汇流比下冲淤稳定床面后的紊动能分布图。紊动能的分布可以反映紊流的时均特性。剪切层的位置可以通过断面上紊动能较大的区域来辨别。在汇流比较小的条件下，断面 S1、S2 中紊动能较大的竖向条形区域即为剪切层；S3、S4 断面中条形区域的紊动能逐渐减小，意味着水流剪切逐渐减弱。靠近内岸紊动能最大的位置与螺旋流的位置一致，并向下游逐渐减小，直到 S4 断面略有增加，主要与床面地形凸起有关。沙垄侧面上螺旋流引起的强烈紊动对泥沙的运移产生重要影响。此外，发

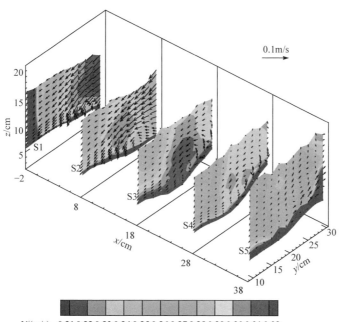

(a) 汇流比为0.4

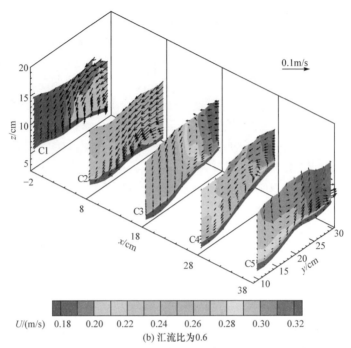

U/(m/s) 0.18 0.20 0.22 0.24 0.26 0.28 0.30 0.32

(b) 汇流比为0.6

图 4.57　不同汇流比条件下冲淤稳定床面后的三维流速场图

C1～C5. 汇流比为 0.6 时的断面；S1～S5. 汇流比为 0.4 时的断面；箭头表示断面二次流

生在靠近外岸侧近床面位置的较强紊动主要是由壁面引起的，这类紊流称为壁面紊流。靠近内岸侧的另一部分较强的紊流(S3 和 S4 断面上方区域以及 S5 断面的内侧区域)指示了分离区的位置。

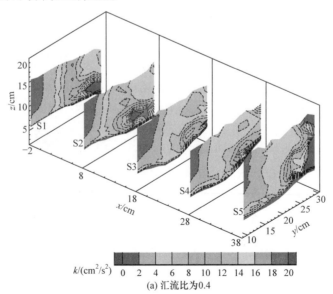

k/(cm^2/s^2) 0 2 4 6 8 10 12 14 16 18 20

(a) 汇流比为0.4

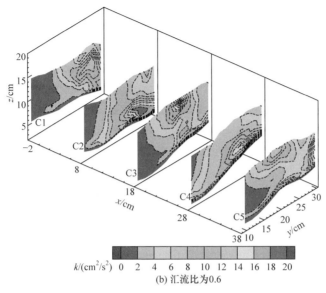

(b) 汇流比为0.6

图 4.58　不同汇流比下冲淤稳定床面后的紊动能分布图

　　在汇流比较大的条件下，强紊动的条形区域指示的剪切层产生了倾斜变形，该现象已在 4.3.1 节中有详细介绍，该现象在 C3、C4 断面尤为明显，可见凸起的床面形态也有助于剪切层的倾斜变形。Best[74]提出的剪切层强紊动产生冲刷坑的理论显然不适用于这里观测到的结果，因为 C3 和 C5 断面冲刷坑形成的位置并不存在强烈的紊流，沙垄边坡上较强的紊流极有可能对冲刷坑的发展产生更为显著的作用，而这部分较强的紊流是由螺旋流引起的。

　　图 4.59 为不同汇流比下冲淤稳定床面后的雷诺切应力 $<u'v'>$ 分布图。雷诺切应力 $<u'v'>$ 可以表征伴有强烈水平涡旋的剪切层位置。在汇流比较小的条件下，断面中数值较大的正雷诺切应力 $<u'v'>$ 指示了剪切层的位置，在向下游发展过程中位置逐渐向水槽外岸移动，雷诺切应力的数值也大幅度减小。然而，S3 和 S4 断面的高雷诺切应力区域(即剪切层的位置)与冲刷坑的位置并不一致。与受沙垄侧表面螺旋流影响的紊动能相比，雷诺切应力 $<u'v'>$ 能够更好地定位剪切层。在汇流比较大时，断面中数值较大的负雷诺切应力 $<u'v'>$ 指示了剪切层的位置，但在向下游发展过程中雷诺切应力 $<u'v'>$ 绝对值出现了增大的情况，从 $0.2m^2/s^2$(C1 断面)增加到 $0.8m^2/s^2$ 以上(C5 断面)，这与汇流比较小时的情况截然相反。这主要是因为沙垄的存在减小了支流的过水面积，导致水流流速的横向梯度显著增大。剪切层的倾斜可以通过 C3～C5 断面存在两个严重倾斜的高雷诺切应力区域来表征。从 C3 和 C4 断面来看，似乎是由凸起的河床把高雷诺切应力区域分割成两部分，一部分在冲刷坑处而另一部分在内岸附近，这两部分在 C5 断面又合并成一个区域。

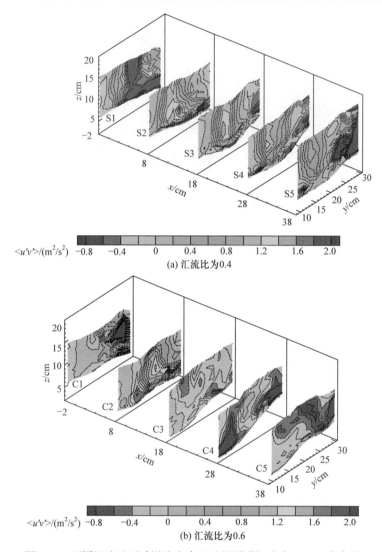

图 4.59　不同汇流比下冲淤稳定床面后的雷诺切应力 $<u'v'>$ 分布图

　　雷诺切应力 $<u'w'>$ 对泥沙输移和河床演变有着重要作用。图 4.60 为不同汇流比下冲淤稳定床面后的雷诺切应力 $<u'w'>$ 的分布。当汇流比较小时，正雷诺切应力 $<u'w'>$ 高值区几乎与冲刷坑所在位置一致，且逐渐向下游减小；当汇流比较大时，在前两个横断面都可以观测到与小汇流比时相似的正雷诺切应力 $<u'w'>$ 高值区。在 C3～C5 断面，负雷诺切应力 $<u'w'>$ 高值区几乎与剪切层一致，可见这部分雷诺切应力值是由剪切层倾斜形成的。

　　3) 交汇区水-沙-床面冲淤相互作用机理

　　虽然 Best[62]提出的汇流区水流分区概念模型中没有提到螺旋流，但无论是室

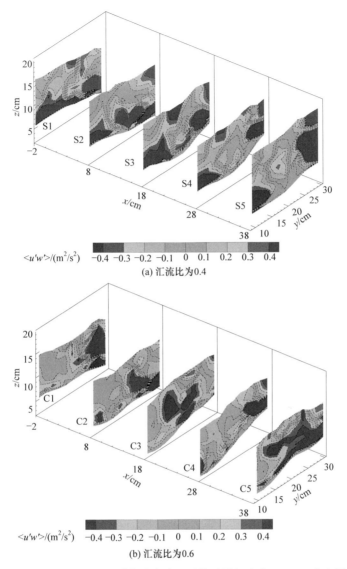

图 4.60 不同汇流比下冲淤稳定床面后的雷诺切应力 $<u'w'>$ 分布图

内试验还是野外观测,都发现了螺旋流的存在[79]。试验中发现的螺旋流主要分布在深坑与沙垄外侧表面,包含了河道中部冲刷坑处的向下水流和沿着沙垄外侧表面的上升水流。由于螺旋流的水流运动方向与泥沙的输移轨迹一致,可以猜测螺旋流在冲刷坑产生过程中起着重要作用。

相较于紊动能,雷诺切应力 $<u'v'>$ 的高值区可以更精确地确定剪切层的位置,小宽深比明渠汇流中剪切层比较容易倾斜变形,尤其是支流流量较大时。冲淤变形后床面会使紊流结构更为复杂,加剧剪切层的倾斜变形。

　　支汊转角处水流伴随流线的汇聚、主流流速增加，河床冲刷形成转角处冲刷坑。冲刷坑中的泥沙进入分离区后落淤形成沙垄，细颗粒泥沙越过沙垄向下游运动形成一道沙脊，部分细颗粒泥沙甚至越过沙脊在其外侧运动。支流的偏折形成了强烈的螺旋流，其中向下的水流对河床产生强烈的剪切作用，这可能是深坑处床沙初期运动的原因。同时螺旋流的上升水流携带冲刷后的泥沙向内岸运动，形成第二道沙脊，部分细颗粒泥沙可以越过沙脊在其内侧运动。这两道沙脊由于水流流速、紊动降低以及螺旋流的减弱而重新汇于一处，形成河道中部的沙垄。

4.3.3　河道交汇区污染物输移规律

1. 基本规律

　　交汇区污染物输移规律主要包括两方面：①交汇区上覆水中两汊之间污染物的掺混；②交汇区污染物床面富集。下面从这两方面介绍交汇区污染物输移的基本规律。

1) 交汇区上覆水污染物掺混规律

　　交汇区上游主支汊内污染物浓度通常存在明显差异，不同污染物浓度的污水会在交汇处掺混，存在一条有明显浓度梯度的带状区域，即污染物掺混层，污染物掺混层的形态、位置变化表征着污染物掺混完全的程度。

　　通常顺直河道中污染物的横向掺混过程是一个相对缓慢的过程，掺混完全需要 100～300 倍河宽的距离[85]，但在交汇区特殊床面形态和水流结构的作用下，污染物横向掺混速率会得到很大提升[70,86,87]。Gaudet 等[86]就曾发现在两汊床面高程不一致的交汇河道中，污染物横向掺混完全仅需向下游运动大约 25 倍河宽的距离；Lane 等[88]也证实了全断面尺度螺旋流的出现会大大提升污染物横向掺混速率。Biron 等[87]采用三维数值模拟和现场观测的方法分别研究了主支汊床面等高、不等高情况和天然河流在高水位、低水位情况下的污染物掺混过程，从断面污染物浓度分布的定性描述和污染物浓度断面分布均匀性的定量计算两方面分析了交汇河道污染物的掺混特性。研究结果表明，不等高床面会引起污染物掺混层形态的变异，明显提升交汇区污染物掺混速率，且在交汇近区和低水位情况下，不等高床面对污染物掺混速率的影响更大。汇流角和汇流比对污染物掺混层的横向宽度也有明显影响，汇流角和汇流比越小，污染物掺混层越狭长[89]。Rhoads 等[90]对床面等高的交汇区进行现场观测，通过温度场监测确定交汇区热掺混层的位置和形态，认为热掺混层的位置在剪切层的位置附近，同时，螺旋流的存在加速了热掺混过程并导致热掺混层出现倾斜和展宽。对于床面不等高的交汇情况，支汊入汇口处床面的突降会形成低压区，引起剪切层倾斜[70]，同时掺混速率提升[86]。

　　从以上对污染物在河道交汇处掺混过程的研究可以看出，交汇区污染物掺混是一个具有明显三维特征的复杂过程，且该过程受交汇区的床面形态、汇流比和汇流角的变化影响较大。但目前对污染物掺混过程的研究中，床面形态多为平床或主、支汊床面不等高，对于存在冲刷坑-沙垄的交汇区床面形态鲜有涉及，对交汇区污染物掺混特性的研究不够系统全面，未能完整地揭示不同因素对污染物掺混层的位置、宽度以及污染物掺混速率等的影响过程。

　　2) 交汇区污染物床面富集规律

　　水体中的细颗粒悬沙对污染物具有较强的吸附能力，是污染物的主要载体。水体中悬沙沉降以及床沙吸附上覆水中污染物是交汇区内污染源形成的主要原因。交汇区作为河网中水沙掺混的主要区域，尤其剪切层区水流强烈掺混促进悬沙颗粒频繁碰撞形成絮团沉降于交汇区床面。交汇区特殊的水沙过程使其成为河网中重要的污染物富集区，是河网内污染源控制的关键节点。

　　对于床沙中污染物富集规律的研究主要集中于单一河道[91]和湖泊[92]。单一河道影响床沙中污染物富集量的主要因素是水动力条件。通过一系列现场试验可以揭示天然河流水动力条件对床沙中污染物富集的抑制作用。D'Angelo 等[93]研究了同一林区中不同河流床沙的磷富集量，发现在上覆水磷浓度相同的林区，不同主流流速河流床沙中磷富集量存在差异，大主流流速削减磷在床沙中的富集。Ahiablame 等[91]调查了农田沟渠床沙中污染物含量，发现排水沟渠中床沙通过吸附农田面污染源产生的氮磷成为内污染源。同一条沟渠的床沙在较强水动力条件作用下可交换营养物质的含量更低。除了现场试验，关于水动力条件对床沙中污染物富集量影响的研究，Wan 等[24]和 Li 等[28]也进行了一系列水槽试验。Li 等[28]通过环形水槽试验发现水动力条件通过引起床沙再悬浮，提高了上覆水中悬沙浓度，降低了床沙中污染物的富集量。

　　湖泊中水动力条件较弱，床沙往往是湖泊系统中污染物富集的重要场所。污染物富集情况受水动力条件影响较小，主要受到各类环境因素的影响(水温、溶氧、pH 等)。温度通过影响底栖微生物活性对床沙中污染物含量产生影响，因此湖泊床沙中污染物富集量随季节发生显著变化。以磷为例，冬季湖泊床沙中的磷发生富集，夏季床沙中的磷大量释放[92]。Coffman 等[94]发现高温会促进底泥颗粒中难溶污染物溶解，从而促进其释放。湖泊底泥中内污染源磷的释放也受到溶氧的显著影响，湖底厌氧层能够促进床沙中溶解态还原性磷的释放[92]。水体 pH 通过影响磷的化学吸附过程影响其在床沙表面的富集量。pH 升高导致磷在泥沙颗粒表面可利用吸附位减少，使得床沙中磷吸附量下降[95]。pH 过低同样不利于床沙中磷富集，Cavalcante 等[96]发现钙磷作为床沙中磷的一种重要形式，其含量对于低 pH 环境特别敏感，酸性条件会引起钙磷大量释放。除了外部条件，床沙粒径作为内部环境因素也能影响床沙中污染物富集量。Bowden 等[97]从离子吸附理论角度发现离子吸附与矿物质表面电极有关，细颗粒泥沙具有更大的比表面积，表面矿物质离子更多，有助于颗粒吸附磷。Xiao 等[98]通过比较不同粒径床沙吸附量，发现床沙颗粒粒径与比表面积呈指数关系，粒径更小的泥沙颗粒具有更大的比表面积，从而对磷有更高的吸附能力。

2. 水动力对污染物掺混作用规律

针对交汇区上覆水污染物掺混规律研究的不足，对交汇区污染物输移特征开展研究。

1) 交汇区污染物掺混层及掺混速率的表征

不同条件下，污染物在交汇区的浓度分布存在明显不同的特征。由于两汊污染物浓度差异，在两汊水流交汇区存在一条具有浓度梯度的带状区域，形成明显的分界，定义该区域为污染物掺混层。掺混层的位置、形态特征和宽度能够反映被污染水体与清水在河道交汇处的掺混过程和混合程度，是反映交汇区污染物输移特征的重要指标。

污染物掺混层的位置能够反映污水入侵交汇区后污染物横向扩散范围的变化。将下游水槽掺混均匀后的污染物浓度 C_p 的等值线位置定义为掺混层的位置。C_p 计算公式为

$$C_p = \frac{C_t Q_t + C_m Q_m}{Q_t + Q_m} \tag{4.59}$$

式中，C_t 和 C_m 分别为支汊和主汊的污染物浓度；Q_t 和 Q_m 分别为支汊和主汊的流量。

图 4.61 为污染物浓度分布。污染物掺混层位置随着支汊水流的逐渐偏转和向外岸的运动，逐渐向外岸移动，最后保持一个相对稳定的位置。污染物掺混层的断面形态呈凹凸状，其凹凸程度与螺旋流的发展和分布有关。

除掺混层所在位置外，掺混层的宽度也是反映掺混过程的重要参数。污染物掺混层宽度的定义参考动量掺混层宽度定义[99]，将计算公式中的主流流速替换为浓度，即

$$\delta_{(x,z)} = \frac{\Delta C_{(x,z)}}{\left| \dfrac{\partial C_{(x,z)}}{\partial y} \right|_{\max}} \tag{4.60}$$

式中，$\delta_{(x,z)}$ 为 x 断面上水深为 z 处污染物掺混层的宽度；$\Delta C_{(x,z)}$ 为 x 断面上水深为 z 处污染物浓度最大值与最小值的差值；$\left| \dfrac{\partial C_{(x,z)}}{\partial y} \right|_{\max}$ 为 x 断面上水深为 z 处污染物浓度在 y 方向浓度梯度的最大值。

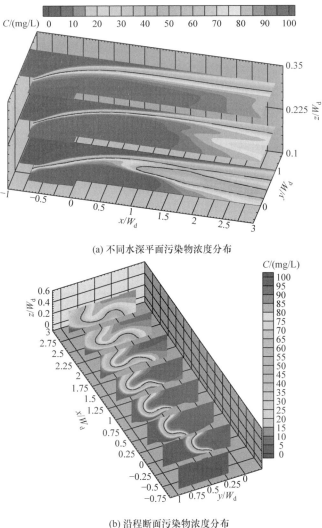

(a) 不同水深平面污染物浓度分布

(b) 沿程断面污染物浓度分布

图 4.61　污染物浓度分布(见彩图)

　　图 4.62 为污染物掺混层宽度变化。可以看出，污染物掺混层的宽度呈现明显的三维特性，其不同水深处沿程变化表现为宽度逐渐增大，沿水深方向的变化则与掺混层的断面形态有关，一般凸向外岸处掺混层宽度较窄，凹向内岸处掺混层宽度较宽。

　　为了评价交汇区污染物的掺混速率以及污染物浓度分布的均匀程度，综合 Gaudet 等[86]及 Biron 等[87]提出的污染物浓度完全掺混偏离度和描述喷灌水量分布均匀程度的定量指标克里斯琴森均匀系数的定义，提出一个新的可以反映横断面上污染物浓度分布与掺混完全后的平均浓度之间偏差情况的非均匀性指数。该非

均匀性指数的计算方法为

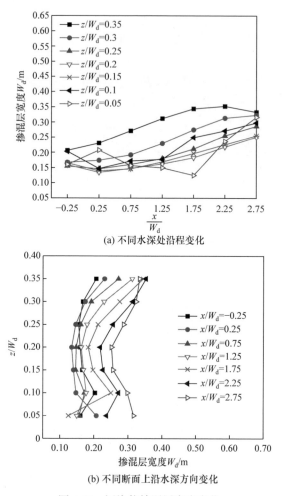

(a) 不同水深处沿程变化

(b) 不同断面上沿水深方向变化

图 4.62 污染物掺混层宽度变化

$$\mathrm{Dev_c} = \frac{\sum_{i=1}^{N}\left|C_i - C_\mathrm{p}\right|}{\sum_{i=1}^{N}C_i} \times 100\% \tag{4.61}$$

式中，C_i 为断面上第 i 测点处的污染物浓度；N 为断面上测点总数；C_p 为下游水槽掺混均匀后的污染物浓度。

污染物浓度分布非均匀性指数越小表明该处污染物浓度分布越均匀，掺混越完全；非均匀性指数连线的斜率越大，表明掺混速率越快。污染物在交汇区的掺混过程通常存在两个阶段：交汇近区的快速掺混阶段和交汇远区的慢速掺混阶段，

两阶段分界位置在 x/W_d=0.25 断面附近(90°交汇条件)或 x/W_d=0.5 断面附近(30°交汇条件), 如图 4.63 所示。

　　2) 污染物掺混层与水动力之间的关系

　　污染物在水体中的转化与迁移是一种涵盖了化学、物理和生物过程的极其复杂的综合过程, 这些过程既与污染物种类有关, 又与所处水体的水力特性、边界条件有关。因此, 污染物掺混层的位置、形态、宽度均与水流结构存在着密不可分的关联。

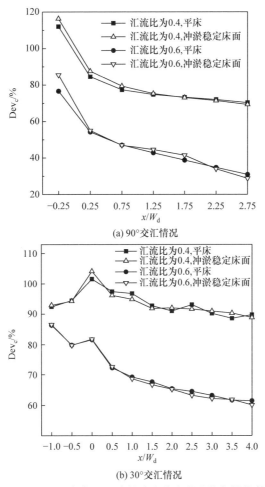

(a) 90°交汇情况

(b) 30°交汇情况

图 4.63　沿程各断面污染物浓度分布的非均匀性指数

　　螺旋流在断面上的表现形式为明显的横向和垂向水流运动, 在断面上存在较大的指向外岸的横向水流的位置, 内岸侧含高浓度污染物的水体容易通过对流作用流向外岸侧; 在存在明显指向内岸的横向水流的位置, 外岸侧低浓度的污染水体则能更快地向内岸移动,稀释内岸侧的高浓度污水;上升或下降水流的运动同样会影响污染物的掺混过程,促进污染物浓度高和低的水体之间的交换。这样的断面水流运动导致了污染物掺混层的复杂断面形态。图 4.64 和图 4.65 分别为 90°交汇 x/W_d=0.75 和 30°交汇 x/W_d=0.5 时断面污染物浓度及断面流速矢量分布图。结合选取断面的掺混层宽度在水深方向的变化来看,掺混层的断面形态在一定程度上影响掺混层宽度在水深方向的分布,掺混层凸向外岸的位置往往较窄,而宽度在近床面或近水面掺混层凹向内岸的位置通常较宽,如图 4.66 所示。

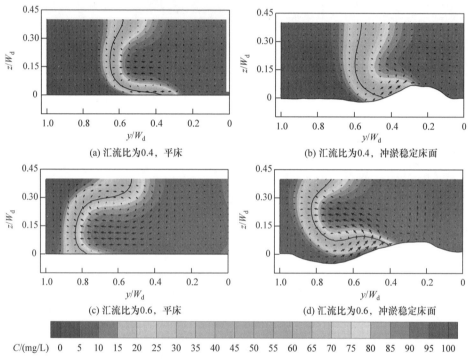

图 4.64　90°交汇 x/W_d=0.75 断面污染物浓度及断面流速矢量分布图(断面流速矢量大小为 0.1m/s)(见彩图)

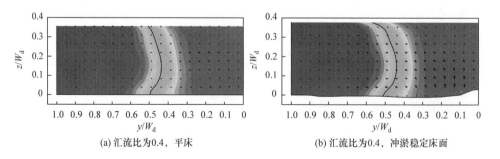

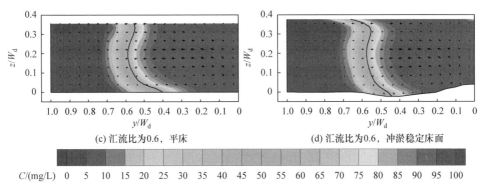

(c) 汇流比为0.6，平床　　　　(d) 汇流比为0.6，冲淤稳定床面

C/(mg/L)　0　5　10　15　20　25　30　35　40　45　50　55　60　65　70　75　80　85　90　95　100

图 4.65　30°交汇 x/W_d=0.5 断面污染物浓度及断面流速矢量分布图(断面流速矢量大小为 0.1m/s)

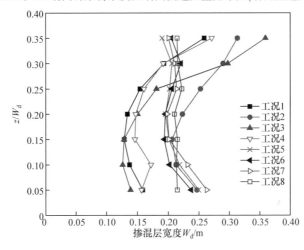

图 4.66　掺混层宽度沿水深方向分布

工况 1~4 为 x/W_d=0.75 断面，工况 5~8 为 x/W_d=0.5 断面

　　根据以上分析的结果，污染物掺混层形态、尺寸的变化明显受到螺旋流的影响，床面形态、汇流比、汇流角等因素对交汇区污染物输移的影响则通过改变交汇区内水流结构来实现。冲刷坑-沙垄的出现会增强断面中下部的逆时针螺旋流，分别在断面中部和近床面位置形成较强的指向外岸和内岸的横向水流，引起掺混层位置的外移和凹凸程度的增大。汇流比的增大则强化断面中上部的顺时针螺旋流，驱动主汊水流更多地从近水面位置与支汊水流进行掺混，使掺混层呈上凹下凸形态。此外，床面形态对水流结构的影响更显著，因此在汇流比较大且存在冲刷坑-沙垄的情况下，仍然是逆时针螺旋流占主导地位，掺混层呈上凸下凹形态。汇流角减小，断面水流强度减弱，此时污染物掺混层通常为垂直或轻微弯曲的状态。

　　3) 水动力对污染物掺混输移的影响

　　不同汇流比的 90°交汇水槽试验中(见图 4.63(a))，污染物浓度分布的非均匀性指数在 x/W_d=−0.25~0.25 断面存在较大幅度的下降，表明在该区域内发生了快速掺混过程；从 $x/W_d=0.25$ 断面至下游断面，非均匀性指数下降幅度减小，污染物掺混过程进入缓慢掺混阶段，掺混速率保持在一个相对稳定的值。

不同汇流比的30°交汇水槽试验中(见图 4.63(b))，污染物浓度分布的非均匀性指数出现较为复杂的变化过程，在支汊流量较小时，从 $x/W_d=-1$ 断面至 $x/W_d=0$ 断面，非均匀性指数增大，随后在 $x/W_d=0\sim0.5$ 断面出现快速掺混。在 $x/W_d=0.5$ 断面的下游，掺混速率减小，保持在相对稳定值；但局部断面之间($x/W_d=1.5\sim3$)仍存在掺混速率的变化，床面为平床时更为明显。在支汊流量较大的条件下，$x/W_d=-1\sim0.5$ 断面间，污染物掺混过程表现为快速掺混，但在 $x/W_d=-0.5\sim0$ 断面间存在非均匀性指数的增大。自 $x/W_d=0.5$ 断面向下游，污染物掺混过程变为慢速掺混。30°交汇条件下出现的非均匀性指数异常增大的情况与交汇区内断面水流较弱有关，微弱的断面水流使得支汊来流携带的污染物不能及时掺混，同时支汊来流受到主汊来流的阻水作用，污染水体在交汇区主支汊水流的交界面不断富集，从而导致污染物浓度断面分布的非均匀性指数升高。在支汊流量较大时，支汊来流流速较大，在刚入汇的上游断面位置能够将污水快速带向下游，因此一开始并未出现非均匀性指数升高的现象，而在接近下游拐角处断面附近，由于过流断面的束窄，上游壅水，污水开始富集，非均匀性指数升高。

此外，无论是90°交汇情况还是30°交汇情况，支汊大流量条件下的稳定掺混速率均比支汊小流量条件下大，这也间接证实了 Lane 等[88]发现的在同一交汇区，由于受汇流比影响，污染物既能发生快速掺混又能发生缓慢掺混的现象。而床面形态仅在交汇近区对污染物掺混程度有一定影响，在交汇远区，床面形态对污染物掺混完全程度的影响基本消失。

3. 交汇区底泥中污染物分布规律

1) 交汇区底泥中污染物空间分布对水动力响应规律

通过前述对交汇区水动力条件的介绍，发现交汇区典型的水动力分区各自具有复杂的三维水流结构，如由支汊回流形成的分离区存在水平的涡旋，其水平尺寸沿垂向向床面逐渐萎缩；由两汊掺混形成的剪切层区在横向存在较大的流速梯度，剪切层随着汇流比增加而逐渐倾斜。汇流比变化会引起各水动力分区形态尺寸以及内部三维流速场发生变化，使得该区域底泥污染物分布复杂。

水平流速 V_h 描述了水流在水平方向的流动状态，由顺水流方向流速 u 和横向流速 v 组成，即

$$V_h = \sqrt{u^2+v^2} \tag{4.62}$$

较大的水平流速促进水流削减水沙界面边界层，边界层的削减能够促进底泥孔隙水与上覆水之间的对流交换，不利于底泥中污染物富集。较大的水平流速也

能引起表层细沙悬浮,悬沙作为污染物的重要载体携带床面富集的污染物随水流向下游输移,降低了交汇区底泥中污染物富集量。通过促进底泥孔隙水与上覆水之间的对流交换,引起床面细沙输移,较大的水平流速能够降低底泥污染物含量。交汇区水平流速最大的区域为最大流速区,相对其他区域更高的水平流速使得该区域为底泥污染物低吸附区。交汇区水平流速最小的区域为分离区,作为支汊来流在水平方向的回流区,该区域相对较低的水平流速将导致富含污染物的悬沙在床面沉降富集,促进上覆水中污染物向底泥孔隙水扩散,因而分离区为交汇区的主要底泥污染物高吸附区。

　　垂向流速 w 表示垂直于床面方向的流速,反映了水流的垂向运动。垂向流速对床面的作用主要体现在流速场中的下降水流,下降水流作用于床面将提高局部床面压强进而促进上覆水中污染物向底泥孔隙水扩散,有效提升孔隙水中污染物浓度,促进底泥吸附污染物。支汊水流汇入主汊后受到其阻滞作用,进而向下运动形成显著的下降水流。下降水流区是交汇区最显著的污染物富集区。图 4.67 为水槽试验条件下交汇区底泥污染物浓度分布情况。

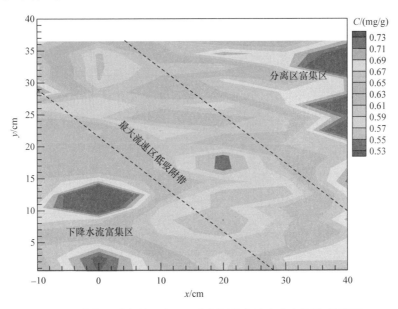

图 4.67　水槽试验条件下交汇区底泥污染物浓度分布情况(见彩图)

　　螺旋流作为交汇区典型时均水流结构,对底泥中污染物分布具有重要意义。螺旋流中高紊动能、高雷诺应力集中,在各个断面表现为断面二次流。螺旋流对床面的剪切作用能够破坏水沙界面边界层,引起床面细颗粒泥沙悬浮,进而削弱底泥中污染物富集。汇流区螺旋流主要存在于分离区外侧,与剪切层区大致重合。从图 4.67 可以看出,分离区污染物富集区外侧由于最大流速区、螺旋流共同作用形成了汇流区底泥污染物低吸附带。

交汇区底泥污染物分区与水动力分区有明显对应关系，而交汇区各水动力分区的形态、尺寸随着汇流比(支汊流量/总流量)的改变而改变。汇流比通过改变交汇区水流结构能够影响底泥中污染物的分布模式。大汇流比条件下，分离区近水面部分水平尺寸较大，水平尺寸沿垂向衰减缓慢，分离区发展至床面导致分离区下方底泥中污染物富集。大流量支汊进入交汇区后形成显著的下降水流引起底泥污染物局部高富集区。小汇流比条件下，分离区近水面尺寸较小，水平尺寸沿垂向快速萎缩，分离区未能发展至近床面区域。分离区外侧小尺度螺旋流侵入其底部，螺旋流作用下分离区下方底泥污染物富集现象消失。由于支汊流量减小后难以侵入主汊，形成的下降水流强度降低，相应的下降水流区富集量较低。与大汇流比条件相比，小汇流比条件下交汇区床面整体底泥污染物富集量较低，且不发生局部高富集现象。

2) 复杂环境下交汇区底泥污染物时空分布特征

对比淮河河网上游交汇区与淮河干流底泥中污染物含量，发现上游交汇区底泥中污染物含量远高于干流，且交汇区底泥中污染物含量存在明显的时空分布特征。天然条件下，交汇区是底泥污染物富集的重点区域，底泥污染物分布在交汇区复杂环境条件影响下存在显著的时空变化。

在自然条件下，交汇区水动力条件除了能影响上覆水与底泥物质交换，还能通过引起各类环境因子(水温、溶氧等)变化、水沙掺混下悬沙絮凝沉降现象间接影响交汇区底泥污染物分布。为揭示现场交汇区底泥中污染物分布特征，需综合考虑影响底泥中污染物含量的各环境因子。

天然环境中影响交汇区底泥中污染物含量的主要环境因子包括上覆水溶氧量、磷浓度、水温、水深、pH 以及底泥粒径。铁磷(Fe-P)是底泥中生物可利用磷的重要成分，底泥中铁磷含量受到上覆水溶氧量的影响。低溶氧条件下铁磷中的三价铁离子被还原，使得底泥中铁磷溶解后被释放进入上覆水[100]。水温通过影响生物活性改变底泥中污染物含量，低温有助于污染物富集，高温促进污染物释放[101]。上覆水中磷浓度通过影响水沙界面浓度梯度影响磷离子向孔隙水中的分子扩散，进而影响底泥中磷含量。底泥粒径与颗粒的比表面积呈指数关系，粒径更小的底泥颗粒具有更大的比表面积，能为磷离子提供更多吸附位，有助于磷在底泥表面的吸附。为了对各环境因子的重要性做出评价，通过长期现场观测，利用随机森林方法、线性相关分析方法等统计分析方法对比了不同环境因子的重要性，揭示了水温、溶氧、底泥粒径是影响交汇区底泥污染物分布的最重要因子。

以上述三个重要影响因子为基础，提出了现场交汇区底泥中污染物分布模式。现场交汇区底泥中污染物存在显著的时间分布规律。冬季(非汛期)交汇区床沙中污染物富集量远高于夏季(汛期)。冬季(非汛期)降雨量不足,为保障上游用水需求,淮河流域闸泵系统减少了交汇区上游来水流量。交汇区水动力条件不足,难以对床面产生显著冲刷,底泥粒径较小,对上覆水中污染物的吸附能力较强。上游悬沙作为污染物载体输移至交汇区后,在交汇区发生掺混,来源不同的悬沙絮凝成团,在下降水流作用下富集在交汇区深坑区域。冬季较低的水温抑制了底栖微生物活动,底栖微生物对底泥污染物消耗量降低。底栖微生物同时也难以消耗水沙界面溶氧层,含氧层抑制能够抑制底泥中污染物释放。总的来说,冬季污染物来源的升高和底泥污染物释放量的降低最终导致该时期底泥污染物富集。反观夏季(汛期),由于河网整体防汛要求,河网流通性较好,交汇区上游来流较大,强烈的水动力条件引起床面粗化。粗颗粒床沙吸附能力较弱,不利于底泥污染物富集。上游作为污染物载体的悬沙输移至交汇区后停滞时间缩短,不足以发生絮凝沉降。夏季水温升高,底栖微生物活性增强,对生物可利用磷消耗升高。底栖微生物消耗水沙界面溶氧,低溶氧层促进底泥磷释放。图 4.68 为交汇区底泥污染物的富集模式。总的来说,冬季为污染物的高富集期,夏季为污染物的释放期。

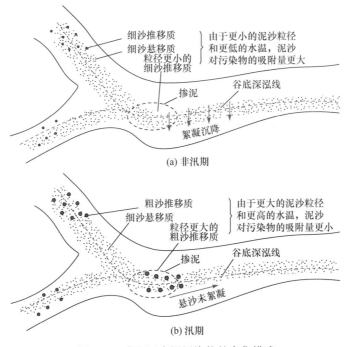

(a) 非汛期

(b) 汛期

图 4.68 交汇区底泥污染物的富集模式

冬季(非汛期)作为底泥磷的高富集期,其污染物富集的主要区域为深坑。深坑主要由组成螺旋流的下降水流对床面作用而形成,交汇区显著的下降水流有助于污染物在底泥的富集。原因主要包括两方面：①深坑中下降水流促进了水沙界面上覆水向孔隙水的对流交换，提高了孔隙水中污染物浓度；②下降水流促进了富含污染物的悬沙絮凝后在床面的沉降。

3) 交汇区底泥污染物成分分析

底泥磷作为研究的目标污染物，其赋存形态有铁铝磷(Fe/Al-P)、松结态磷(SL-P)、钙磷(Ca-P)、残渣态磷(Res-P)、可水溶性还原态磷(RS-P)。其中总磷的主要成分为 Ca-P 和 Res-P，其含量超过交汇区底泥总磷含量的 50%。其余的三种磷化物(Fe/Al-P、SL-P 以及 RS-P)与底泥颗粒的结合状态不稳定，能够轻易被底栖微生物所利用，称为生物可利用磷。

Ca-P 与底泥结合状态稳定，其形成过程与泥沙颗粒漫长的成岩作用有关。底泥中 Ca-P 的含量对交汇区各类环境因子的变化并不敏感，其含量主要与交汇区上游来沙中 Ca-P 的含量有关，上游来沙的输移路径决定了交汇区 Ca-P 的分布。床沙中 Res-P 的具体成分主要是有机磷，其含量变化主要受温度和溶氧影响下的底栖微生物活性影响。而现场水温随季节发生改变，因而 Res-P 呈冬季高、夏季低的分布规律。对于结合状态不稳定的生物可利用磷(Fe/Al-P、SL-P 以及 RS-P)，其含量变化敏感，随着环境条件短期改变会发生显著变化。生物可利用磷的吸附/释放过程受到多种环境因子(水动力条件、断面溶氧分布、金属元素含量等)的共同作用。图 4.69 为交汇区不同形态磷的富集模式。

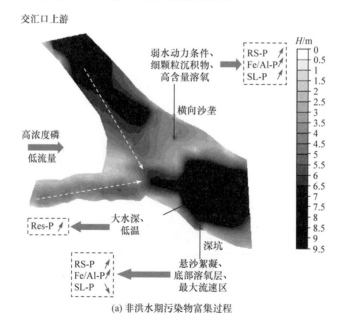

(a) 非洪水期污染物富集过程

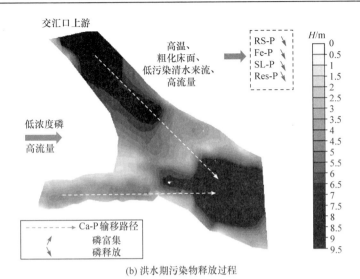

(b) 洪水期污染物释放过程

图 4.69 交汇区不同形态磷的富集模式

在非洪水期，上游低流量来流携带高浓度污染物，大量含磷污染物输移至交汇区。上游床沙、悬沙输移至交汇区后立即发生掺混，主支汊不同理化性质的水沙在此发生相互作用，推移质掺混导致床沙中 Ca-P 在交汇区发生横向交换，上覆水中悬沙掺混后在深坑中发生絮凝沉降。在横向沙垄区域，由于水流分离区内水动力条件较弱，细颗粒泥沙在沙垄表层沉降引起污染物富集。沙垄地形条件下水深较小，沙垄表层存在低流速、高溶氧的环境条件，有助于 RS-P、Fe/Al-P、SL-P 的富集。深坑中悬沙絮凝沉降引起细颗粒泥沙富集，有助于 RS-P、Fe/Al-P 的富集。螺旋流将近水面溶氧输运至深坑底部，形成水沙界面含氧层，抑制底泥中 RS-P、Fe/Al-P 的释放。非洪水期较弱的水动力条件有助于有机物在深坑的沉降，同时深坑更大的水深以及非洪水期(冬季)的低温条件，促进了 Res-P 在深坑中的富集。

在洪水期，交汇区上游大流量来流引起床面粗化，粗颗粒底泥不利于各种磷化物富集。洪水期上游来流水质更好，上覆水中更低的污染物浓度与底泥空隙水形成浓度差，促进底泥中生物可利用磷的释放。洪水期(夏季)水温更高，底栖微生物活动更强，增加了对床底泥中有机磷、生物可利用磷的消耗。大流量条件下两汊物质掺混距离延长，不利于两汊底泥中 Ca-P 在交汇区的横向交换。

4.4 本 章 小 结

本章主要介绍了复式河型、交汇河型等平原地区常见河型中水、沙、污染物等物质输移过程,尤其是强调了水动力和泥沙在污染物输移过程中起着重要作用。

在水流-泥沙-污染物相互作用和耦合输移过程方面，介绍了采用水流-泥沙-

污染物微界面过程模拟的数值方法，提出了微观尺度的泥沙颗粒对污染物的表面吸附/解吸模型，实现了微观尺度水流-泥沙-污染物耦合输移的模拟；详细阐明了泥沙对磷的吸附过程的三个阶段(快速、慢速和平衡阶段)以及各个阶段的动力学过程；探索了动水条件下泥沙与污染物之间作用过程的变化及其作用机制。

在复式河型的物质输移方面，系统介绍了复式河道恒定流水动力特征，探索了复式河道强烈的横向潜流交换过程，发现河床滩槽交互区与主槽、滩地区域床面之间的水头差异促使地表水进入河床，形成横向潜流交换，意味着此区域内发生着密集的物理、化学、生物作用过程，影响着生物活动以及植物生长的断面横向分布。

在交汇河型的物质输移方面，系统介绍了交汇河型的水流结构和分区、泥沙运动和河床演变以及污染物输移转化过程，发现了剪切层倾斜的现象及其对物质输移的影响，证实了螺旋流是汇流口深坑的主要成因，揭示了交汇河道泥沙运动和河床演变规律，探索了不同交汇形态和不同典型床面形态下污染物迁移转化过程，揭示了上覆水中污染物输移规律，发现了向下水流和悬沙絮凝是深坑处污染物富集的重要因素。

参 考 文 献

[1] 吴丰昌, 白占国, 万国江, 等. 贵州百花湖沉积物中磷的再迁移作用.环境科学进展, 1996, 4(3): 58-61.

[2] 王晓燕, 王一峋, 王晓峰, 等. 密云水库小流域土地利用方式与氮磷流失规律. 环境科学研究, 2003, 16(1): 30-33.

[3] Kim L H, Choi E, Stenstrom M K. Sediment characteristics, phosphorus types and phosphorus release rates between river and lake sediments. Chemosphere, 2003, 50(1): 53-61.

[4] Wang Y, Shen Z Y, Niu J F, et al. Adsorption of phosphorus on sediments from the Three-Gorges Reservoir (China) and the relation with sediment compositions. Journal of Hazardous Materials, 2009, 162(1): 92-98.

[5] House W A, Denison F H, Smith J T, et al. An investigation of the effects of water velocity on inorganic phosphorus influx to a sediment. Environmental Pollution, 1995, 89(3): 263-271.

[6] Allen J A, Scaife P H. The Elovich equation and chemisorption kinetics. Australian Journal of Chemistry,1966, 9: 2015-2023.

[7] House W A, Denison F H, Armitage P D. Comparison of the uptake of inorganic phosphorus to a suspended and stream bed-sediment. Water Research, 1995, 29(3): 767-779.

[8] Ho Y S, McKay G. Pseudo-second order model for sorption processes. Process Biochemistry, 1999, 34(5): 451-465.

[9] Huang S L, Wan Z H. Study on sorption of heavy metal pollution by sediment particles. Journal of Hydrodynamics, 1997, 9(3): 9-23.

[10] Bowden J W, Posner A M, Quirk J P. Ionic adsorption on variable charge mineral surfaces. Theoretical charge development and titration curves.Australian Journal of Soil Research, 1977,

15(2): 121-136.

[11] 王爱萍, 杨守业, 周琪. 长江口崇明东滩湿地沉积物对磷的吸附特征. 生态学杂志, 2006, (8): 926-930.

[12] 吕平毓, 黄文典, 李嘉. 河流悬移质对含磷污染物吸附试验研究. 水利水电技术, 2005, 36(10):93-96.

[13] 陈淑珠, 钱红. 沉积物对磷酸盐的吸附与释放. 青岛海洋大学学报(自然科学版), 1997, 27(3): 413-418.

[14] 郭劲松, 杨程, 吕平毓, 等. 三峡库区悬浮态泥沙对磷酸盐的吸附特性研究. 重庆建筑大学学报, 2006, 28(6):75-78.

[15] 朱红伟, 张坤, 钟宝昌, 等. 泥沙颗粒和孔隙水在底泥再悬浮污染物释放中的作用. 水动力学研究与进展(A 辑), 2011, 26(5): 631-641.

[16] 黄廷林, 周孝德, 沈晋. 渭河沉积物中重金属释放的动态实验研究. 水利学报, 1994, 25(11): 52-58.

[17] 周孝德, 黄廷林, 唐允吉. 河流底流中重金属释放的水流紊动效应. 水利学报, 1994, 25(11): 22-25.

[18] 张坤, 李彬, 王道增. 动态水流条件下河流底泥污染物(CODcr)释放研究. 环境科学学报, 2010, 30(5): 985-989.

[19] 周孝德. 渭河泥沙对重金属污染物吸附的实验研究. 水利学报, 1993, (7): 44-49, 68.

[20] 周孝德, 黄廷林. 河流中重金属迁移转化数学模型. 西安: 陕西科学技术出版社, 1995.

[21] 褚君达, 徐惠慈. 河流底泥冲刷沉降对水质影响的研究. 水利学报, 1994, 25(11): 42-47, 69.

[22] Barlow K, Nash D, Grayson R. Investigating phosphorus interactions with bed sediments in a fluvial environment using a recirculating flume and intact soil cores. Water Research, 2004, 38(14-15): 3420-3430.

[23] Li D P, Huang Y. Phosphorus uptake by suspended sediments from a heavy eutrophic and standing water system in Suzhou, China. Ecological Engineering, 2013. 60: 29-36.

[24] Wan J, Wang Z, Yuan H Z. Characteristics of phosphorus fractionated from the sediment resuspension in abrupt expansion flow experiments. Journal of Environmental Sciences, 2010, 22(10): 1519-1526.

[25] Ladd A J C. Numerical simulations of particulate suspensions via a discretized Boltzmann equation.Part 1. Theoretical foundation. Journal of Fluid Mechanics, 1994, 271: 285-309.

[26] Noble D R, Torczynski J R. A lattice-boltzmann method for partially saturated computational cells. International Journal of Modern Physics C, 1998, 9(8): 1189-1201.

[27] Ten Cate A, Nieuwstad C H, Derksen J J, et al. Particle imaging velocimetry experiments and lattice-Boltzmann simulations on a single sphere settling under gravity. Physics of Fluids, 2002, 14(11): 4012-4025.

[28] Li Z W, Tang H W, Xiao Y, et al. Factors influencing phosphorus adsorption onto sediment in a dynamic environment. Journal of Hydro-Environment Research, 2016, 10: 1-11.

[29] Peng J F, Wang B Z, Song Y H, et al. Adsorption and release of phosphorus in the surface sediment of a wastewater stabilization pond. Ecological Engineering, 2007, 31(2): 92-97.

[30] Cheng N S. Analysis of velocity lag in sediment-laden open channel flows. Journal of Hydraulic

Engineering, 2004, 130(7): 657-666.

[31] 孙东坡, 李彬, 童彤, 等. 河流泥沙的环境效应分析. 灌溉排水学报, 2010, 29(6): 51-55.

[32] Huang S L, Ng C O, Guo Q Z. Experimental investigation of the effect of flow turbulence and sediment transport patterns on the adsorption of cadmium ions onto sediment particles. Journal of Environmental Sciences, 2007, 19(6): 696-703.

[33] Dieter D, Herzog C, Hupfer M. Effects of drying on phosphorus uptake in re-flooded lake sediments. Environmental Science and Pollution Research, 2015, 22(21): 17065-17081.

[34] Tombácz E, Filipcsei G, Szekeres M, et al. Particle aggregation in complex aquatic systems. Colloids and Surfaces A: Physicochemical and Engineering Aspects, 1999, 151(1-2): 233-244.

[35] Horowitz A J, Elrick K A. The relation of stream sediment surface area, grain size and composition to trace element chemistry. Applied Geochemistry, 1987, 2(4): 437-451.

[36] Xiao Y, Wang Z. Flow visualization experiments on horizontal coherent structure in compound channel flow with 45° interface geometry// Proceedings of the 32nd international association for hydraulic research world congress.Venice, 2007.

[37] Hin L S, Bessaih N, Ling L P, et al. Discharge estimation for equatorial natural rivers with overbank flow. International Journal of River Basin Management, 2008, 6(1): 13-21.

[38] Ikeda S, Sano T, Fukumoto M, et al. Organized horizontal vortices and lateral sediment transport in compound open channel flows. Doboku Gakkai Ronbunshu, 2000, 8 (656): 135-144.

[39] Myers W R C, Brennan E K. Flow resistance in compound channels. Journal of Hydraulic Research, 1990, 28(2): 141-155.

[40] Knight D W, Shiono K, Pirt J. Prediction of depth mean velocity and discharge in natural rivers with overbank flow//Proceedings of the International Conference on Hydraulic and Environmental Modellling of Coastal, Estuarine and River Waters. Bradford, 1989.

[41] Knight D W, Demetriou J D. Flood plain and main channel flow interaction. Journal of Hydraulic Engineering, 1983, 109(8): 1073-1092.

[42] Myers R C, Lyness J F. Discharge ratios in smooth and rough compound channels. Journal of Hydraulic Engineering, 1997, 123(3): 182-188.

[43] Atabay S, Knight D. Stage-discharge and resistance relationships for laboratory alluvial channels with overbank flow//Proceedings of the 7th International Symposium on River Sedimentation. Rotterdam, 1999: 223-229.

[44] Tominaga A, Nezu I. Turbulent structure in compound open-channel flows. Journal of Hydraulic Engineering, 1991, 117 (1): 21-41.

[45] Ikeda S, McEwan I K. Flow and Sediment Transport in Compound Channels: The Experience of Japanese and UK Research. Boca Baton: Chemical Rubber Company, 2009.

[46] Chow V T. Open Channel Hydraulics. Singapore: McGraw-Hill, 1959.

[47] Knight D W, Demetriou J D, Hamed M E. Stage discharge relationships for compound channels// Channels and Channel Control Structures. New York: Springer, 1984: 445-459.

[48] Wormleaton P R, Merrett D J. An improved method of calculation for steady uniform flow in prismatic main channel/flood plain sections. Journal of Hydraulic Research, 1990, 28(2): 157-174.

[49] Tracy H J. Turbulent Flow in A Three-dimensional Channel. Atlanta: Georgia Institute of Technology, 1963.

[50] Knight D, Patel H. Boundary shear stress distributions in rectangular duct flow//Proceedings of the 2nd International Symposium on Refined Flow Modelling and Turbulence Measurements. Iowa, 1985.

[51] Ackers P. Flow formulae for straight two-stage channels. Journal of Hydraulic Research, 1993, 31(4): 509-531.

[52] Ackers P, Lacey G. Gerald Lacey memorial lecture: Canal and river regime in theory and practice: 1929-92//Proceedings of the Institution of Civil Engineers: Water, Maritime and Energy, 1992, 96: 167-178.

[53] Liao H S, Knight D W. Analytic stage-discharge formulas for flow in straight prismatic channels. Journal of Hydraulic Engineering, 2007, 133(10): 1111-1122.

[54] 谢汉祥. 漫滩水流的简化计算法. 水利水运科学研究, 1982, (2): 84-92.

[55] Yang Z H, Gao W, Huai W X. Estimation of discharge in compound channels based on energy concept. Journal of Hydraulic Research, 2012, 50(1): 105-113.

[56] Jin G Q, Tang H W, Gibbes B, et al. Transport of nonsorbing solutes in a streambed with periodic bedforms. Advances in Water Resources, 2010, 33(11): 1402-1416.

[57] Qian Q, Voller V R, Stefan H G. A vertical dispersion model for solute exchange induced by underflow and periodic hyporheic flow in a stream gravel bed. Water Resources Research, 2008, 44(7): 1-17.

[58] Bayani-Cardenas M, Wilson J L, Haggerty R. Residence time of bedform-driven hyporheic exchange. Advances in Water Resources, 2008, 31(10): 1382-1386.

[59] Bayani-Cardenas M, Wilson J L. The influence of ambient groundwater discharge on exchange zones induced by current-bedform interactions. Journal of Hydrology, 2006, 331(1-2): 103-109.

[60] 金光球, 李凌. 河流中潜流交换研究进展. 水科学进展, 2008, 19(2): 285-293.

[61] Best J L. Flow dynamics and sediment transport at river channel confluences. London: University of London, 1985.

[62] Best J L. Flow dynamics at river channel confluences: Implications for sediment transport and bed morphology//Etheridge F G, Flores R M, Harve M D. Recent Developments in Fluvial Sedimentology. Tulsa: Society of Economics Paleontologists and Mineralogists, 1987: 27-35.

[63] Taylor E H. Flow characteristics at rectangular open-channel junctions. Transactions of the American Society of Civil Engineers, 1944, 109(1): 893-902.

[64] Best J L, Reid I. Separation zone at open-channel junctions. Journal of Hydraulic Engineering, 1984, 110(11): 1588-1594.

[65] Mignot E, Vinkovic I, Doppler D, et al. Mixing layer in open-channel junction flows. Environmental Fluid Mechanics, 2014, 14(5): 1027-1041.

[66] Liou W W. Linear instability of curved free shear layers. Physics of Fluids, 1994, 6(2): 541-549.

[67] Gibson M M, Younis B A. Turbulence measurements in a developing mixing layer with mild destabilising curvature. Experiments in Fluids, 1983, 1(1): 23-30.

[68] Fiedler H, Kim J H, Köpp N. The spatially accelerated mixing layer in a tailored pressure

gradient. European Journal of Mechanics-Fluids, 1991, 10(4): 349-376.

[69] de Serres B, Roy A G, Biron P M, et al. Three-dimensional structure of flow at a confluence of river channels with discordant beds. Geomorphology, 1999, 26(4): 313-335.

[70] Sukhodolov A N, Rhoads B L. Field investigation of three-dimensional flow structure at stream confluences: 2. Turbulence. Water Resources Research, 2001, 37(9): 2411-2424.

[71] Rhoads B L, Sukhodolov A N. Spatial and temporal structure of shear layer turbulence at a stream confluence. Water Resources Research, 2004, 40(6): W06304.

[72] Yuan S Y, Tang H W, Xiao Y, et al. Turbulent flow structure at a 90-degree open channel confluence: Accounting for the distortion of the shear layer. Journal of Hydro-environment Research, 2016, 12: 130-147.

[73] Nezu I, Nakagawa H, Jirka G H. Turbulence in open-channel flows. Journal of Hydraulic Engineering, 1994, 120(10): 1235-1237.

[74] Best J L. Sediment transport and bed morphology at river channel confluences. Sedimentology, 1988, 35(3): 481-498.

[75] Rhoads B L. Mean structure of transport-effective flows at an asymmetrical confluence when the main stream is dominant //Ashworth P J, Bennett S J, Best J L, et al. Coherent Flow Structures in Open Channels. New York: John Wiley, 1996: 491-517.

[76] Roy A G, Biron P M, Buffin-Belanger T, et al. Combined visual and quantitative techniques in the study of natural turbulent flows. Water Resources Research, 1999, 35(3): 871-877.

[77] Boyer C, Roy A G, Best J L. Dynamics of a river channel confluence with discordant beds: Flow turbulence, bed load sediment transport, and bed morphology. Journal of Geophysical Research: Earth Surface, 2006, 111(F4):F04007.

[78] Liu T H, Chen L, Fan B L. Experimental study on flow pattern and sediment transportation at a 90° open-channel confluence. International Journal of Sediment Research, 2012, 27(2): 178-187.

[79] Mosley M P. An experimental study of channel confluences. The Journal of Geology, 1976, 84(5): 535-562.

[80] Biron P M, de Serres B, Roy A G, Best J L. Shear Layer Turbulence at An Unequal Depth Channel Confluence. Chichester: John Wiley, 1993: 197-213.

[81] Rhoads B L, Riley J D, Mayer D R. Response of bed morphology and bed material texture to hydrological conditions at an asymmetrical stream confluence. Geomorphology, 2009, 109(3-4): 161-173.

[82] Guillén-Ludeña S, Franca M J, Cardoso A H, et al. Hydro-morphodynamic evolution in a 90° movable bed discordant confluence with low discharge ratio. Earth Surface Processes and Landforms, 2015, 40(14): 1927-1938.

[83] Guillén-Ludeña S, Franca M J, Cardoso A H, et al. Evolution of the hydromorphodynamics of mountain river confluences for varying discharge ratios and junction angles. Geomorphology, 2016, 255: 1-15.

[84] Bristow C S, Best J L, Roy A G. Morphology and facies models of channel confluences//Marzo M, Puigdefábregas C. Alluvial Sedimentation. Oxford: Blackwell Publishing Ltd., 1993: 89-100.

[85] Smith R, Daish N C. Dispersion far downstream of a river junction. Physics of Fluids A: Fluid

Dynamics, 1991, 3(5): 1102-1109.

[86] Gaudet J M, Roy A G. Effect of bed morphology on flow mixing length at river confluences. Nature, 1995, 373(6510): 138-139.

[87] Biron P M, Ramamurthy A S, Han S. Three-dimensional numerical modeling of mixing at river confluences. Journal of Hydraulic Engineering, 2004, 130(3): 243-253.

[88] Lane S N, Parsons D R, Best J L, et al. Causes of rapid mixing at a junction of two large Rivers: Río Paraná and Río Paraguay, Argentina. Journal of Geophysical Research: Earth Surface, 2008, 113: 1-16.

[89] 魏娟, 李然, 康鹏, 等. 水流交汇区污染物输移扩散特性. 水科学进展, 2012, 23(6): 822-828.

[90] Rhoads B L, Sukhodolov A N. Field investigation of three-dimensional flow structure at stream confluences: 1. Thermal mixing and time-averaged velocities. Water Resources Research, 2001, 37(9): 2393-2410.

[91] Ahiablame L, Chaubey I, Smith D. Nutrient content at the sediment-water interface of tile-fed agricultural drainage ditches. Water, 2010, 2(3):411-428.

[92] Søndergaard M, Jensen J P, Jeppesen E. Role of sediment and internal loading of phosphorus in shallow lakes. Hydrobiologia, 2003, 506-509(1-3): 135-145.

[93] D'Angelo D J, Webster J R, Benfield E F. Mechanisms of stream phosphorus retention: An experimental study. Journal of the North American Benthological Society, 1991, 10(3): 225-237.

[94] Coffman R E, Kildsig D O. Hydrotropic solubilization—mechanistic studies. Pharmaceutical Research, 1996, 13(10):1460-1463.

[95] 刘凡, 介晓磊, 贺纪正, 等. 不同 pH 条件下针铁矿表面磷的配位形式及转化特点. 土壤学报, 1997, 34(4): 367-374.

[96] Cavalcante H, Araújo F, Noyma N P, et al. Phosphorus fractionation in sediments of tropical semiarid reservoirs. Science of the Total Environment, 2018, 619-620: 1022-1029.

[97] Bowden J W, Posner A M, Quirk J P. Ionic adsorption on variable charge mineral surfaces. Theoretical-charge development and titration curves. Australian Journal of Soil Research, 1977, 15(2): 121-136.

[98] Xiao Y, Zhu X L, Cheng H K, et al. Characteristics of phosphorus adsorption by sediment mineral matrices with different particle sizes. Water Science and Engineering, 2013, 6(3): 262-271.

[99] Creëlle S, Schindfessel L, Mulder T D. Effect of bed roughness on the mixing layers in a 90-degree asymmetrical confluence//Proceedings of the 36th IAHR World Congress: Deltas of the future and what happens upstream. The Hague, 2015: 2661-2671.

[100] Wang S R, Jin X C, Zhao H C, et al. Effects of organic matter on phosphorus release kinetics in different trophic lake sediments and application of transition state theory. Journal of Environmental Management, 2008, 88(4): 845-852.

[101] Redshaw C J, Mason C F, Hayes C R, et al. Factors influencing phosphate exchange across the sediment-water interface of eutrophic reservoirs. Hydrobiologia, 1990, 192(2-3): 233-245.

第 5 章 平原河流水力调控工程技术

水闸、泵站是平原地区最为常见的水利工程，它们通过对水位和流量的控制来达到兴利的目的。针对平原河网区河流常存在的交汇顶托、闸泵合建流动互扰、河床易冲易淤等问题，传统的水利调控工程技术无法解决，需要研发充分利用自然动力、优化配置河网内部水流能量的相关技术来解决这些问题，保障河网工程体系效益的发挥。为此，河网交汇节点动力再造技术、闸泵合建枢纽整流与消能技术、四面体透水框架群防冲技术、临海挡潮闸节能防淤技术、分层取水排沙新闸型和调控技术等平原河流水力调控工程技术体系的研发，很好地解决了平原河网的这些问题。

5.1 河网交汇节点动力再造技术

5.1.1 河道交汇口的复杂水力问题

河网交汇口是水文、水动力突变的关键节点，这些关键节点如果控制不好，容易造成行洪困难、导致局部地区的洪涝灾害。由于城市规划和土地利用的限制，河道的走向和形态不能轻易改变。城市河网交汇口有时会出现急流河道向缓流河道入汇的情况，这种交汇口容易水位突增，引发洪涝灾害。第 4 章对交汇口的水流形态做了详细介绍，如分离区是位于入汇河道一侧的漩涡区，它的存在束窄了过水断面面积，从而导致汇流口存在一定的壅水。壅水高度与两股水流的动量比和入汇角度有关，入汇水流的动量和入汇角度越大，则壅水高度越大。其次，当入汇水流流速非常大，直插缓流河道时会造成回流，阻碍缓流河道过流，造成汇流口水位大幅度上升。因此急流河道向缓流河道入汇如果不采用特殊的导流方法，汇流口水位会大幅度上升，增加了河道堤防发生漫顶溢流的风险。急流河道入汇缓流河道水流形态示意图如图 5.1 所示。本节针对急流河道向缓流河道大角度入汇的节点情况提出一种河网交汇节点动力再造技术[1]。该技术基于射流理论，克服了河网节点设计困难、土地利用紧张等问题；使急流能够平稳汇入缓流河道，减少漩涡和水流分离，在保证设计行洪流量的基础上，尽量降低汇流口水位，减少洪水漫顶溢流情况的发生。该成果在香港元朗绕道分洪工程得到成功应用[2]。

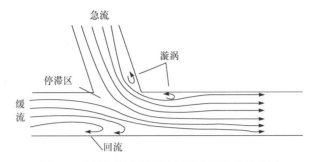

图 5.1　急流河道入汇缓流河道水流形态示意图

5.1.2　河网交汇节点动力再造技术的设计方案

河网交汇节点动力再造技术的主要结构形式包括水跃消能段、流线型渠壁以及射流控制结构，如图 5.2 所示。

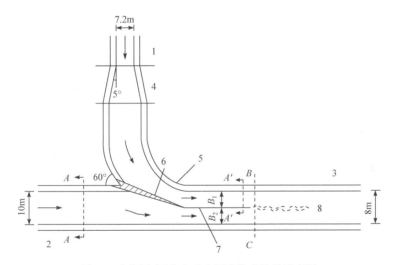

图 5.2　河网交汇节点动力再造技术结构示意图

1. 急流渠道；2. 缓流渠道；3. 平稳导流渠道；4. 水跃消能段；5. 流线型渠壁；6. 鱼嘴；7. 导流墙；8. 剪切层

水跃消能段设置在两河道交汇前的急流河道上。水跃是明渠水流从急流过渡到缓流时水面突然跃起的局部水流现象[3]；在急流向缓流过渡区域存在旋滚区，由于旋滚区的水体剧烈旋转和紊动以及旋滚区和主流区之间频繁的动量交换，大大加剧了水跃区内部的摩擦作用，从而损失了水体大量的机械能；水利工程中常利用水跃来消能[4]。河网交汇节点动力再造技术通过在急流河道适当扩大过水断面来减缓水流流速，利用弱水跃来消耗一部分水体动能。

流线型渠壁设置在急流河道上的水跃消能段和缓流河道之间。水体在流线型物体表面主要表现为层流，没有或很少有湍流，这保证了水体受到较小的阻力。

流线型渠壁可以减少行洪阻力，实现急流进入缓流河道时水流平稳改变方向，流线平顺变形。最重要的是流线型渠壁可以减弱甚至消除分离区，从而有效控制因分离区束窄过水断面导致水位抬升的问题。

射流控制结构的主要作用是分离急流和缓流，避免直接入汇，并通过引导最终形成 0°汇流(或者射流)，从而达到平稳导流的目的。该结构主要由鱼嘴和导流墙组成，其中导流墙置于鱼嘴顶端，并与缓流河道平行，主要作用是导流以及形成射流。鱼嘴设置于流线型渠壁与缓流河道相连的交点上，并向缓流河道中心延伸至平稳导流河道，主要作用是导流和支撑导流墙。从汇流理论来看，0°汇流除了存在剪切层，其他影响水流行进和河渠稳定的几个水流区域都会消失，汇流断面的壅水高度也会大幅度减小。从射流理论来看，虽然两股平行水流存在流速差异，从汇流断面的流速分布可以看出流速的不连续，但是压力(或者水位)分布必须是连续的，主要是因为急流河道射流对缓流河道的剪切作用使得缓流河道水位下降。因为汇流断面之前两股水流都没有明显的壅水现象，所以汇流断面水位分布连续，也不会出现明显壅水，从而有效控制了汇流口水位。

急流河道水流形态在射流口附近发生了突变，从急流向下游的缓流进行过渡，也就是说，射流口附近发生了一个水跃。由水跃特性可以得到下游缓流的水深(即第二共轭水深 h_2)与急流河道射流口水深(即第一共轭水深 h_1)的关系，即

$$h_2 = \frac{h_1}{2}\left(\sqrt{1+8Fr^2} - 1\right) \tag{5.1}$$

式中，h_1 为第一共轭水深；h_2 为第二共轭水深；Fr 为急流河道水流的弗劳德数。

为了尽量减小下游缓流的水深即第二共轭水深 h_2，必须尽量减小急流河道水流的弗劳德数。而急流的弗劳德数 $Fr \geqslant 1$，所以当且仅当 $Fr=1$ 时，下游缓流的水深也就是第二共轭水深 h_2 最小，且此时 $h_2=h_1$。$Fr=1$ 的状态也就是急流行进至射流口附近时，流态正好转化为临界流，从而不发生明显的水跃，下游缓流与上游急流直接过渡，水深不再发生突变。急流河道水流的弗劳德数计算公式为

$$Fr = \sqrt{\frac{aU_m}{gh_1}} \tag{5.2}$$

$$U_m = \frac{Q_d}{A_d} \tag{5.3}$$

式中，a 为动能校正系数；A_d 为导流墙到急流河道渠壁形成的射流口过水断面面积；g 为重力加速度；Q_d 为急流河道设计流量；U_m 为急流河道断面平均流速。

当 $Fr=1$ 时，$h_2=h_1$，所以下游缓流的水深(也就是汇流口水深)h_2 的计算公式为

$$h_2 = a\frac{Q_d^2}{gA_d^2} \tag{5.4}$$

由式(5.4)可以看出，在设计流量 Q_d 一定的情况下，汇流口水深 h_2 主要由射流口过水断面面积 A_d 决定，也就是由射流口的宽度 B_1 来决定。只要选择适宜的射流口宽度，就可以控制急流行至射流口的流态，从而控制整个汇流口的水位。所以射流口宽度是河道节点设计的关键，在已知急流河道设计流量和汇流口设计水位的情况下，过水断面面积为

$$A_d = \sqrt{\frac{aQ_d^2}{gh_2}} \tag{5.5}$$

5.1.3 工程应用

1. 工程背景

香港元朗区位于新界西北部，20 世纪 60 年代建立的元朗明渠排水的排水路线为：上游径流通过元朗明渠、新墟明渠和深涌河，流经元朗区，最终排入深圳湾。随着城市化进程的加快，市区高楼林立，大量土地被水泥覆盖，具有蓄洪作用的洪泛平原和鱼塘逐渐消失，地表径流面积增加，汇流时间缩短，导致城市"消化"雨水的能力降低。60 年代建立的元朗明渠逐渐不胜负荷，遇见特大暴雨时就会发生水浸。

为减轻元朗区的城市洪水威胁，综合考虑城市用地限制及施工影响，香港渠务署提出了元朗排水绕道工程，目的是拦截新墟明渠、深涌河和部分元朗明渠的上游来流，使洪水不经元朗区而直接流入锦田河下游，最终排入后海湾。元朗排水绕道工程地理位置及实施效果图如图 5.3 所示。

在元朗排水绕道工程设计中，主河道及各交汇口水流流态复杂。在有限的地形限制下，排水绕道分汇流设计要同时满足分流量和洪水位要求。

(1) 交汇口上游及分叉下游的水位及流速关系复杂，尤其是在急流和缓流的过渡状态。

(2) 在地势较低的拥挤城市，由于受到地形限制，调整泄洪道底坡的空间很小，且河道交汇口的设计还受到曲率的制约，以尽量减少征地代价。

2. 元朗绕道分洪河道的物理模型

将河网交汇节点动力再造技术应用于新墟明渠与元朗排水绕道的交汇口，建立 1：50 的正态物理模型。物理模型的整体设计和布置在香港大学水力研究实验

室完成。表 5.1 为模型河道各部分的水力设计参数。

图 5.3　元朗排水绕道工程地理位置及实施效果图(见彩图)

表 5.1　模型河道各部分的水力设计参数

参数		设计流量/(m³/s)	床面坡度	普通深度/m	临界深度/m	弗劳德数
主明渠		225.2(上游) 187.4(下游)	1/320	3.06(上游) 2.75(下游)	3.37(上游) 3.01(下游)	1.17(上游) 1.15(下游)
深涌河		51.9	1/440	1.69	1.50	0.84
新墟明渠		188.4	1/280	3.09	3.48	1.22
排水绕道	新墟交汇口上游	89.7	1/1000	2.77	2.13	0.65
	新墟交汇口下游	278.1	1/1000	4.67	3.76	0.69

　　图 5.4 为整个排水绕道的物理模型示意图。其中,主明渠与绕流河道交汇口成 87°,通过桥形涵洞连接,新墟明渠与排水绕道交汇口成 60°。模型每条河道的底坡均精确地设定为期望值。

　　表 5.2 为物理模型方案设计。设置 5 个方案,其中方案 2~5 均设置了导流墙:

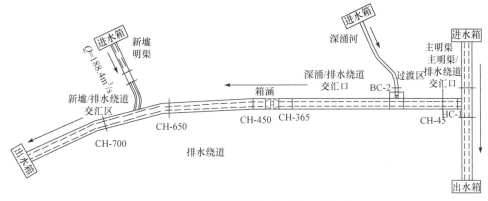

图 5.4　整个排水绕道的物理模型示意图

方案 2 只在元朗明渠排水绕道分流口处(点 C)设置不同宽度的导流墙;而方案 3~5 除设置元朗明渠排水绕道导流墙以外,还在新墟明渠排水绕道交汇口处使用节点动力再造技术设置导墙控制河道,同时改变了右岸设计。在方案 5 中,主明渠排水绕道分流口设置宽 2.8m 的分水"鱼嘴"和一座长 15m 的导墙;在新墟明渠和绕流河道之间设置一定角度的长 10m 的导流墙,形成局部射流;出水口宽 5m。主明渠网和新墟明渠网交汇节点动力再造技术应用方案如图 5.5 和图 5.6 所示。各方案新墟明渠、排水绕道水位沿程变化如图 5.7 和图 5.8 所示。

表 5.2　物理模型方案设计

方案	主明渠交汇口			深涌河交汇口		新墟明渠交汇口			
	角度/(°)	导流墙	入口宽度/m	角度/(°)	导流墙	角度/(°)	导流墙	出口宽度/m	右岸过渡
1	87	无	原始	45	无	60	无	10	锋利
2	0	短墙	4.1	45	无	60	无	10	锋利
3	0	短墙	4.1	45	无	12	8m	8.8	垂直
4	0	15m	3.45	45	无	0	18m	5	光滑
5	0	15m	2.8	45	无	0	18m	5	光滑

　　结果表明,方案 5 的分流量为 42.3m³/s,能满足分流量 37.8m³/s 的设计要求,还留有一定的安全范围。当新墟明渠排水绕道交汇口上游水位局部提高至 8.6m时,可以使元朗排水绕道和深涌河水位下降至 7.5m 以内。方案 5 设计中的主明渠、元朗排水绕道和新墟明渠的水流条件均得以改善。方案 2 和方案 5 的新墟明渠网排水绕道交汇口水流俯视图对比如图 5.9 和图 5.10 所示。可见,新墟明渠出口断面的收缩为临界流和向下游的高速射流形成创造了条件。射流使排水绕道中混合流的水位和新墟明渠水位一致,从而降低了排水绕道整个泄洪道的水位,最

终方案 5 被确定为最优设计方案。该设计方案圆满解决了元朗排水绕道工程的设计难题。

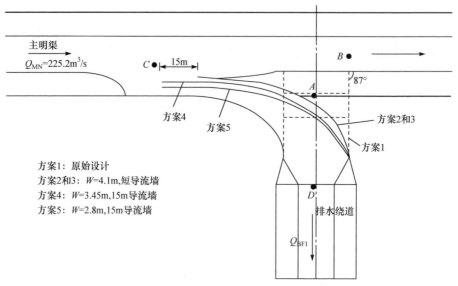

图 5.5　主明渠网交汇节点动力再造技术应用方案

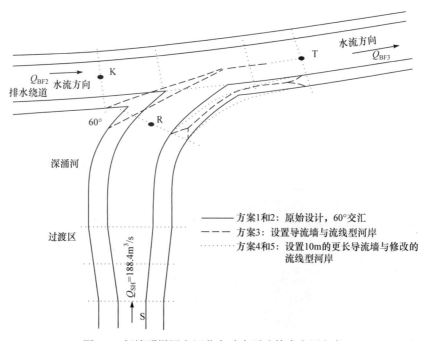

图 5.6　新墟明渠网交汇节点动力再造技术应用方案

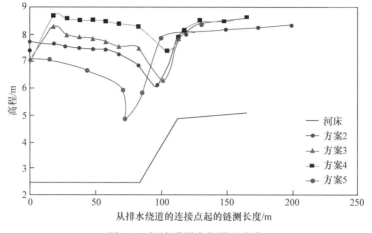

图 5.7　新墟明渠水位沿程变化

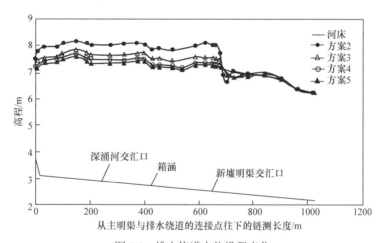

图 5.8　排水绕道水位沿程变化

图 5.9　方案 2 新墟明渠网排水绕道交汇口水流俯视图

图 5.10　方案 5 新墟明渠网排水绕道交汇口水流俯视图

5.2　闸泵合建枢纽整流与消能技术

闸泵结合的布置方式相比于水闸与泵站分开布置，占地面积小，适用于人均耕地面积少的平原经济发达地区，但同时也存在导致枢纽上下游水流流态特殊化和复杂化的问题。因此，利用闸泵合建枢纽整流与消能技术，针对闸泵合建平面不对称、平面对称和立面分层等不同布置形式的水流问题，提出配套的整流消能技术[5]，为平原河网水利工程优化设计开拓新的思路，并在泰州引江河泰兴枢纽、怀洪新河杨庵闸等工程中得到成功应用。

5.2.1　闸泵合建枢纽处的乱流问题

闸泵结合布置方式容易引起枢纽上下游水流流态的特殊化和复杂化。在水闸、泵站各自单独运行时，水流流向与河道形成一定的夹角，从而改变了原河道的流态和动量分布，使河床左右动量不平衡；同时，在枢纽上下游引起剧烈的回流和横向水流，恶化了水闸泵站进水流态，从而使水闸泄流能力或泵站效率降低，甚至严重淘刷岸坡，危及建筑物基础，威胁工程安全。这些水流问题若处理不当，将会导致整个枢纽布置的失败。

工程设计人员在进行平原水闸泵站结合布置设计中，根据枢纽河势、地质、闸泵规模、枢纽的功能及水流条件，常采用三种主要布置形式，即平面不对称布置、平面对称布置和立面分层布置。本节针对这几种闸泵结合布置形式引起的乱流问题进行研究，下面给出相应的整流与消能措施。

5.2.2　闸泵合建枢纽整流与消能技术的设计方案

1. 平面不对称布置

闸泵合建平面不对称布置即水闸与泵站分别布置在河道两侧。由于泵站集中布置在一侧，有利于泵站安装、检修和运行管理，适合泵站规模较大的大中型水利枢纽。

该布置方式在建筑物各自单独运行时，上游来流发生偏折，主流流向与河道轴线形成夹角，引起河床左右动量不平衡，在枢纽前形成强烈的回流和横向流速。在水闸单独运行时，泵站前形成大片滞水区，闸前的近泵站侧水流收缩明显，横向流速显著，有时会导致水流与闸泵结合部导流墙脱离；在水闸一侧处形成回流，回流区尾部延伸至水闸一侧出口断面，使水闸的有效过水宽度减小，泄流能力降低，如图 5.11(a)所示。泵站单独运行时，上游来流偏向泵站，近闸侧来流绕闸泵

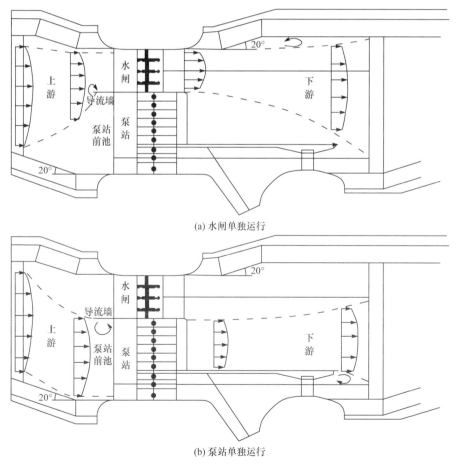

(a) 水闸单独运行

(b) 泵站单独运行

图 5.11　闸泵合建平面不对称布置

结合部导流墙进入前池，在导流墙端部水流发生分离并在前池内产生回流区，容易诱发泵站进口形成漩涡，影响水泵运行效率，甚至引起水泵的振动破坏。在枢纽下游，由于水闸或泵站单侧泄流，闸下河道两侧出现大小不同的回流，主流区与回流区之间形成的压差产生横向水面坡降，使主流沿河道一侧前进，形成偏流，如图 5.11(b)所示。

上述水流特性给枢纽运行带来不利影响，既恶化了枢纽进水流态，使泵站效率和水闸泄流能力降低，又增加了下游消能防冲的负担，因此必须采取相应的整流与消能措施。

首先，对闸泵结合部导流墙形态和平面位置进行比较试验。试验结果表明，闸泵结合部导流墙可以改善水闸入流流态，但恶化了泵站前池水流流态。其次，对导流墙的长度进行比较试验。若导流墙长度为零，即取消导流墙，则闸前横向流速显著增加，不仅右边孔内有回流存在，在邻近的中孔内也有小回流存在，致使右边两孔的平均流速减小，泄流能力比原方案反而降低。若增加导流墙的长度，闸前回流虽不能消失，但回流区随导流墙长度的增加逐渐上移，随着导流墙长度的增加，回流区尾部仅延伸到闸孔入口处，直至右边孔闸室内的回流完全消失，泄流能力比原方案明显增加。此时若再增加导流墙的长度，则泄流能力无明显变化。当上游来水主流完全在泵站左侧时，若仅仅通过延长闸泵结合部导流墙的长度来改善前池流态，则效果并不明显，需要在前池内采取整流措施。

经多种整流措施比较，在前池入口两侧布设适当数量的导流墩，可以明显改善池内流态，消除回流，均化泵站进水口前流速分布。最后，对枢纽下游左侧岸坡体型和扩散角进行调整，使主流偏流强度有所减缓。

采用上述整流措施后，枢纽上下游水位流态有所改善，从而提高了该布置方案下枢纽运行的安全性和可靠性。

2. 平面对称布置

平面对称结构布置方式，通常水闸位于河道中央，泵站对称布置在水闸两侧，适合以水闸引水和排水为主，兼具水闸通航的中小型水利枢纽工程。有些工程泵站集中布置在中间，水闸对称布置在两侧。

当枢纽水闸在中间单独运行时，主流流向与水闸泄流的方向一致，进口水流的流态相对较好。但由于水流集中向下宣泄，会在下游河道的两侧形成剧烈的回流。由于回流挤压主流，出闸水流单宽流量变得集中，水面下降得很快，致使水流流速增加。这样就大大增加了下游消能和防冲两个方面的负担，因此要严格限制水闸运行时闸门提升的高度。泵站单独运行时，抽排流量较小，枢纽上游来流流速低，如果上游水位较高，通常偏流情况不严重；但是当上游水位较低时，也容易在泵站前池的近闸一侧产生漩涡，影响泵站运行。

当该枢纽泵站位于中间而水闸单独运行时，在枢纽上游进口附近两侧岸坡上形成两个狭长回流区。河道中部主流则行至泵站前才开始向两侧分流，绕泵站流向水闸，因而闸前横向流速明显，在紧邻泵站的两侧闸孔形成回流，致使该闸孔过流能力减弱。两侧闸孔出闸水流类似两股射流，由于射流的紊动卷吸，在两射流之间(泵站下游)形成方向相反、大小不等的两个回流区，大、小回流区的位置不稳定，取决于两闸孔泄流时的扰动所带动海漫上水体的运动趋势，如图 5.12(a)所示。泵站单独运行时，由于通常情况下流量较小，流态相对较好。

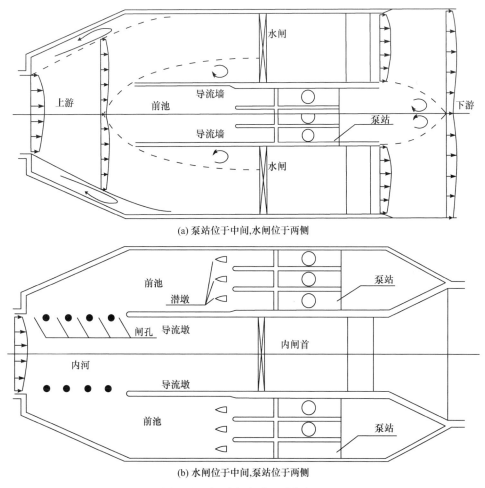

(a) 泵站位于中间,水闸位于两侧

(b) 水闸位于中间,泵站位于两侧

图 5.12　闸泵合建平面对称布置

水闸位于中间、泵站位于两侧的布置形式较为常见，所以以此为主进行说明，该布置方式常在前池内两侧布设侧向底孔进流，如图 5.12(b)所示。当泵站独立运行时，水流通过闸门前端转 90°进入压力前池上游段后，又转向 90°进入压力前池下游段，并且在高水位时底孔的出流方式为孔流出流，在低水位时底孔的出流方式又变为明流出流，因而压力前池内水流流态相十分复杂。试验现象表明，在内河高水位时，水流以孔流的方式进入前池上游段，孔口处的表层水流受底部主流吸卷；与此同时，底孔主流在外侧边墙约束下发生转向，流入下游段的同时也有部分水流沿着边墙进入表层，朝孔口方向流动，从而形成断面环流。在前池下游段，进口断面底部水流的流动方向偏向外侧，表流水流的流动方向偏向内侧。在池内，主流位于底层外侧，在主流的吸卷作用加大了相邻底层水流向外侧流动，而表层水流则向内侧流动，最后再沿内侧边墙进入下层补充底流。因此，在整个前池横断面上，底流向外侧流动、表流向内侧流动，最终形成了断面环流，致使前池水流呈螺旋流流态向泵室流动。在低水位时，水流以明流的方式进入前池上游段，这时前池中无螺旋流形成的现象。随着内河水位的降低和流速的增加，这种不均匀进流现象变得更加明显；而下游端底孔水流进入前池后绝大多数以 90° 进行转向，所以在前池内侧形成需对回流区域，主流主要集中在前池外侧。螺旋流和回流两种流态都会对泵室的进流条件产生影响，使得水泵的效率明显降低，故需采取整流措施来消除此种水流。

在内河高低水位时，前池下游段产生螺旋流和回流两种不利流态的主要原因是：水流进入下游段时，水流的流速方向迅速产生偏斜，在高水位时，底流向外侧流动，表流向内侧流动；在低水位时，表、底流都流向外侧。试验过程中曾经尝试调整底孔立柱断面形式，将立柱做成带有不同倾斜角度、类似导流板的结构来改变水流流向。但试验结果表明，因导流结构的长度有限，结构只能对局部水流产生影响，前池中的总体流态不会发生改变。如果将立柱做成导流墙形式的结构并适当延长，将上游段前池改成顺外侧边墙转向的弯曲流道，会使得在不同内河水位时各底孔入流的流量分配不均，导致在某些水位情况下前池内断面流量分配不均。

通过分析和试验证实，在前池上游段和下游段分界处，设置两个轴线与泵闸轴线相平行的导流墩，可以大大改善泵室进口流态，使水流基本呈正向流入泵室，但流速分布也不是很均匀。由于高低水位时泵室前池流速分布具有两种不同的倾向，所以仅仅靠改变导流墩的位置和长度还是不能取得令人满意的效果。因此，可以在导流墩下游增加布设 3 个三角形潜墩，对水流的流态再次进行调整，在低水位时尤其能进一步使水流均匀化，效果会更好。

3. 立面分层布置

立面分层布置枢纽时，当泵站布置在水闸的上层，下层闸(涵)室可替代水泵流道，适宜规模相对较小的小型水利枢纽工程或者采用双向水和排水的水利枢纽工程。当泵站采用潜水泵时，闸泵立面分层布置所需的高度会由于电机层的省去可进一步缩小，因而这种布置方式的应用前景相对更为广泛。

立面分层枢纽中，当泵站单独运行时，水泵后部滞水区会产生大范围速度缓慢的空间环流或翻滚水流的流动状态。水泵的后端经常会出现旋转方向不确定的漩涡，并形成漏斗形管状涡带，从进水室顶端向下进入喇叭口，甚至出现附底涡带。水闸单独运行时，进水流道作为水闸箱涵过流，为孔口出流，流态复杂，过流能力差。立面分层布置如图 5.13 所示。

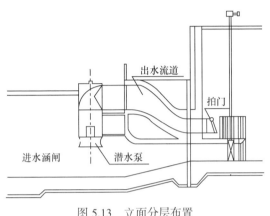

图 5.13　立面分层布置

5.2.3　工程应用

1. 工程背景

泰州引江河工程是一条引水、排涝、航运等多功能的综合利用河道。泰兴枢纽是泰州引江河工程的控制口门，枢纽由节制闸、抽水泵站、船闸和调度闸等水工建筑物组成。其中节制闸紧靠引江河西侧布置；抽水泵站布置在节制闸东侧，采用闸泵合建布置方式；船闸位于节制闸西侧，中心线与泰州引江河平行，相距 225m；调度闸位于抽水站北侧 160m 处，抽水站与调度闸之间通过开挖送水河与南宫河沟通泰州引江河泰兴枢纽整体水工模型平面图如图 5.14 所示。

泰兴枢纽在正常年份可由节制闸和泵站底层流道自流引长江水 $600m^3/s$；在冬春季长江潮位较低时，关闭节制闸，由泵站抽引长江水 $300m^3/s$；在里下河需要排涝时，可由泵站反向抽排 $300m^3/s$，其中泵站 $100m^3/s$ 的抽水能力还可以通过调度闸的调度控制，向南通地区抽引长江水进行灌溉或帮助南通地区进行排涝。

泰兴枢纽建筑物集中，控制方式和总体布置复杂，枢纽布置及体型设计是否合理不仅直接关系到枢纽的安全运行，还影响本地区的引水、排涝和通航安全。

通过整体模型试验对泰州引江河泰兴枢纽进行研究，分别观测枢纽各个建筑物单独或联合运行时的泄流能力、水流流态以及消能防冲等，验证枢纽总体布置的合理性和可行性，提出对应的整流与消能措施，对枢纽进行优化设计。

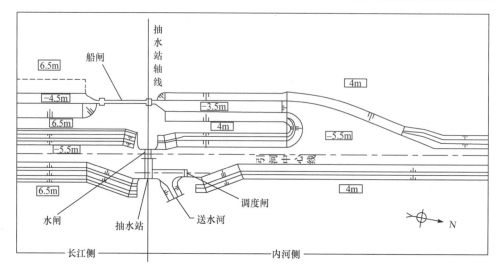

图 5.14　泰州引江河泰兴枢纽整体水工模型平面图

框中数字表示高程

2. 工程的水流问题

泰兴枢纽模型模拟了枢纽各有关建筑物以及下游河道(长江侧)650m、上游河道(内河侧)1600m，模型全长 56.25m，模型最大宽度 14m，如图 5.15 所示。

图 5.15　泰兴枢纽整体水工模型全景

1) 泄流能力

按枢纽布置和功能要求，除水闸自引外，泵站底层流道也担负自流引江的任务。但是泵站东侧 3 台泵需向南宫河送水，因此只有 6 台泵的底层流道参与水闸联合自引。在设计孔径水位下，各建筑物单独运行与联合运行时实测的泄流能力如表 5.3 所示。可以看出，水闸单独运作时，模型试验得出的实测流量小于设计流量，主要原因是东侧边孔闸室内存在回流，缩小了闸孔有效过水宽度，使过流能力减小。同时，由于闸前河道宽阔，行近流速较小，对高淹没度出流的泄流能力也有一定的影响。泵站单个底层流道自引试验中，流道出口处水面比实际下游水位有所下降，实际水头差大于设计时上下游水头差，因此泄流能力比设计有所增加。闸泵联合泄流时，由于闸泵行近水流流态较好，水闸东侧边孔闸室内回流消失，且行近流速较大，因而联合泄流量并不等于水闸和泵站单独泄流量之和。

表 5.3　设计孔径实测泄流能力

运行工况	长江侧水位/m	内河侧水位/m	设计流量/(m³/s)	试验实测流量/(m³/s)
水闸	2.06	2.00	440	330
单个底层流道	2.06	2.00	26.7	33
闸泵联合	2.06	2.00	600	608

2) 上下游河道平面水流流态及流速分布

水闸单独运行时，闸门全开，长江侧水位 2.06m，内河侧水位 2.0m。由于泵站布置在水闸东侧，当长江来流临近时逐渐脱离东岸向西偏流，在泵站前形成一大片弱回流区，基本上等同于滞水区。当水流行进至闸前时，由于水闸过水宽度仅为该处河道总宽度的 1/3，闸门前端东侧水流明显收缩，横向流动变得更加严重，致使水流与闸泵相结合部位的导流墙发生脱离，在水闸一面形成回流，闸室进口断面回流区域最大宽度约为闸孔宽的 2/3，回流区尾端则一直延伸至水闸东孔闸室出口断面，降低了东孔有效过水宽度，因此降低了水闸东孔宣泄水流的能力。节制闸自引进口流态如图 5.16 所示。由于水闸紧靠引江河西侧布置，因此西侧水流平顺，至闸前顺圆弧翼墙逐渐进入西边闸孔，未见水流分离现象，只是翼墙与岸坡相接的拐角处有弱小回流发生。在设计孔径水位下，水闸出流为高淹没出流。出闸水流在消力池内沿西侧翼墙扩散，出池后，在闸下河道两侧出现大小不同的回流。在西侧，岸坡自翼墙末端以 20° 扩散角向西偏折，出池水流与岸坡脱离，在岸坡坡面和马道上形成回流，回流旋转作用较强，使回流区压力降低，从而与主流形成横向水位差。而水闸东侧水域较宽，回流旋转作用不明显，基本上为滞水区，压力接近下游正常水位的静水压力，而出流主流具有较大的动能，压力较小，使主流与东侧滞水区形成横向水位差。两者相加的结果使出池主流沿西岸侧前进，形成偏流，但未见明显的折冲水流发生。

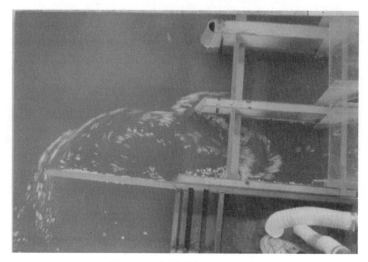

图 5.16　节制闸自引进口流态

　　闸泵联合运行时，内外河道的平面流态比水闸单独泄流时相对较好，闸泵结合部导流堤两侧回流消失，内外河道东侧岸边回流范围即滞水区明显减小。但由于闸门全开时，水闸为堰流，泵站底层流道为孔流，因而水闸单宽流量要大于泵站底层流道的单宽流量，使闸泵附近水流偏向水闸一侧。水流出闸泵后，由于闸泵单宽流量不等，内河河道各断面水流流速分布不均匀，主流仍偏西。由于水闸下泄量大于水闸单独泄流时的下泄量，因而在消力池末端的扩散段，回流流速比水闸单独泄流时大。

　　当长江侧水位低于内河侧水位时，水闸关闭，9 台泵开始抽引。泵站西侧来流绕闸泵结合部导流墙进入前池。无论是高水位还是低水位时，在导流墙末端，水流都会产生分离，在前池西侧产生较大的回流区域，水位越低，回流范围就会变得越大，并且会一直延长到泵站进水口门。由于回流区的存在，最西侧的一台泵进水方式为斜向进水，致使进水口门右侧墩前的水流产生漩涡，特别是在低水位时，会有明显的漩涡现象，但未见明显的吸气现象。在 9 台水泵突然开启时，前池水面未见明显降落。由于水闸中心线与引江河中心重合，泵站布置在水闸东侧，处于引江河外扩侧，因此对泵站而言，长江来水的主流偏西。主流偏西的结果是一方面加强了闸泵结合部导流墙端部的绕流作用，提高了前池回流区水流旋转的强度；另一方面使前池口门入流流速自西向东减小，流速分布不均。泵站抽引前池的水流流态如图 5.17 所示。

　　3) 设计消能水位下河道水流流态

　　枢纽正向引水时，在设计孔径水位闸门全开时，水闸出流为高淹没出流，闸孔流速较低，过闸水流平稳，消力池内无水跃发生，只是水流进出消力池和通过

图 5.17　泵站抽引前池的水流流态

堰坎时水面有所升降。试验中观察到，在水闸入口缝墩侧，有阵发性漏斗状漩涡产生，漩涡位置不稳定，来回摆动，并伴有吸气现象。出闸水流在消力池内形成强烈的表层旋滚并伴有大量掺气现象。水跃跃首进入闸室，接近堰坎，但未拍击闸门，底层主流不稳定，间歇向上蹿升。水跃跃尾位置极不稳定，来回摆动。因整体消能率不高，出水池水流仍会产生连续的水面波动。正向引水时消能消力池水流流态如图 5.18 所示。

图 5.18　正向引水时消能消力池水流流态(见彩图)

反向排涝时，内河侧为上游，长江侧为下游。试验观测到，出闸水流在消力池内形成淹没水位，表层发生旋滚并伴有少量掺气。跃首拍击闸门，跃尾不稳定，前后摆动，但未出消力池，池内主流贴底，最大流速发生在消力池底部。由于反坡式消力池无尾坎，出池水流未见明显跌落，水流表明波动比正向消能时小。泵站底层流道自引水流流态如图 5.19 所示。

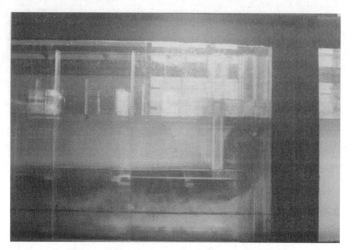

图 5.19　泵站底层流道自引水流流态(见彩图)

消力池长度、深度以及海漫长度满足设计要求，但由于枢纽总消能率较低，海漫段近底流速较大，需加强海漫段的护砌。

设计方案的试验结果表明，该枢纽存在以下几方面的问题：

(1) 水闸或泵站单独运行时，入闸泵水流流态较差，影响水闸过流能力，泵站前池流态的偏流将会影响水泵的效率。

(2) 各试验工况下，水闸消力池长度、深度及海漫段长度满足设计要求，但消能效率较低，部分工况出现水跃跃首拍击闸门现象，容易引起闸门的振动破坏。

(3) 枢纽建筑物布置相对集中，整体水流流态复杂，内河主流偏西，形成偏流。上下游河道东侧和内河西侧均出现大小不等的回流区，后者尤其严重，内河西侧的回流流速过大，引起西侧岸墙的淘刷。

3. 工程的整流消能设计

方案优化主要针对设计方案存在的偏流、回流等问题进行，试验观察表明，延长闸泵结合部导流墙长度，泵站前池增设导流墩，闸下消力池西侧岸墙采用扩散式直立岸墙，对改善偏流、回流流态效果明显。经过多种方案的比较试验得到的枢纽建筑物优化布置方案如图 5.20 所示。优化方案试验分别进行了引江河二期工程和一期工程水闸、泵站单独运行和闸泵联合运行的试验。

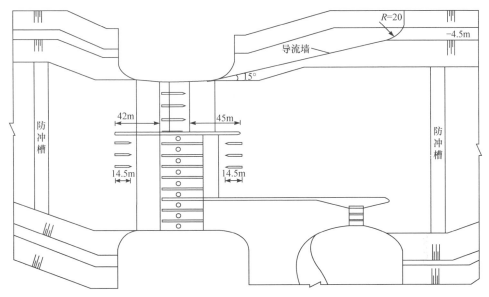

图 5.20　枢纽建筑物优化布置方案

　　试验结果表明，工程中各枢纽建筑物的泄流能力无明显差别。优化方案泄流能力比设计方案平均增加 39.3%，闸泵联合运行均能满足设计要求。

　　节制闸单独运行或者泵站单独抽排(引)时，枢纽上下游河道一侧均存在大片弱回流区，如图 5.21 所示。回流区内实测最大回流流速极小，基本为滞水区，它的存在使河道主流偏向一侧，节制闸单独运行时，主流偏向西侧；泵站单独运行时，主流偏向东侧。

图 5.21　泵站抽引内河东侧回流

　　优化后的枢纽布置条件下，闸泵联合运行时，节制闸内河西侧岸边的强回流区不复存在，因而消除了由回流引起的河道水面横向比降而导致主流偏折的影响，枢纽上下游水流平顺，闸泵联合运行长江侧河道和内河水流流态分别如图 5.22 和图 5.23 所示。但由于节制闸单宽流量大于泵站底层流道的单宽流量，偏流难以完全避免，且因枢纽各建筑物的运行工况不同，偏流发生的程度、位置也不同。正向引水时，偏流主要发生在枢纽的内河侧，反向排涝时，偏流主要发生在枢纽的长江侧。由于枢纽内河侧布置有送水河与调度闸，下泄水流不能立即向东侧扩散，因而在宣泄同一流量时，正向引水内河侧偏流的程度要高于反向排涝时长江侧偏流的程度。在节制闸与泵站双层流道联合泄流时，由于两建筑物下泄的单宽流量相近，偏流并不明显。节制闸与泵站底层流道联合自引时，偏流的影响使得主流集中沿西侧流动。

图 5.22　闸泵联合运行长江侧河道水流流态

图 5.23　闸泵联合运行内河水流流态

5.3　四面体透水框架群防冲技术

堤防是保护人民生命财产安全的重要防洪工程之一。为了保护大堤,在长期的实践中形成了多种护岸技术。但一些传统的护岸工程常存在稳定性差、易受损坏等问题,而四面体透水框架群防冲技术可以使受保护的建筑物附近的水流条件得以改善,既确保建筑物的安全,相对传统护岸工程又节省投资。该护岸技术已在长江九江段南岸赤心堤段得到成功应用。

5.3.1　河道护岸工程的失稳问题

河道崩岸是指河岸在受到近岸水流冲刷的过程中受到不断侵蚀,河岸土体的承载能力减弱,导致土体稳定性逐渐降低,最终发生局部崩坍。河道崩岸不仅会威胁大堤的防洪安全,而且对河道航运、对两岸人民的生命安全都有着严重影响。护岸工程是防治崩岸发生的关键技术。

传统的护岸是在岸坡的坡面上所做的各种铺垫和栽植的统称。常用的护岸形式有抛石护岸、铰链混凝土板沉排护岸、模袋混凝土护岸、土工织物砂枕(排)护岸等。抛石护岸应用历史悠久,施工方法简单,造价低廉,护岸效果明显,在长江中下游被广泛应用,但由于抛石护岸阻断了水陆生态系统的物质和能量交换,使动物和植物的生存环境遭到了破坏,同时也使河岸带失去了自有的生态功能和自净能力;铰链混凝土板沉排护岸、模袋混凝土护岸这两种护岸方式整体性比较好,施工质量可以很好地控制,缺点是造价高,适应河床变形能力差;土工织物砂枕(排)护岸取材容易,稳定性好,施工方便且造价较低,但易遭抛锚破坏。

虽然这些实体工程对堤岸保护起到一定的作用,但一些防护工程经过一段时间后存在超期服役、抗冲能力下降、防护标准低等问题,并且存在堤岸基础被淘刷而导致护岸工程失稳和破坏的问题。下面介绍四面体透水框架群防冲技术。

5.3.2　四面体透水框架群防冲技术的设计方案

1. 四面体透水框架群护岸原理及影响因素

四面体透水框架群护岸技术是西北水利科学研究所在治理多沙游荡型河道试验研究中率先提出并进行研究的一种新型护岸技术,后又经江西省水利科学研究所、河海大学工程水力学及泥沙研究所多次进行作用机理研究,并结合工程开展了大量模型试验研究[6]。

为研究四面体透水框架群护岸技术的工作原理,进行室内水槽试验。分别采用4、10、16.7、25、30、33.3 六种几何比尺模拟四面体透水框架,如图 5.24 所示。

图 5.24 六种几何比尺模拟四面体透水框架

　　将单个框架布置在水槽中,当水流在流经四面六边的透水框架时,受到框架内侧杆件的挤压作用,中部流速略微增加。然而,由于杆件的阻碍,水流在透水框架杆件后形成绕流尾涡,导致水流在这里损失了一定的流量并增加了局部阻力,从而导致四面体后水流速度略微降低。

　　将多个框架分组、分间隔一起放入水中,多框架联合作用的结果显示为:在框架群抛投区内的流速和间隔区内的流速均明显减小,同时没有产生集中绕流现象。在试验过程中抛投示踪物,可清楚地看到框架群间隔区和接近底部示踪物停留的现象。框架群间隔区示踪液平面和立面分布图如图 5.25 所示。采用抛投框架群后,框架群间隔区及近底处的流速都显著减小了。

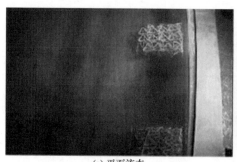
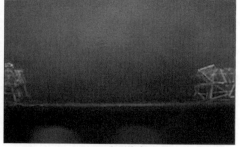

(a) 平面流态　　　　　　　　　　　　　　　(b) 立面流态

图 5.25 框架群间隔区示踪液分布图(见彩图)

　　再将四面体透水框架群间隔布置在铺设床沙的床面上,慢慢增加水流流速,使远岸侧床沙起动,但这时框架群部位的水流流速较小,间隔区内及其外缘附近床沙是稳定的;进一步增大水流流速,远岸侧床沙产生激烈运动,冲刷坑深度加深并且直径扩大,但框架群间隔区内的床沙仍保持稳定的状态;水流流速持续加大,直到冲刷坑外缘接近至抛投区边缘时,其间隔区内的床沙仍然没有显著的冲刷。框架群抛投区与间隔区冲刷形态如图 5.26 所示。

图 5.26　框架群抛投区与间隔区冲刷形态

　　为对比研究四面体透水框架群与抛石护岸的稳定性,进行模型对比试验,试验主要是采用按几何比尺缩小的石子模拟原型块石。由于块石的尺寸显著大于透水框架杆件的尺寸,并且块石具有不透水的性质,水流受块石的阻碍绕过实体块石的两边和顶端,因而在其周围产生显著的集中绕流现象,引起局部水流流速增加,又由于块石的外形不规则,与河床接触的位置空隙绕流较强且伴随着螺旋流,容易使底沙浮起,引发局部冲刷的现象。随着螺旋流的作用不断增加,冲沟直径增大、深度加深,最后会导致实体块石产生翻滚,实体块石滚动后又会在新的位置上产生新的冲沟,在抛石体周围会产生很大的冲刷坑,大量泥沙流失导致实体块石下沉、翻滚或产生移动。这是抛石护岸的抛石固脚走丢的最重要原因。图 5.27 为块石近区冲刷坑照片。对于抛石护岸,水流流速加大对抛石走失的威胁慢慢加大,而对于四面体透水框架群,水流流速增大对抛投区、间隔区以及抛投区边缘的床沙均没有产生显著的影响。

　　研究四面体透水框架群护岸对其附近水流的减速程度(即减速率),一般考虑的主要影响因素有框架群的截面形式、框架群架空率、杆件长宽比、框架群平面布置形式及框架群的长度和间隔长度等,其他因素的影响十分细微。这里定义的减速率是原本河床水流流速(即无工程措施)减去框架群末端的河床水流流速(即有工程措施)的差值与原来河床水流流速的比值。

　　1) 框架群截面形式的影响

　　在恒定流的前提下,模型水槽试验主要对圆形、三角形、正方形三种截面面

图 5.27　块石近区冲刷坑照片

积相同、形状不同的杆件进行试验研究，研究现象表明：

(1) 截面形式不同的四面体透水框架均有显著的减速效果，且减速效果在距框架群体 65cm(5.2 倍杆长处)的下游一定范围内仍存在。

(2) 框架杆件截面形式为正方形和三角形的减速效果均显著比圆形截面的减速效果好。

(3) 圆形截面形式的近底水流流速比无框架时约减小 36%，三角形截面形式的近底水流流速比无框架时约减小 62%，正方形截面的近底水流流速比无框架时约减小 71%。

(4) 实际应用时，考虑制作方便、抛投可靠、减速效果好等原因，建议采用正方形截面杆件。

2) 框架群架空率的影响

通过室内试验结果分析与工程实践得出以下结论：一个框架逐个单独抛投所形成的框架群与多个框架绑扎在一起抛投所组成的框架群降低速度的效果是不同的，根本原因是不同抛投方式形成的框架群架空率不一样。架空率就是所有框架群的空间总体积与 N 个单框架的空间体积的比值。由于抛投时常会使框架彼此重叠，有可能产生套叠或架空的形式。抛投具有随机性的性质，因此难以运用理论方法计算不同抛投框架群的架空率，而是取用多次试验的均值作为架空率。模型水槽试验运用正方形截面杆件形式的框架群，按照不同组合方式投放框架。试验结果表明，架空率不相同，其对流速场产生的影响也不同，尤其对近底水流流速的缩减影响较大，且架空率在 4.7～5.3 的减速率较大。因此，在工程实际运用中，应尽量使架空率落在 4.7～5.3。

3) 杆件长宽比的影响

模型水槽试验采用截面形式相同、边长不同的透水框架，以制作出长宽比不同的模型四面六边形式的透水框架。试验结果表明，在架空率不变的情况下，伴随着杆件长宽比的增大，减速率也在增大，减速率在杆件长宽比达到 16 时最大，当杆件长宽比进一步增大时，减速率会逐渐下降。

在试验研究过程中还发现，框架的四个节点周围杆件距离小，其切割碰撞水流的效果会降低，因而杆件两边的减速效果低于中部；当杆件长宽比增大时，四个节点的距离增加，杆件对水流作用的效率会有所提升，因此减速率增大；当杆件长宽比太大时，水体中杆件体积明显减小，因而对水流的作用也会衰减。

架空率和最优长宽比的研究分析结果说明框架群在适当透水性时的减速效果较好。在具体工程运用中，要依据具体的施工条件，如运输能力、抛投条件及杆件的自身强度等因素，合理地选择杆件的长度，以达到优化的目的。据材料试验研究分析结果及实践经验，建议杆件长宽比取值范围为 10～15。

4) 框架群平面布置形式的影响

框架群的平面布置形式主要有平顺式布置和梳齿式布置(见图 5.28)。为研究其平面布置最优形式，对这两种主要布置形式进行模型试验研究。试验表明，当框架群为梳齿式布置时，减速率与齿距的相关性显著，即伴随齿距的增大，减速率降低，但与齿长关系不明显。工程实际应用中，需考虑护岸施工条件、水深、水流流速等因素的影响，当水流深度过深时，框架群施工时较难准确布置成梳齿式，因此只能采取平顺护岸方式进行平面布置。

图 5.28　梳齿式布置方案

5) 框架群的长度和间隔长度的影响

为充分运用框架群减速效率，节约材料，通常采用抛投区一段、间隔区一段的形式进行平面布置，对抛投段的长度、间隔段的布置长度进行具体研究。抛投间隔布置方式如图 5.29 所示。结果表明，当抛投长度在 10m 之内时，增大抛投长度会致使近底水流流速加大；当抛投长度大于或者等于 10m 时，增加抛投长度对间隔区近底水流流速几乎没有影响。当抛投区间隔小于 10m 时，减速率改变不大，当抛投区间隔大于 10m 时，减速率明显缩小。因此，当工程要求减速率相对较高时，应控制其间隔不大于 10m。

图 5.29　抛投间隔布置方案

2. 四面体透水框架群的布置形式

1) 横断面布置形式

框架群护岸在实际工程中常运用的设计横断面形式有贴坡型和固脚型两种，选择横断面形式时要依据实地具体情况，并参考已建工程的成功经验进行综合分析，最终选择最合适的横断面形式。

贴坡型横断面即顺岸坡以一定坡度、一定厚度抛投框架群，如图 5.30(a)和(b) 所示。设计横断面坡度由于其单体体型的稳定性及相互间的镶嵌、套叠等约束作用，在某些情况下会很陡，考虑其产生淤积后的整体性，建议选用块石护坡所需

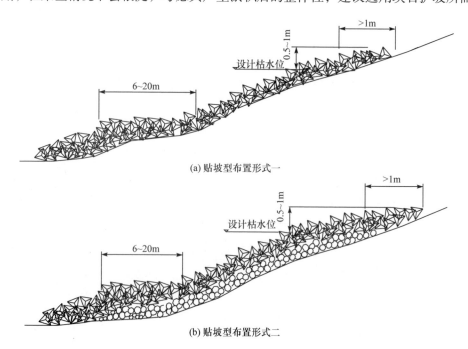

(a) 贴坡型布置形式一

(b) 贴坡型布置形式二

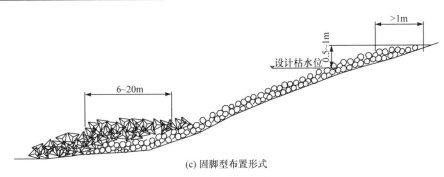

(c) 固脚型布置形式

图 5.30　框架群护岸横断面

要的坡度。当原岸坡没有达到稳定要求的坡度时，可利用抛石进行补坡。

　　固脚型横断面是在岸坡坡脚或在其他形式的护岸工程的坡脚处，以一定坡度、一定厚度抛投框架群，固脚型横断面坡度比与被保护的坡脚坡度比或被保护的护岸工程坡度比相同；抛护厚度大于三层框架抛投所能达到的最小厚度；以能保护坡脚不受冲刷为原则对抛护区域进行布置，一般为 6～20m，如图 5.30(c)所示。

　　2) 平面布置形式

　　框架群的平面布置有各种各样的形式，概括起来有平顺连续布置、平顺间隔布置和梳式布置，如图 5.31 所示。各种平面布置形式优缺点不同，运用范围不同，应根据工程实际情况选择合理的平面布置形式。

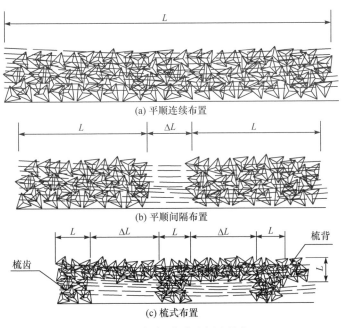

(a) 平顺连续布置

(b) 平顺间隔布置

(c) 梳式布置

图 5.31　框架群平面布置形式

平顺连续布置形式是指在堤岸岸坡上，沿着水流方向连续抛投框架群。该布置形式常用于丁坝和矶头的前后腮、流态、地形较复杂的堤岸段，这些地方抛投施工质量容易得到有效控制，但所需抛投框架用量会增加。

平顺间隔布置形式的框架群呈完全间断，间隔布置形式的间断尺度在 10m 内进行选择，连续抛投尺寸应不小于 10m。该布置形式适合岸线较平顺正直的堤岸段，抛投施工质量容易得到有效控制，框架用量少，因此可节约材料。

梳式布置的框架群在平面上呈不完全间断布置，由梳齿和梳背组成。梳式布置的梳齿间隔尺寸取 10~15m，梳齿、梳背宽度取 2~3m。

3. 防护效果及稳定性分析

防护冲刷防护层的优劣程度不仅体现在直接的防护效果方面，还体现在防护层自身稳定方面。这是透水框架群可以保持防护直接效果的根本保障。因此，四面体透水框架群的保护效果分析应包括两个方面：一是直接效果分析，二是稳定性分析。直接效果分析主要是分析四面体透水框架群防护前后冲刷坑的变化特征，包括最大冲刷深度的改变、冲刷坑形状的变化等方面；稳定性分析主要是分析四面体透水框架群的稳定性特征及二次防护的效力，包含整体稳定性、边缘稳定性、渗透稳定性与床面形态影响下的稳定性。通常可以进行模型墩柱水槽试验，观测四面体透水框架群防护前后的最大冲刷深度改变及冲刷坑形态变化，分析透水框架的防护效果。首先针对四面体透水框架群防护前后的最大冲刷深度进行试验研究分析，然后对四面体透水框架群的整体稳定性、边缘稳定性以及二次防护能力进行试验结果分析。

1) 直接效果分析

对无四面体透水框架群护岸进行模型水槽试验，研究墩柱附近冲刷变化情况。四面体透水框架群防护前后墩柱周围冲淤变化如图 5.32 所示。试验表明，在无四面体透水框架群时，上游大量泥沙由漩涡引起的局部冲刷被带往下游。而设置四面体透水框架群后，墩柱周围冲刷深度及冲刷范围比无防护时明显减小，侧向往下游方向也并没有呈现无防护时的扩散趋势。除此之外，墩柱下游对称面上近墩柱处冲刷坑深度大大减小，坡度变小，总体上呈现不冲或微冲状态，并且在其后不远处泥沙呈现大量淤积趋势，表明对护岸情况而言，在防护墩柱周围发生局部冲刷时，四面体透水框架群可以起到良好的减速和促淤效果。

对不同布置密度下四面体透水框架群护岸进行水槽试验，研究墩柱附近的冲刷过程。试验表明，随着布置密度的增大，最大平衡冲刷深度减小率呈现增大的趋势，表明此时的防护效果越来越好。但达到一定程度后，同样程度的密度增大对防护效果的影响越来越弱，当 $\eta_c > 0.16$ 时，增大四面体的布置密度对冲刷效果的影响已经比较微小。因此，工程应用时合理的抛投密度应当控制在 $\eta_c \leqslant 0.16$ 的范围。

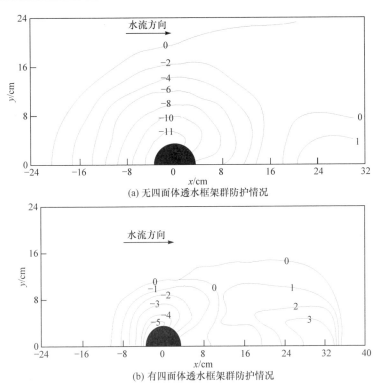

(a) 无四面体透水框架群防护情况

(b) 有四面体透水框架群防护情况

图 5.32　四面体透水框架群防护前后墩柱周围冲淤变化

四面体透水框架群布置密度 η_c 定义为

$$\eta_c = \frac{V_{rods}}{V_{frames}} \tag{5.6}$$

式中，V_{rods} 为组成四面体透水框架群的杆件所占的体积；V_{frames} 为四面体透水框架群总体积。

2) 稳定性分析

防护效果的稳定性是防护措施能够达到防护效果并且能长期使用的保证，四面体透水框架群的稳定性根据不同的方面可以划分为整体稳定性、边缘稳定性、渗透稳定性、床面形态影响下的稳定性等方面。

(1) 整体稳定性分析。

对于所有的防护措施，当水流强度超出其承受能力或者当防护层老化时，都会造成不同程度、不同形式的破坏。四面体透水框架群是通过单个四面体组成的整体性系统，它既可以相似于抛石以散粒体形式存在，也可以多个绑扎在一起以整体形式组成防护层，后者的耐冲刷能力比前者强，相对而言更加稳定。

出于一般性及最大安全度的考量，这里只考虑前者在不同水力条件下的整体稳定性特征。

四面体透水框架群的整体破坏首先产生的是起动破坏，起动破坏是指用于防护冲刷的防护层不足以抵抗局部流场的冲刷作用而被水流带走引起的破坏。例如，抛石护岸所采用的抛石材料重量轻，从而在水流强度一定时被冲走，使得整个护岸工程遭受破坏。与此相类似，当四面体透水框架群的重量较轻而不能够抵抗水流对透水框架群的作用力时，框架群会产生滑移或者通过滚动的方式被水流冲走。依据试验观测，当床面表面光滑时，透水框架与床面的滑移摩擦系数相对较小，从而容易通过滑移的方式被冲走；而当床面铺设泥沙时，由于泥沙的存在，床面是粗糙的，四面体透水框架群与床面的滑移摩擦系数显著加大，与此同时，由于四面体透水框架群自身会进入一些泥沙，不易产生滑移，而是滑移和滚动循环交替发生的方式。试验观测结果表明，无论是滑移还是滚动，四面体透水框架群的整体破坏过程均可以分为初始状态、单翼起动、双翼起动及整体破坏四个阶段，如图 5.33 所示。

初始状态　　　　单翼起动　　　　双翼起动　　　　整体破坏
(a) 光滑床面

初始状态　　　　单翼起动　　　　双翼起动　　　　整体破坏
(b) 粗糙床面

图 5.33　四面体透水框架群整体破坏过程(见彩图)

四面体透水框架群起动破坏的初始状况对应着没有任何破坏的情况，框架群初始位置保持不变，可以充分保证防护效果。当水流强度增加到一定程度后，由于四面体透水框架群上游段最开始受到水流的直接冲刷，而下游段处在框架群的减速区域内，因此上游段的四面六边透水框架会有少部分发生滑移，群体的形式更加紧凑。随着水流流速增大，上游段某翼的小部分四面体透水框架群被水流冲击从而从防护层剥离，由于四面体透水框架群抛投布置具有随机性，框架群的左右翼对水流的承受能力不同,因此框架群承受能力较弱的一翼会首先发生剥离,即单翼起动;随着水流强度的增大,其承受能力较强的一翼也开始被水流剥离,此时框架群的两翼都开始产生剥离破坏。总体而言,剥离的程度并不大,对整个防护层的影响十分微小,即双翼起动;当剥离开始到一定程度后,会产生椭圆形或者锥形的迎流面。如果水流强度不持续增加,那么四面体透水框架群仍然会具有较好的稳定性。当框架群展现出大片剥离状态时,框架群遭受整体破坏。

四面体透水框架群整体破坏的临界条件是防护能力彻底失去,为了研究其临界条件,采用不同相对来流水深条件研究开始整体破坏对应的临界水流流速。试验观测到,当来流水深在一定范围内时,随着水深增大,四面体透水框架群达到整体破坏所需的临界水流流速越大,超过该范围时,其临界破坏条件与水深没有关联。此外,通过试验观测发现,四面体透水框架群布设越密集,达到整体破坏所需的临界水流流速越大。由于四面体透水框架群布设密度较大时,框架群之间会相互嵌入,起动时通常都是许多个四面体同时被冲走,增大了对水流冲击的抵抗力,使得破坏所需临界水流流速变大。四面体透水框架群布置厚度也对达到整体破坏的临界水流流速有较大的影响。如当 $\eta=0.078$ 时,尽管四面体布置密度要比 $\eta=0.065$ 高,但是其相对来流流速临界值却略低。这是由于其布置厚度比较厚,究其内在原因,还是由于四面体透水框架群相互嵌套的影响,由于四面体透水框架具有特殊的结构及尖角状,其嵌套方式是立体的。当四面体透水框架群比较厚时,由于其上层的单个四面体被冲刷而削弱变薄,比较可能的破坏形式即前面所述的从左右两翼层层剥离。

在墩柱存在的情况下,由于冲刷坑及床面形态的共同作用,四面体透水框架群起动破坏过程及对应的临界水流流速远远比无墩柱情况要复杂,随机性也较大。试验观测到,冲刷坑产生后,四面体透水框架群将滚入冲刷坑内,继续发挥抗冲刷的作用,四面体透水框架群位于冲刷坑内,因此难以被水流带走。至于位于墩柱下游的四面体透水框架群,其大部分会被淤积层掩盖,状态比较稳定。因此相对而言,四面体依然是从两侧开始剥离,剥离的四面体靠外的部分会被水流带往下游,而靠墩柱的部分则跌入冲刷坑内继续发挥防护作用。

(2) 边缘稳定性分析。

防护层的边缘处是水流变化剧烈集中的地方,因此相对薄弱,比较容易受到水流淘刷破坏。如抛石护岸,冲刷破坏常常发生在抛石防护层及坡脚处,这是因为坡脚周围的床沙受到水流侵蚀而形成冲刷,从而逐渐形成冲刷坑,坡脚的抛石会丧失稳定性从而滚入坑内,使得受抛石防护的床沙显露出来,暴露的床沙经过水流的冲刷将继续对抛石防护层产生破坏作用。对于墩柱周围,墩柱扰流的叠加水流通过墩柱后引起水流加速,产生各种漩涡体系,因此床面剪应力增大,紊动程度加大,导致上述的边缘淘刷危及抛石防护层的安全。相对于实心防护层(抛石护岸)而言，四面体透水框架群因其自身独特的透水性，在起到防护效果的同时，对水流边缘处的扰动较小。

(3) 四面体透水框架群的二次防护能力。

二次防护能力是指防护措施在遭受到床面形态、局部淘刷等引起的一定程度的破坏后，自身重新调整，继续发挥防护作用的能力。二次防护能力的强弱主要体现在调整后的防护效果及稳定性上。

由于四面体透水框架群的透水作用，墩柱周围由于水流作用产生一定程度的局部冲刷，从模型试验可以看出，水流流经墩柱时，墩柱周围上游方首先开始淘刷，泥沙被扬起并被水流带往下游。随着冲刷深度加深，墩柱周围的四面体透水框架群由于失去床面支撑而跌入冲刷坑，增大了单位区域内的防护密度，使其能够有效地防护冲刷坑底部免受水流漩涡体系的直接淘刷，因而继续发挥防护作用。当沙坡顶部达到四面体区域时，四面体透水框架群被泥沙埋置，水流流速增大，进而导致坡顶泥沙快速通过四面体透水框架的内部区域。由于四面体透水框架群自身的特性，其不仅能够透水，同时也能够发挥透沙作用。试验中并没有观测到四面体透水框架群在床面形态发生变化的情况下被埋置而失效的情况。

5.3.3　工程应用

1. 工程背景

长江九江段南岸赤心堤段属微弯段的凹岸，靠岸一侧水流流速相对较大，其中老坝头矶头外水流流速达 2m/s，严重威胁堤岸的防洪安全，因此该堤段需通过护岸工程以保护岸坡稳定。对长江九江赤心堤段(2.688km)的四面体框架群护岸工程进行了整体水流泥沙模型试验。

2. 定床试验成果

九江赤心堤 8+000～10+688 断面间护岸工程全部采用四面体透水框架群新型材料，除老坝头周围采用连续抛投外，其他堤段采用间隔抛投形式，抛投区间长度为 40m，宽度约为 20m，间隔 10m 布置，堤脚抛投坡度为 1∶3，近岸抛投坡度为 1∶2.5～1∶3。所研究河段堤岸抛投工程平面布置图和剖面图如图 5.34 所示。

定床试验结果分析表明，四面体透水框架群护岸工程实施后，抛投工程区近底水流流速减小 50%～70%，具有显著的减速作用。对于清水河流，可通过工程的减速作用使近堤岸冲势变为缓冲或不冲以保护堤岸；对于含沙河流，工程的减速作用将促使泥沙在近岸和堤脚处淤积，可防止堤脚的淘刷，有助于岸坡的稳定。为研究四面体透水框架群护岸工程对泥沙淤积效果的影响，并预估工程区泥沙的淤积高程和淤积分布，在浑水试验中分别对中水、丰水和特大洪水典型水沙过程进行动床冲淤试验。

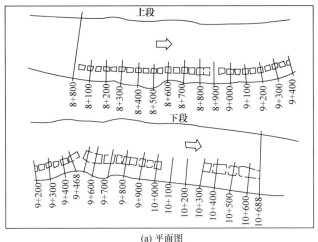

(a) 平面图

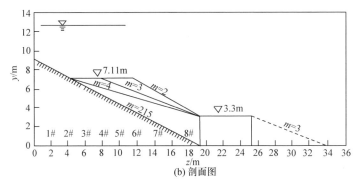

(b) 剖面图

图 5.34 河段堤岸抛投工程平面图和剖面图

3. 冲淤试验成果

为探索四面体透水框架群护岸工程减速促淤的有效性及不同来水来沙过程对工程区冲淤的影响，对该河段的多年平均流量、平均含沙量、平均水位等水沙特性进行频率分析，选取典型年，试验中选择中水(1999 年)、丰水(1997 年)和特大洪水(1998 年)3 个典型年，并分别按各年的主汛期水沙过程放水。冲淤试验成果及分析如下。

1) 工程区泥沙冲淤变化

在施放典型年主汛期水沙过程中，上游按计算的悬沙含沙量和底沙输沙率加沙，放水结束后，观测工程区各断面的泥沙淤积厚度和淤积分布。

试验表明，特大洪水年汛后工程区淤积量比中水年汛后增加约 14%，丰水年汛后工程区淤积量比中水年汛后增加约 5%。因此，四面体透水框架群具有显著的减速促淤作用，护岸工程区的淤积厚度取决于上游来水来沙情况，即特大洪水期时，上游来水来沙最多，相应的淤积量最大，丰水期的淤积量次之，中水年的淤积量相对较小。通过工程区淤积横向分布可以看出，护岸工程区近岸范围内岸坡淤积厚度较小，随着工程区水深的增大，淤积厚度逐渐增大至堤脚，此时淤积厚度可达 25m，这对防止水流淘冲堤脚造成岸坡失稳是行之有效的。

    2) 工程间隔内堤岸泥沙冲淤变化

    四面体透水框架群对工程间隔内的水流也有明显的减速促淤作用，间隔内的堤岸可受到间接保护。工程间隔越大，堤岸防护效果越差，但可节约工程投资；反之，堤岸的防护效果越好，工程投资越大，因此工程间隔的大小与堤岸的防护效果和工程投资密切相关。为研究工程间隔大小对间隔内泥沙冲淤的具体影响，进行模型水槽试验，对 9+050～10+300 堤段布设抛投工程区 40m，工况选取 10m 间隔与 20m 间隔两种，测量工程区和间隔区内的泥沙冲淤变化。

    工程间隔区冲淤的横向分布表明，工程间隔区内泥沙冲淤分布特点与工程区一致，都是岸坡上泥沙淤积较少，随着水位的增大，淤积程度加大，至堤脚附近时泥沙淤积得最多，工程间隔 20m 工况的淤积厚度比工程间隔 10m 工况低 0.1m。这显示工程间隔 20m 和 10m 虽差距为 1 倍，但工程区和间隔区内的泥沙淤积厚度差距很小，均能达到保护岸堤的要求，且防护效果相同，但采取 20m 间隔方案与 10m 间隔方案相比，既能有效防护岸堤，又能减少工程投资。最终该方案作为最优方案得到实施，并取得很好的防护效果。

5.4　临海挡潮闸节能防淤技术

    入海河流为了防止潮流咸水上溯、维持上游水质，常在临海河口兴建挡潮闸。闸门运行后，径流与潮流产生变化，打破了天然情况下的输沙平衡。由于建闸后上游宣泄流量减小，容易引起闸下河段的严重淤积。而冲淤措施耗费人力、物力较大，需要节能清淤技术的研发。本节针对河口临海区域挡潮闸闸下泥沙淤积的问题，总结了闸下泥沙淤积的成因及已有冲淤、防淤技术，提出了适用于临海挡潮闸的节能防淤技术，包括悬浮式旋翼水力自动防淤清淤装置、液压水下卧倒门闸的闸下清淤用射流管等。这些装置已在苏北灌溉总渠六垛南闸、苏州河河口闸等地得到成功应用。

5.4.1　临海挡潮闸下的泥沙淤积问题

    为了满足经济发展和人民生活、生产的需求，常在河口感潮段修筑挡潮闸。潮汐河口建闸后，可以有效阻止盐水入侵、排泄内涝，但改变了原有水动力条件，使闸下潮流无法上溯。在这一变化过程中，潮位和潮流过程呈现出相位差。涨潮历时衰减而涨潮水流流速增大，落潮历时变长而落潮水流流速变小，使涨潮流入

的泥沙量远大于落潮流出的泥沙量,打破了天然情况下的输沙平衡。与此同时,
建闸后上游宣泄流量也会减小。上述两种过程一起导致了闸下河段的严重泥沙淤
积,减少了闸下河道过水断面面积,严重影响河段的行洪、排涝能力。

目前常用的减少闸下淤积的冲淤方法有水力冲淤和机械冲淤两种。其中,水
力冲淤是当遭遇大潮、低高潮时打开挡潮闸冲淤,也就是利用水头差打开闸门、
纳潮冲淤;机械冲淤是在闸下河床条件比较坚硬、靠水流难以冲走泥沙的情况下,
或者是在上游水源稀缺、无法通过顺流搅动从而增加落潮或上游来水带走泥沙时,
用机船拖淤、机船挖淤、水力冲塘等机械手段进行清淤。常用的工程减淤方法还
包括在河口一边或两边修建导堤,一方面导堤可以改善水力条件,切断由风浪引
起的海滩泥沙补给源,减小涨潮流挟带进入引河的沙量;另一方面可以约束稳定
下泄径流,缩减航道宽度和口门宽度,增加落潮水流流速,束水攻沙,改进并稳
定出口水深,从而实现减少引河淤积的效果。

无论是水力冲淤、机械冲淤还是修筑导堤,它们的共同缺陷包括:投入的人
力、物力较大,改变闸下河段淤积的时效短暂,也有清淤效果不明显的可能性;
建闸后上游流量减少,导致上游下泄流量减少、上下游水位差变小,靠单纯的下
泄冲淤已经很难保证泥沙被冲走;破坏原有的人文景观和生态景观,违背经济社
会与自然环境和谐发展的绿色治理要求。因此,有必要研发适用于临海挡潮闸的
新型闸下清淤装置,在缓解上述问题的情况下实现闸下泥沙的清淤与防淤。

5.4.2 节能防淤装置设计

1. 悬浮式旋翼水力自动防淤清淤装置[7]

旋翼式扬沙器可以利用潮汐提供的动力或利用挡潮闸调整闸上动力,保证闸
下不淤积,还可用于河流河道治理。旋翼式扬沙器的旋翼长度为 0.5～2m,宽度
为 0.2～1m,旋翼材料密度比水体小,根据明渠水流流速垂线分布和泥沙含沙量
沿垂线分布的特性,将其设置在 0.1～0.5 倍水深最大流速对应水深处,通过底部
水体流动的能量,带动旋翼旋转起动,增大底部水流紊流强度,从而将河床底部
的泥沙扰动、随流冲刷至下游。图 5.35 为旋翼式扬沙器结构示意图。

该装置通过顶部的转轴与旋翼叶片相连,使叶片可以灵活转动,同时为了防
止转轴处玻璃钢磨损,在转轴处增加一个保护层;底部配备沉在水底的正四面体
混凝土块,混凝土块外表面布置了抓钩,使其牢牢固定在河底,底部混凝土块和
顶部转轴之间用钢丝绳或铰链连接。图 5.36 为悬浮式旋翼水力自动防淤清淤装置。

悬浮式旋翼水力自动防淤清淤装置的工作原理如下:悬移质泥沙受水流紊动
作用而悬浮于水体中,而泥沙含量及级配的变化也可以影响水流结构变化,进一
步引起挟带泥沙量的变化,两者是紧密联系在一起的。因而,水流紊动强度的强

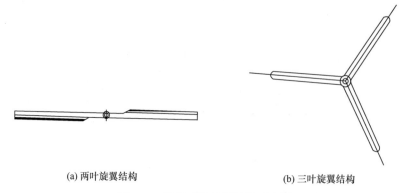

(a) 两叶旋翼结构　　　　　　　　(b) 三叶旋翼结构

图 5.35　旋翼式扬沙器结构示意图

弱对挟带泥沙量及粒径起着决定性的作用。在下游河段水下安置悬浮式旋翼水力自动防淤清淤装置，通过水流运动带动旋翼旋转，让旋翼对水流进行扰动。一方面增强水流中的紊动强度，增加水流的挟沙能力和泥沙悬浮时间，减少泥沙在此河段的淤积；另一方面增加底部水流流速，增加泥沙扬起的概率和能力，达到扬沙冲沙和减淤防淤的目的。

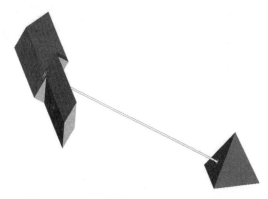

图 5.36　悬浮式旋翼水力自动防淤清淤装置

　　为验证旋翼式扬沙器的防淤、减淤效果，分别设计了两种旋翼式扬沙器的结构并在实验室内进行了推移质、悬移质的水槽试验。

　　1) 旋翼式扬沙器-推移质试验

　　旋翼式扬沙器模型试验在实验室变坡的水槽中进行，水槽长 22m、宽 0.5m、高 0.7m。旋翼式扬沙器模型长 10cm、宽 3.5cm，如图 5.37 所示。试验中所采用水深为 23～24cm，在水槽底部铺设 6cm 左右厚度的塑料模型沙，模型沙颗粒粒径范围为 0.2～1.5mm。

　　分析试验结果可得，放入旋翼式扬沙器模型后，旋翼运动扰动水流使模型沙易于起动扬起，从而随水流一起流入下游。需要指出的是，布设旋翼式扬沙器后，

图 5.37　旋翼式扬沙器模型

旋翼运动可能会对水流产生一定的阻碍作用,使水流流速有微弱减小。但从试验观测的结果来看,布设旋翼式扬沙器后,沙粒确因旋翼叶片的旋转而被掀起。经过测量,相同水流流速下,布设旋翼式扬沙器后,对周围沙床冲刷的冲深略大于未布设旋翼式扬沙器的冲深。水槽试验初步验证了防淤成效。图 5.38 为旋翼式扬沙器模型在水槽中进行试验的效果。

(a) 试验前　　　　　　　　　　　　　　　　　(b) 试验后

图 5.38　旋翼式扬沙器模型在水槽中进行试验的效果

2) 旋翼式扬沙器-悬移质试验

天然实际河道中的来沙常常为悬移质。为了更好地模拟在天然河流中的情况,采用悬沙进行模型水槽试验。试验选择颗粒较细、黏性很小的滑石粉作为模型沙。试验所用旋翼式扬沙器采用塑料质地,目的是减轻装置的重量,使装置更好地悬浮在水中。旋翼通过杆件从上方固定,并将旋翼式扬沙器浸入水中,如图 5.39 所示。

图 5.39　旋翼式扬沙器

在试验中，持续加入模型沙直至超过水流的饱和含沙量(5kg/m³)，水流流动达到稳定后，超过水流挟带能力的那部分泥沙就会落淤。每次试验前，将旋翼放在距离床面 1cm 处，放水 2h，使水流达到稳定状态。表 5.4 为悬移质试验工况。

表 5.4　悬移质试验工况

水深/cm	垂线平均流速/(cm/s)	模型沙粒径 d_{50}/μm	模型沙容重/(t/m³)	饱和含沙量/(kg/m³)
19.8	15.4	36	2.56	5

试验结果表明，没有旋翼式扬沙器时，整个床面都会出现悬移质造成的淤积现象；布设旋翼式扬沙器后，旋翼下方水槽底板有露出现象。说明旋翼式扬沙器对泥沙的落淤起到了作用。

2. 液压水下卧倒门闸的闸下清淤用射流管[8]

卧倒门闸发生闸下淤积后会无法正常开启，而射流管适用于这种卧倒门闸的清淤处理，它可以在不破坏原有人文、生态景观的条件下，实现高效、合理的闸下泥沙清理。下面具体介绍这种清淤装置。

射流管为圆柱体，末尾开口且管体空心，管体材料选择有机塑料管或不锈钢管材料，在管体的其中一个侧面沿管体长度方向等间距地布设数个直径相同的上开孔，在相距两个上开孔的圆心连线 1/2 处的正下方还布设有一个与上开孔直径一样的下开孔，下开孔的圆心分别与其上方相邻两个开孔的圆心连线成 30°～60°，每个上开孔的中心连线以及下开孔的中心连线分别与管体的长边平行。射流管的上开孔与下开孔的直径为射流管管径的 20%～35%。射流管管体结构示意图如图 5.40 所示。

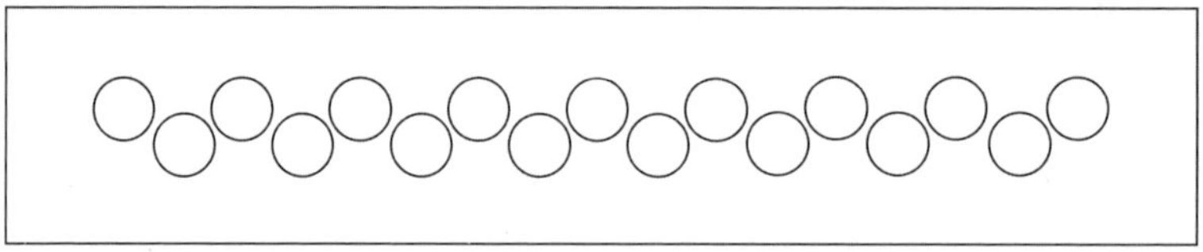

图 5.40　射流管管体结构示意图

制作与液压水下卧倒门闸宽度尺寸相同的射流管，并将其布设于液压水下卧倒门闸闸下。放置时，未开孔的一面与闸门底部紧靠贴合，开孔的一面与水流的方向相同。射流管的射流孔中心线与闸门的垂直线成 15°～90°斜向上放置。

射流管利用不同位置的闸下射流孔对闸下水流进行扰动，紊乱的流态达到闸下泥沙的起动流速，泥沙因此浮动，并随着下泄流量冲到下游较远处。试验表明，该射流管具有效率高，不受天气、地理环境的限制，能耗小，节约水资源等优点，其用来冲淤的射流水源可以是纳潮得来的水等，不用浪费自来水资源。

5.4.3　工程应用

1. 苏州河河口闸闸下淤积问题

上海市苏州河河口闸具有双向挡水功能。当黄浦江发生涨潮时，通过关闭闸门可以避免江水倒灌进入苏州河，减轻苏州河的水位上涨；而在低潮时，打开闸门可以增加苏州河的水位，以满足城市排水和用水的需要。当发生内涝时，苏州河河水从闸门顶上排泄，可形成门顶溢流的人造瀑布景观。苏州河河口闸的闸门形式为单孔 100m 液压水下卧倒门，与河口同宽，闸门运行时，水流通过门顶溢流。

水闸试运行初期，由于苏州河河口水沙条件复杂、闸孔净宽与河口同宽、建设与管理交接间隔时间较长、冲淤系统被破坏等，门库淤积十分严重。2007 年下半年开始，闸门停放门库较为困难，严重影响了水闸的正常、安全运行。

如图 5.41 所示，苏州河河口闸闸下淤积区域可以分为两部分，一为闸门门库淤积(A 区)，此处泥沙淤积影响闸门的正常开启，威胁水闸的正常运行；二为闸下游河段淤积(B 区)，此处泥沙淤积淤塞河道，减少河道泄洪量，同时由于涨落潮动力的影响，此处泥沙易形成推移质，成为闸门库泥沙淤积的来源。此处泥沙淤积越多，闸门底部越易淤满。

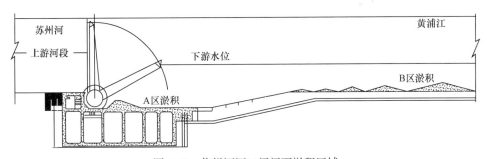

图 5.41　苏州河河口闸闸下淤积区域

为了解决苏州河河口闸闸下淤积的问题，进行苏州河河口闸减淤冲沙水槽断面试验，以观察悬浮式旋翼水力自动防淤清淤装置的冲淤效果与液压水下卧倒门闸的闸下清淤用射流管的冲淤效果，为苏州河河口闸的正常运行和维护提供科学依据。

试验工况的选取主要根据苏州河河口闸 2008 年 10 月 29 日～2009 年 7 月 27日间冲淤运行水位记录，选择出现频率较高的水位流量条件设定工况。为了解苏州河河口闸上下游河段水流特性，在模型的中心线上布置了 8 条测速垂线，采用红外线旋桨流速仪测量流速。各测速垂线布置示意图如图 5.42 所示。

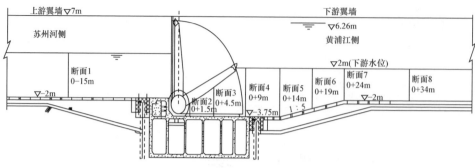

图 5.42　各测速垂线布置示意图

2. 卧倒门闸闸下清淤用射流管的效果

　　为观测卧倒门闸的闸后流态，对模型进行定床试验。闸门开启泄流时，闸门过流形式类似倾斜的矩形薄壁堰堰流，总体上流态相似。闸顶泄流均为自由出流，水流自闸门顶泄出后跌入下游水面，在水舌的上、下游各形成一个卷吸回流。上游回流方向为顺时针，回流区主要在闸门下方；下游回流方向为逆时针，回流区在下游底板及反坡段，下游较远处水流平静。随着水舌厚度(=上游水位−门顶高程)和上下游水位差的增大，闸下回流的水动力增强，回流强度也相对变强，有利于闸底部泥沙的起动。卧倒门闸闸门开启泄流时闸后流态如图 5.43 所示。

图 5.43　卧倒门闸闸门开启泄流时闸后流态

　　受闸门顶跌流的影响，水流自闸门顶泄出后跌入下游水面，在闸后上游出现顺时针方向的回流，该区域水流动力的强弱对闸下泥沙运动起相当重要的作用；在闸后下游出现逆时针方向的回流，其水流动力不会对闸下泥沙起动有明显作用。水舌上下游的两个回流区如图 5.44 所示。

图 5.44　水舌上下游的两个回流区

　　为了反映射流管冲淤和水力冲淤的不同效果,开展了水力冲淤和联合冲淤(水力冲淤+射流管冲淤)的效果对比试验。地形测量断面 1—1、2—2、3—3、4—4 分别距闸门轴线 7.5cm、22.5cm、35cm、45cm。

　　水力冲淤试验的结果表明,水头差越大,水力冲淤导致的闸下回流动力越强,泥沙会有一部分起动,但闸后泥沙冲刷量并不多,冲刷主要发生在 3—3 和 4—4 断面之间,在 2—2、3—3 断面的泥沙厚度略有淤高,冲刷范围距闸门有一段距离。总体泥沙剩余量仍较多。

　　联合冲淤试验的结果表明,1—1、2—2 断面之间闸下泥沙冲刷量较大,大部分被射流系统射出的水流冲走;2—2、3—3 断面之间出现一定淤积;3—3、4—4 断面之间发生冲刷,冲刷效果显著强于单独作用的水力冲淤情况。水力冲淤试验与水力和射流联合冲淤系统冲淤试验的冲淤后地形如图 5.45 所示。

　　两冲淤试验工况的冲淤试验结果表明:①当仅采用水力冲淤时,冲淤效果较差,仅在 3—3、4—4 断面间发生了少量冲刷;②当采用水力和射流联合冲淤时,闸下发生了较大范围冲刷,冲刷主要发生在 1—1、2—2 断面和 3—3、4—4 断面之间,说明水力和射流联合冲淤系统对闸下冲刷产生了较大的作用;而在 2—2、3—3 断面间冲刷较少,这主要是闸下的顺时针回流和射流系统产生的射流相互作用所致。

　　3. 悬浮式旋翼水力自动防淤清淤装置的效果

　　在下游淤积河段中布设悬浮式旋翼水力自动防淤清淤装置,旋翼长 10cm、宽 32cm、厚 1cm。设定试验布设方案为:布设两排旋翼,第一排旋翼布设在 0+166.68m 处,第二排旋翼布设在 0+266.68m 处。模型上,两排旋翼实际间隔 1.0m;每排布设 8 个旋翼,每个旋翼的中心距离为 0.2cm,两边旋翼中心距离边墙 0.3m。悬浮式旋翼水力自动防淤清淤试验旋翼布设示意图如图 5.46 所示。

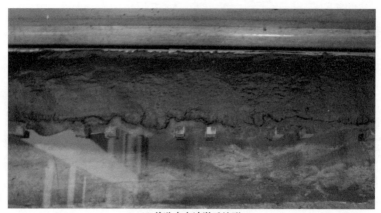

(a) 单独水力冲淤后地形

(b) 水力和射流联合冲淤系统冲淤后地形

图 5.45 水力冲淤试验与水力和射流联合冲淤系统冲淤试验的冲淤后地形

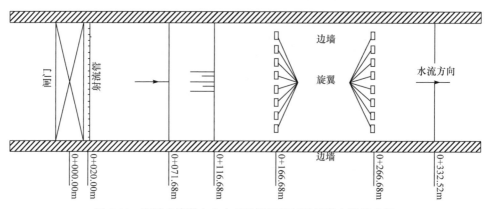

图 5.46 悬浮式旋翼水力自动防淤清淤试验旋翼布设示意图

考虑室内测量仪器条件的限制以及苏州河河口闸实际运行情况设计了试验工

况。试验工况设计如表 5.5 所示。

表 5.5　试验工况设计表

试验工况	闸门开度	泄流量/(m³/s)	模型流量/(L/s)	上游水深/cm	下游水深/cm	上下游水位落差/cm
工况 1	1/5	214	46.0	20.0	19.0	1.3
工况 2	1/2	109	30.6	23.5	18.6	4.7
工况 3	1/2	149	35.6	25.0	18.8	6.4

　　试验研究表明，放置旋翼后，各工况水深增加的比例约为 1%，表明旋翼在水中虽然占去一部分过水面积，但由于旋翼被水流带动旋转，降低了旋翼本身的阻水作用，水流保持通畅。放置旋翼后，旋翼前的断面水流流速有所降低，但降低值很少，基本保持不变，说明旋翼放置在水中，对旋翼前水流流态影响很小。

　　在放置旋翼后形成一大一小两个明显冲刷坑。大冲刷坑在旋翼底部形成，形状有圆形或椭圆形，直径为 1.2～1.6 倍旋翼长度。小冲刷坑紧跟大冲刷坑之后，两冲刷坑之间有一淤积带，水流流速越大，此淤积带越小；小冲刷坑大小和形状也与水流流速大小有关，水流流速较大的地方，冲刷坑亦较大，形状呈宽带状或弯月形；水流流速较小的地方，冲刷坑较小，甚至没有明显冲刷坑形状，形状不定。旋翼式扬沙器冲淤后形成双坑如图 5.47 所示。

图 5.47　旋翼式扬沙器冲淤后形成双坑

　　放置旋翼式扬沙器前后的泥沙淤积形态如图 5.48 所示。可以看出，每个旋翼下都形成明显冲刷坑，冲刷坑大小不一，表明冲刷坑大小和形状与旋翼所在区域的水流流态变化有关。两排旋翼减淤后的淤积层明显减弱。

　　将旋翼式扬沙器应用于实际工程中，工艺制作简单，便于现场操作安装。布设旋翼式扬沙器时，根据现场实际情况，需要注意以下几点：

　　(1) 确定合理的装置布设间距。旋翼式扬沙器有一定的活动范围，如果装置间距布设过小，运动中很可能会互相碰撞而影响效果；如果间距布设过大，装置

(a) 未放置旋翼式扬沙器的泥沙淤积形态　　　(b) 放置旋翼式扬沙器后的泥沙淤积形态

图 5.48　放置旋翼式扬沙器前后的泥沙淤积形态(见彩图)

的群体作用将得不到有效的发挥。因此，装置间距的确定以相隔一个旋翼半径的距离布设为宜。在现场试验中各装置间相隔约 2m 布设旋翼式扬沙器，分两排前后交错式布设，以利于发挥群体作用，增加使用效果。

(2) 选择恰当的水深来布设旋翼叶片。在现场试验中，选取距离河底约 50cm 处作为旋翼的位置。这一位置的选择考虑了旋翼对底部水流和泥沙的作用距离，旋翼离河床距离过高会使得其对河底泥沙的作用效果大为减小，而旋翼离河床距离过低会致使旋翼旋转运动时撞击河床，严重时可能会因水流作用强烈而止卡于河床。

(3) 对闸门开启的控制。布设旋翼式扬沙器后，应确保底部混凝土块完全沉入淤泥而不是浮于淤泥面上，之后放水时应缓慢开启闸门放水，因为多个闸门同时开启，瞬时流量和流速都很大，水流冲击可能会使系留旋翼叶片的钢绳挣断。

(4) 旋翼式扬沙器装置应在退潮时布设。退潮时水深变浅，风浪较小，河面平静，此时选取合适的位置布设旋翼式扬沙器能更好地发挥作用，也有利于便于布设旋翼式扬沙器装置。且退潮时至下一次涨潮开始之间有一段间隙时间，装置布设完毕后的这段间隙能使底部混凝土块有效地沉入河床底而不浮于淤泥面上。

5.5　分层取水排沙新闸型和调控技术

平原地区感潮河段水流受潮汐影响，滨江城市内河与外河进行水量交换，伴随着潮水的涨落，含沙量较大的外河水流与含沙量较小的内河水流交换，给内河带来大量的泥沙，容易出现淤积不畅、水体浑浊的问题。为改善内河水质，恢复水生态系统，有必要采取合理有效的工程措施。本节以镇江内江为研究对象，提出分层取水排沙新闸型和调控技术。设计的新式水闸由上下两层组合而成，在闸站工程上下游分别修建沉沙池；提出引长江低含沙量水流入内江，同时排内江高含沙量水流入长江的长期调控措施，以提高内江水体自净能力，改善城市的水生态景观。

5.5.1 引江补水的多沙问题

平原河流的下游河段受潮汐影响，潮涨潮落。利用潮流资源，滨江城市内河与过境外河水流不断交换，使城市水环境质量得到改善。但是，伴随着潮水的涨落，特别是洪水期含沙量较大的外河水流不断地与含沙量较小的内河水流交换，带来大量的泥沙，造成内河泥沙淤积。泥沙的大量淤积不仅造成内河需要频繁疏浚、清淤，维护工程量增大，而且减少了内河的容量。内河的蓄水量减小，尤其是枯水期水量减少将导致内河水环境更加恶化。

为了调控进入内河的水沙，可以考虑利用工程措施，在内河与外河连接河段修建节制闸，在运行过程中，内河需要引水时开启节制闸，不需要引水时关闭节制闸。通过设置节制闸工程，不仅可以抬高低潮期的内河水位，而且能有效地控制内河的纳潮量，从而可以控制进入内江的泥沙量。

但是，当需要的引水量较大时，在涨潮期节制闸必须频繁开启。考虑到若设置普通形式的节制闸，在调引外河水时闸门整体由下往上开启，引水的同时也将外河底层含沙量较大的水体和大量的泥沙带入内河，增加内河的泥沙淤积。因此，有必要研究合适的取水排沙措施，以实现大量引入外河清水，同时尽可能减少进入内河的泥沙。

5.5.2 分层取水排沙新闸型和调控技术的设计方案

1. 分层取水排沙新闸型的设计形式

根据水沙调控及泥沙运动理论，运动水体的流速、泥沙上下的分布特性是不一致的，运动水体中底层水体流速小，上层水体流速大；而底层水体的含沙量较大，上层水体的含沙量较小。

Rouse[9]根据悬移质扩散方程得出了被称为第一近似解的悬移质浓度垂线分布公式，即

$$\frac{S_y}{S_a} = \left(\frac{h-y}{y} \frac{a}{h-a} \right)^Z \tag{5.7}$$

式中，a 为某一参照高程距床面的距离；h 为水深；S_y、S_a 分别为高程 y 及 a 处的含沙量；Z 为悬浮指数，$Z = w/(\kappa u_*)$，w 为颗粒沉速，u_* 为剪切流速($= \sqrt{ghJ}$)，κ 为卡门常数。

由式(5.7)可知，水体含沙量从表层到底层逐渐增大，上层水体含沙量较小，下层水体含沙量较大。可以将闸门设计成上下组合式结构，上下结构间设置专门

的连接装置以保证闸门上下紧密结合。分层取水排沙闸门运行示意图如图 5.49 所示。闸门运行时，先把闸门连接装置打开，在外河水位较高或者涨潮时开启上部闸门以引外河表层清水入内河，在外河水位较低或落潮时可将下部闸门开启以部分排出内河下层浑水。在自然界河流中，污染物通常是附着在泥沙颗粒上进行输移的，利用这种引水方法不但可以有效地减少从外河引入的泥沙量，减少内河的泥沙淤积，同时也减少了从外河引入的污染物总量，有助于内河的水环境改善。

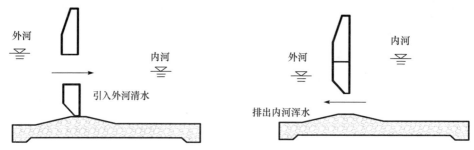

图 5.49　分层取水排沙闸门运行示意图

2. 分层取水排沙新闸型的调控方法

利用水闸等工程措施，可以使内河保持一定的水位和水量，但还需要研究水闸的优化调度方法，充分发挥闸泵枢纽工程的水沙调控功能，降低成本，实现长效运行管理。

研究天然条件下内河来水来沙的规律是实现水沙优化调度的基础。根据来水来沙规律确定内河闸泵枢纽工程优化调度的原则为：在满足生态及景观需水前提下，同时考虑合理的维持水位、换水时间间隔，使进入内河的泥沙量最小。

利用线性规划方法建立内河水沙调控方案，针对选定的丰水年、平水年、枯水年各典型年内河的来水来沙条件，对水闸和泵站进行合理控制，在保证内河生态及景观需水条件下使进入内河的沙量最小。

$$\min \quad S_{t01} = \sum_{i=1}^{n} \left(S_{ai} w_{1i} + S_{ai} w_{2i} \right)$$

$$\text{s.t.} \begin{cases} w_{1i} + w_{2i} \geqslant w_i, & i = 1,2,\cdots,n \\ w_{2i} \leqslant q_0, & i = 1,2,\cdots,n \\ w_{1i} \leqslant w_{0i}, & i = 1,2,\cdots,n \\ w_{1i} \geqslant 0, & i = 1,2,\cdots,n \\ w_{2i} \geqslant 0, & i = 1,2,\cdots,n \end{cases} \quad (5.8)$$

式中，S_{ai} 为某时段(天)引水含沙浓度；S_{t01} 为随水流进入内河的总沙量；q_0 为某时段泵站的最大可引水量；w_{0i} 为某时段节制闸天然可引水量；w_{1i} 为某时段节制闸的引水量；w_{2i} 为某时段泵站的引水量；w_i 为某时段内河环境需水量。

上述水沙调度模型满足线性规划形式，可采用单纯形法进行求解。

5.5.3　工程应用

1. 工程背景

镇江是长江三角洲具有代表性的滨江城市。城市产生的污染物大多数直接或间接排入内江，加上内江泥沙淤积、水流不畅通，从而导致内江水质严重恶化，水污染问题严重阻碍了城市的经济发展。

镇江城市重要水体内江的水生态环境遭到破坏，主要表现在以下四个方面：一是由于镇江城市污染物大都进入内江，水质污染严重；二是长江来沙在内江中淤积，造成河底高程不断上升，内江水量减少；三是由于人类活动的影响，许多原来发育较好的湿地资源枯竭，生态系统被严重破坏，水生动植物的种类大大减少；四是由于内江水位受长江和潮汐控制，随着季节的变化，水位变幅很大，在枯水季节经常有一半以上的区域露出水面，由于水体悬浮物含量较高，水体透明度很低。内江周围分布着金山、北固山、焦山等文化景观，内江只有保持稳定的水深和较好的水质才能与周围的文化景观相和谐。

镇江城市水环境问题的特点集中表现在内江与长江的水量、水质、泥沙交换及三者之间的平衡关系上。内江北部与长江相连，长江水体流量大，水质较好，引江能在内江水环境治理中发挥重要作用，但由于长江江水含沙量相比之下较大，引水还要解决长江来水带来的泥沙淤积所产生的一系列问题。大量的泥沙淤积不但减小了内江的水体容量，泥沙携带的污染物也成为潜在的污染源。镇江水环境质量改善与生态环境修复的目的是通过创建串联式多级物理-生物净化系统以及修筑湿地-内湖系统示范性工程，为内江的水质恶化、泥沙淤积、水体混浊的改善以及镇江城市整体的水环境综合治理提供合理的技术支撑。工程首先要解决的就是内江与长江的水量交换问题，改善交换量在季节上的严重不均衡，保证内江有足够的水量和相对稳定的水位，减少从长江引入的泥沙量，控制内江的泥沙淤积，对内江及重要城市河道进行生态修复，维持生态平衡。镇江水系统分布和内江引河治理工程示意图如图 5.50 所示。

2. 内江水沙数值模拟

借助数学模型，建立内江浅水平面二维非恒定流水流泥沙运动数学模型，计算长江水位变化对内江流场及含沙量分布的影响。图 5.51 和图 5.52 为丰水期涨急时流场和含沙量分布情况。通过对模拟结果的分析，可以更好地了解内江水流、泥沙运动特性，并对调控措施的工程效果进行预测。

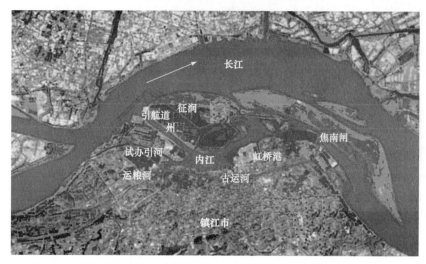

图 5.50　镇江水系统分布和内江引河治理工程示意图

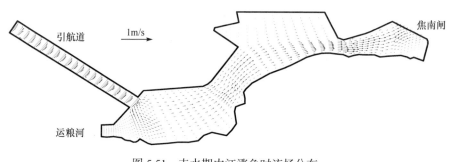

图 5.51　丰水期内江涨急时流场分布

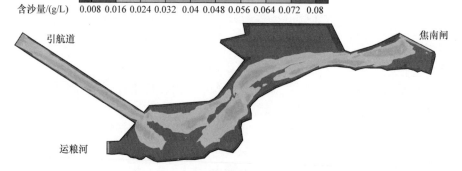

图 5.52　丰水期内江涨急时含沙量分布

通过数值模拟结果分析发现,在自然条件下,由引航道流入内江的水体量大于流出内江的水体量,由运粮河流入内江的水体量大于流出内江的水体量,由焦南闸进入内江的水体量小于流出内江的水体量。在一天的潮位改变过程中,一部分水体通过引航道流入内江，通过焦南闸流向长江下游。数学模型分析结果显示，位于内江中泓的主流区水流流速较大，浅滩区因为存在植物的阻滞作用，水流流速较小；涨潮时，水体经过引航道和焦南闸流入内江，落潮时，水体通过引航道流入内江后经焦南闸流出。丰水期涨急时引航道主流区流速达到了 0.65m/s，引航道出口至虹桥港段的主流区流速为 0.35～0.55m/s，滩地水流流速为 0.2m/s，焦南闸断面进水流速较小；落急时引航道至焦南闸的主流区水流流速为 0.3～0.45m/s，滩地水流流速为 0.4m/s。

丰水期涨急时，引航道水体的含沙量为 0.1～0.12g/L，引航道出口至虹桥港主流区的含沙量为 0.06～0.10g/L，滩地含沙量达到 0.08g/L；落急时含沙量由引航道到焦南闸出口逐渐递减。在枯水期涨急期间，含沙量在引航道中可达到0.02～0.08g/L，其他区域也可达到 0.01g/L；当处于落急期间时，整个内江含沙量均在0.02g/L。

3. 内江水环境改善物理模型试验

在分析内江的地形、水位、流量等资料的基础上，利用水流运动和泥沙输移的相似理论设计了内江物理模型，模型范围包括长江、运粮河、古运河等河流。根据相似理论和试验场地情况，模型平面比尺为 1∶240，由于内江水深较小，洼地多，垂直比尺为 1∶60，模型沙采用中值粒径为 23.8μm、密度为 1.15g/cm³ 的木屑。图 5.53 为内江水环境改善物理模型。基于物理模型，研究的主要内容包括内江水域水流、泥沙运动变化规律、泥沙淤积的物理～生态控制技术措施及整治工程效果，并进一步对提出的控沙减沙工程方案进行评价及优化。

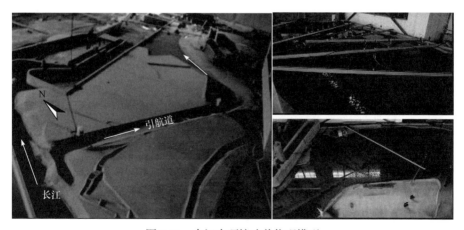

图 5.53　内江水环境改善物理模型

针对内江水环境问题的特点，要解决内江水量及泥沙的调控问题，内江通过引航道和焦南闸同长江相通，可以在引航道建一座具有挡洪、排涝及引水功能的闸泵枢纽工程，如图 5.54 所示。闸泵枢纽工程位于引航道口门以下 500m 处，包括节制闸和泵站，利用闸门可以控制内江和长江的水量交换，使内江维持稳定的水位。根据现场资料，内江水位控制在 3.1～3.9m 时，即可满足内江生态、景观等需水要求。在长江水位较高时可以挡水防止内江水位过高，在长江水位较低时可以通过水泵引水来保证内江的水位。通过水泵和闸门的控制还可以实现内江同长江水的交换，保证内江足够的交换水量。同时也可以保证洪水期内江免受长江洪水影响，枯水期可以通过从长江引水保证内江及诸城市河流的水量。

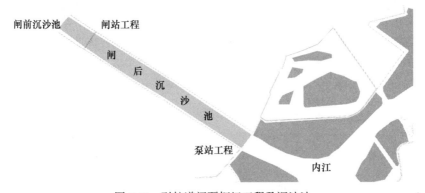

图 5.54　引航道闸泵枢纽工程及沉沙池

在水量调控过程中，同时需要考虑泥沙的控制方案，尽可能引长江清水入内江，减少泥沙的淤积，可采用以下两种方法来实现。

1) 设计合适的闸门结构

采用图 5.49 所示的分层取水排沙闸门结构形式，充分利用长江有规律的潮汐现象，结合优化的调度方案实现内江与长江水体的自动交换，节约闸泵枢纽工程的运行成本。

2) 设置沉沙池并定期清淤

水流挟带泥沙的能力主要取决于水流的水动力条件，含有泥沙的水体进入引航道后，水深增加，水面变得开阔，水动力减弱，部分悬浮泥沙在重力作用下沉降。在引航道设置沉沙池，进一步增加水深，增加过流断面面积，可以使更多的泥沙沉积。沉沙池分为两段，第一段位于引航道入口至闸泵枢纽工程前，悬沙初步沉降，上层较清的水体可以通过水闸进入第二段沉沙池。经过两段沉沙池，大量的悬沙沉积下来，定期清除淤积的泥沙，可以有效减少进入内江水体中的含沙量，也减少了底泥的污染物释放量。

物理模型试验表明，设置节制闸及沉沙池工程前，含沙量较大的长江水流随涨、落潮进入内江，内江水位在一年的不同季节变化显著，水流流速及方向也随着水位的变化而变化,经常有回流现象。在水流流入内江过程中,水流的含沙量显著减小,泥沙产生落淤。由试验结果可知,不同典型年水沙过程后,模型从引航道到内江、焦南闸,泥沙淤积厚度展现出减小趋势,且丰水年淤积厚度较大,平水年、枯水年淤积厚度较小。

物理模型试验验证了引航道是建设节制闸和沉沙池的最佳场所,经过多组试验对比,节制闸应设置在引航道进口下游 500m 处,分别在闸门上下游设置沉沙池。闸门位于河道中线,宽度为 24m,闸底板高程为 1m,略高于河床。内江水位受长江潮流及节制闸控制,由于闸门宽度仅为航道宽度的十分之一,相当于入流断面减小,内江水动力减弱。节制闸及沉沙池的引水拦沙试验结果如表 5.6 所示。可以看出,设置节制闸及沉沙池工程后,内江大部分水体的流速不超过 0.16m/s,内江泥沙淤积量得到有效控制,从长江进入内江的水量含沙量减少,基本上都在引航道内沉积,内江没有明显的泥沙淤积,水环境改善效果显著。

表 5.6 节制闸及沉沙池的引水拦沙试验结果

参数位置	流速/(m/s)		泥沙淤积量/m³	
	平水年	枯水年	平水年	枯水年
内江工程前	0.18~1.37	0.11~1.09	350683	279895
内江工程后	<0.16	<0.16	不明显	不明显
引航道工程前	—	—	182180	139415
闸前沉沙池工程后	—	—	94676	72725
闸后沉沙池工程后	—	—	100285	77972

5.6 断头浜水生态治理技术

平原河网中由于人类活动或者河流袭夺等会形成断头浜,断头浜的出现破坏了水体内部的平衡,导致水体富营养化、水质变差,对居民生活、周边环境造成了严重的影响,因此断头浜的治理已成为水环境治理的重要方面。现有的治理方法一般是将断头浜中的水全部抽出,再注入河水,但这样破坏了断头浜中原有的水生态环境。本节通过总结以往断头浜治理方法的不足,提出了断头浜水生态治理技术[10]。该技术靠着水体的流动性对断头浜的水进行更换,改善断头浜的水生态环境。

5.6.1 断头浜的水质问题

纵横交替的河道网以及相应的滨水地带给生态系统的复原提供了极为有利的

条件，水陆生物都可以在这样的平台上互相共存，可以说河道是水生态系统与陆生态系统搭接的基础性桥梁。相邻流域的河流在分水岭地区交错产生河流袭夺后，被夺河的上游被袭夺改道，其下游因丢失源头而称为断头浜。河流中存在很多自然形成的断头浜。而且在城镇开发建设中，不少河道被堵塞、填埋，也会形成断头浜。断头浜打破了河网内部原有的平衡状态，导致水体黑臭等水环境问题，严重影响了城市形象和居住环境，对其的治理需求迫切。

　　断头浜中的水体几乎处于静止状态，水中含氧量过低，水生动、植物生存环境恶化，导致水体逐渐失去自净能力，浜底淤泥得不到充分有效的分解，水体富营养化严重，藻类疯狂繁殖，水质变差，最后发黑发臭。一般治理断头浜都是将断头浜中的水全部抽出，再注入河水，这样破坏了断头浜原有的水生态环境；而且该治理措施一般使用沙土筑做挡墙，需要将断头浜中的水抽干，清理淤泥，再进行堆积、夯实，但是水的流动很容易使挡墙受到侵蚀，从而使断头浜浜底增加，挡墙变窄，施工效率低，劳民伤财。

5.6.2　断头浜水生态治理技术的设计方案

　　断头浜治理装置主要包括主干河道、断头浜、闸门 b、闸门 c、抽水泵和挡墙。挡墙设置在断头浜的中间，平行于浜堤并将断头浜分隔成两部分；断头浜一端连通，另一端在入水口处按水流方向设置有滤网、闸门 b 和闸门 a，在出水口处设置有滤网、闸门 d、抽水泵和闸门 c；其中闸门 d 上布有孔径相同的圆孔，且每个孔上都连接有抽水管道，管道连接到由控制箱控制的抽水泵上；挡墙一端设有水位检测装置 a，中间设有水位检测装置 b，另一端设有溶解氧检测装置，这些装置均与控制箱连接，控制箱内部设有蓄电池，由太阳能发电装置供电。断头浜的主体结构示意图如图 5.55 所示。

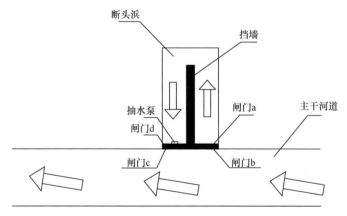

图 5.55　断头浜的主体结构示意图

与现有治理措施相比，断头浜治理装置有以下显著效果：

(1) 出水口设置封闭的闸门 d 并连接抽水泵，通过抽水泵更换断头浜中的水，不会让断头浜中的水质变差，且边抽水边进水，不会破坏水生态环境。

(2) 挡墙采用拼接式超低水泥浇筑而成，挡墙结构及其连接示意图如图 5.56 所示。挡墙包括基座与墙体，且挡墙表面设有圆形凸块，水流流经挡墙时可以产生曝气效果。拼接式挡墙可以在地面批量加工好以后，直接运输到现场。墙体和基座均设有锚固孔，在断头浜中间确定位置打好支柱，将基座通过支柱沉入水中进行加固，然后再拼接墙体。最后锚固，既省时省力又可以防止墙体被侵蚀。挡墙可以拆除重复利用，施工效率高，成本低。

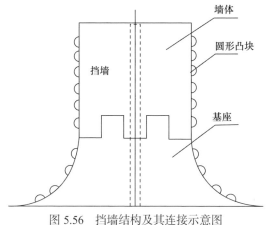

图 5.56　挡墙结构及其连接示意图

(3) 闸门 a 上圆孔孔径从底部到上部依次递减，可以保证入水时水流从底部开始推动，增加水中溶解氧，同时也可以保证水体能够完美更换；在闸门 b 外设置滤网防止河水中的漂浮物进入断头浜，在闸门 d 上设置滤网，防止断头浜中的漂浮物堵塞抽水管道。闸门 a 与闸门 d 结构示意图如图 5.57 所示。

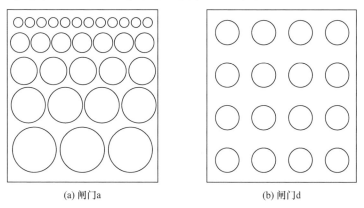

(a) 闸门 a　　　　　　　　　　　(b) 闸门 d

图 5.57　闸门 a 与闸门 d 结构示意图

(4) 通过安装控制器和设置溶解氧检测装置、水位检测装置，能够在保证水生态环境的情况下更好地节省能源，还能及时补充断头浜中的水。

断头浜治理装置的具体使用方法如下：

(1) 通过使用皮尺测量确定断头浜的长度 l；通过皮尺多点测量取平均值，确定断头浜最高水位时水面的平均宽度 d；确定抽水泵每小时的抽水量 a；根据断头浜中的水生动、植物的情况以及周边用水量拟定警戒低水位 H。

(2) 当溶解氧检测装置检测断头浜水中溶解氧 $D_0 < 5mg/L$ 时，信号传送给控制箱，控制箱开始计时 t。

(3) 当 $t > 24h$ 时，水位检测装置 b 将断头浜中的水位高度 h 反馈给控制箱，控制箱开始计算抽水泵的工作时间 T：

$T_1 = ldh/a$，T_1 为抽水泵抽水时间的理论值。

$T = [T_1] + 1$，考虑到计算误差，所以对理论值取整再加 1，确保抽水泵能够将水更换完全。

控制箱控制抽水泵工作开始计时 t_1，同时控制闸门 b 的电机工作打开闸门 b；当 $t_1 = T$ 时，控制箱断开抽水泵电源，并控制闸门 b 的电机关闭闸门 b。

(4) 当水位检测装置 a 检测的主干河道水位 h_1 和水位检测装置 b 检测的断头浜水位 h 关系为 $h_1 \geqslant h + 0.5$ 时，控制箱控制闸门 b 的电机工作打开闸门 b，当 $h_1 = h$ 时，控制箱控制闸门 b 的电机关闭闸门 b；当水位检测装置 b 检测的断头浜水位 $h < H$ 时，控制箱控制闸门 b 的电机工作打开闸门 b，当 $h_1 = h$ 时，控制箱控制闸门 b 的电机关闭闸门 b。

5.7 本 章 小 结

本章介绍了平原河流存在的如交汇区流态复杂、闸泵合建处乱流、护岸工程失稳、闸下泥沙淤积、引江补水多沙等特有问题，以及这些问题对平原河网区域造成的不利影响。针对这些问题，结合模型与现场试验研究，在充分利用河网自然动力、保障工程发挥最大效益的前提下，提出了一系列工程技术体系，包括河网交汇节点动力再造技术、闸泵合建枢纽整流与消能技术、四面体透水框架群防冲技术、临海挡潮闸节能防淤技术、分层取水排沙新闸型和调控技术、断头浜水生态治理技术等，并将该一系列平原河流水力调控工程技术分别应用到香港元朗绕道工程、泰州引江河工程、长江九江段南岸赤心堤段护岸工程、苏州河河口水闸防淤工程、镇江市内江引水调控工程等实际工程中。结果表明，本章所提出的一系列工程技术可以较好地解决平原河流产生的一系列水力问题，具有较好的应用前景。

参 考 文 献

[1] 唐洪武, 袁赛瑜, 等. 河道交汇区急缓流平稳过渡导流系统: 中国, CN201310118441.7. 2013.

[2] Arega F, Lee J H W, Tang H. Hydraulic jet control for river junction design of Yuen Long bypass floodway, Hong Kong. Journal of Hydraulic Engineering, ASCE, 2008, 134(1): 23-33.

[3] Chow V T. Open Channel Hydraulics. Singapore: McGraw-Hill, 1959.

[4] Henderson F M. Open Channel Flow. New York: MacMillan Publishers Limited, 1966.

[5] 严忠民, 闫文立. 平原水闸泵站枢纽布置与整流措施研究. 河海大学学报(自然科学版), 2000, 28(2): 50-53.

[6] 唐洪武, 李福田, 肖洋, 等. 四面体框架群护岸型式防冲促淤效果试验研究. 水运工程, 2002, 34(9): 25-28.

[7] 唐洪武, 孙洪滨, 周和平, 等. 悬浮式旋翼水力自动防淤清淤装置: 中国, CN1743571. 2006.

[8] 唐洪武, 卢永金, 肖洋, 等. 液压水下卧倒门闸的闸下清淤用射流管及其应用方法: 中国, CN201010102265.4. 2010.

[9] Rouse H. Experiments on the mechanics of sediment suspension//Proceedings of the 5th International Congress for Applied Mechanics. New York, 1939: 550-554.

[10] 中华人民共和国水利部, 中华人民共和国交通运输部, 国家能源局, 南京水利科学研究院. 一种断头浜治理装置: 中国, CN201720172239.6. 2017.

第6章 平原河网多目标水力调控系统建立及应用

随着区域经济社会的发展，河网地区水灾害、水环境、水生态、水资源等新老水问题突出，水力调控目标不再单一，传统方法已经无法满足复合水问题的治理需求。因此，本章提出一种基于水动力重构理论的多目标水力调控技术，也就是重构适宜水动力时空格局以满足复合水问题治理需求的技术。例如，水系连通就符合多目标水力调控的思路，水系连通既可以减轻洪涝灾害，又可以形成活水畅流改善水生态环境。但由于平原河流水问题的复杂性，多目标水力调控技术主要存在两大挑战：首先，水问题具有突发性和不可预见性，如突发水污染事件、台风、风暴潮等，因此要求水动力的模拟和调度方案的生成必须快速、高效；其次，不同目标对水动力的需求不甚协调甚至是矛盾的，各目标之间的关系是动态非线性变化的，使得多目标下水力调控十分复杂。本章主要介绍平原河网多目标水力调控技术及其工程应用。

6.1 平原河网多目标水力调控技术

前面已经对水动力重构的思想和理论进行了详细的介绍，基于水动力重构理论而研发的多目标水力调控技术使得平原河网复合水问题治理成为可能。

6.1.1 水动力重构理论方法

平原河网水动力过程可以使用圣维南方程组进行描述，表达式为

$$\begin{cases} \dfrac{\partial Q}{\partial x} + B_\mathrm{t} \dfrac{\partial z}{\partial t} = q_\mathrm{l} \\ \dfrac{\partial U_\mathrm{m}}{\partial t} + U_\mathrm{m} \dfrac{\partial U_\mathrm{m}}{\partial x} + g \dfrac{\partial h}{\partial x} + gS - gS_\mathrm{f} = 0 \end{cases} \tag{6.1}$$

式中，B_t 为当量河宽，等于河宽与附加滩地宽度之和；g 为重力加速度；h 为水深；q_l 为单位河长的旁侧入流量；Q 为断面流量；S 为底坡；S_f 为摩擦项；t 为时间；U_m 为断面平均流速；x 为坐标；z 为断面水位。

在式(6.1)中，河网水流一般由动量方程第 3 项的压力梯度项和第 4 项的重力分量来提供动力，第 5 项的摩擦项是阻力项。对于恒定水流，不考虑时间项，平

原河网底坡普遍很小，重力分量可以忽略，水流动力主要由水位差(即水力坡降)来驱动，若不考虑河床阻力，则式(6.1)中的动量方程化简积分成

$$\frac{1}{2}\rho U_m^2 + \rho g h = c \qquad (6.2)$$

式中，c 为积分常数。

从式(6.2)可以看出，如果不考虑河床阻力消耗的能量，河网地区的水流能量是定值，水流流动的过程主要是势能与动能之间转化的过程。

从水能的角度认识水闸、泵站、疏浚等河流治理工程的作用机理，对有限水能的优化至关重要。河流能量方程为

$$\frac{\partial h_e}{\partial x} = \rho \frac{\partial U_m}{\partial t} + \frac{\partial h_p}{\partial x} - \frac{\partial h_f}{\partial x} \qquad (6.3)$$

式中，h_e 为水流能量，包括势能$(p+\gamma z)$和动能$(\rho U_m^2 / 2)$；第二项表示非恒定过程引起的附加动能项；h_p 为沿程输入的外源能量，如水泵提供的水能；h_f 为调控过程中的局部和沿程能量损失。

平原河网区由于地势平缓、比降较小，水流势能和动能都不大，水流能量主要靠外源能量提供(泵站的作用)，植被、沙波等床面形态还存在较大的能量损耗(疏浚可以减小损耗)，这些都是其动力弱的重要原因。而水流能量由势能和动能组成，很多时候，动能与势能之间的转化也能产生很好的经济、社会和生态环境效益。例如，利用水闸制造水位差蓄能发电，或者合理调配动力的时空变化过程，使其满足日常生态流量、环境流量等需要。实现复合水问题综合治理的最优化模型函数形式为

$$\max\{M(\varphi), S(\varphi), B(\varphi), t\}, \quad \varphi \in \Omega$$
$$\text{s.t.} \quad G(\varphi) \leqslant 0 \qquad (6.4)$$

式中，φ 为水流特证量，如流速、水深、紊动流速等；M、S、B 分别为经济效益函数(如水利工程发电效益)、社会效益函数(如区域防洪效益)和生态效益函数(如生物适应性)；t 为时间；Ω为可行域；G 为约束条件集。

6.1.2　平原河网数学模拟

数学模型是研究大尺度河网水沙物质输移和工程治理的重要手段。平原河网通江达海，内连湖泊，巨大的时空尺度差异使得数学模型相对于物理模型有很多优势，但也正因为时空尺度的差异以及众多工程的扰动，增加了数学模型耦合模拟的难度。本节主要介绍平原河网密集工程下水、沙、污染物等多要素物质输移的精准数值模拟方法，它也是多目标水力调控技术的基础。

1. 平原河网多维度多工程耦合模型

平原河网区水系结构中包含复杂的线型河道、浅水湖泊等众多工程,其水动力、水质要素是影响河网水生态环境以及平原河网区社会经济发展的重要因素。针对平原河网的特征,其水动力可以用一维或二维模型进行模拟,也可以根据需要采用多维耦合以及水动力与闸、泵等水工程的耦合模型进行模拟。其中,一维数学模型和二维数学模型是平原河网数值模拟中常用的两种方法,但分别存在模型精度不高和计算量过大的问题。一二维耦合数学模型的出现较好地解决了这一矛盾;而多维耦合以及水动力与工程的耦合模拟尚有一系列技术难题有待深入研究。

1) 一维数学模型

(1) 控制方程。

线型河道的水动力过程可以由圣维南方程组描述。圣维南方程组由连续性方程(质量守恒)和动量方程(牛顿第二定律)组成,其表达式见式(6.1)。

(2) 求解方法。

上述方程组通常采用 Preissmann 四点隐格式进行数值离散,该方法具有较强的稳定性和收敛性,适用于非均匀空间步长计算。Preissmann 四点隐格式的稳定条件和精度如下:

① 当 $0.5 \leqslant \theta \leqslant 1$ 时,格式无条件稳定;当 $0 \leqslant \theta < 0.5$ 时,格式有条件稳定。

② 对于 $\theta = 0.5$,格式具有二阶精度;对于其他任意 θ,格式具有一阶精度。

③ 由于傅里叶分量的弥散,当 $\sqrt{\dfrac{gA}{B}}\dfrac{\Delta t}{\Delta x} \leqslant 1$ 或者 $\sqrt{\dfrac{gA}{B}}\dfrac{\Delta t}{\Delta x} \gg 1$ 时,相位误差较大,从实用观点来看,θ 宜采用大于 0.5 的值。

河网的水动力求解常用的是三级联解法[1],即河段、河道、节点逐级处理的方法。这种解法以河段差分方程组为基础,通过追赶法得到河道首尾断面间的水位和流量关系,然后建立河网节点水位方程组,在求得节点处水位后回代到河道计算断面的追赶方程中,进而求解每个断面上的未知量。

2) 二维数学模型

(1) 控制方程。

浅水湖泊的水动力过程由沿水深积分的浅水方程描述,包括连续方程和动量方程。

连续方程:

$$\frac{\partial h}{\partial t} + \frac{\partial (hu)}{\partial x} + \frac{\partial (hv)}{\partial y} = 0 \tag{6.5}$$

动量方程:

$$\frac{\partial(hu)}{\partial t} + \frac{\partial\left(hu^2 + \dfrac{gh^2}{2}\right)}{\partial x} + \frac{\partial(huv)}{\partial y} = gh(S_{0x} - S_{fx}) + S_{wx} \tag{6.6}$$

$$\frac{\partial(hv)}{\partial t} + \frac{\partial(huv)}{\partial x} + \frac{\partial\left(hv^2 + \dfrac{gh^2}{2}\right)}{\partial y} = gh(S_{0y} - S_{fy}) + S_{wy} \tag{6.7}$$

式中，

$$S_{0x} = -\frac{\mathrm{d}Z}{\mathrm{d}x} \tag{6.8}$$

$$S_{0y} = -\frac{\mathrm{d}Z}{\mathrm{d}y} \tag{6.9}$$

$$S_{fx} = \frac{\rho u \sqrt{u^2 + v^2}}{hc^2} = \frac{\rho n^2 u \sqrt{u^2 + v^2}}{h^{4/3}} \tag{6.10}$$

$$S_{fy} = \frac{\rho v \sqrt{u^2 + v^2}}{hc^2} = \frac{\rho n^2 v \sqrt{u^2 + v^2}}{h^{4/3}} \tag{6.11}$$

$$S_{wx} = \rho_a C_D |W_a| W_a \cos\alpha \tag{6.12}$$

$$S_{wy} = \rho_a C_D |W_a| W_a \sin\alpha \tag{6.13}$$

式中，C_d 为风拖拽系数；g 为重力加速度；h 为水深；u 和 v 分别为 x 和 y 方向垂线平均流速分量；W_a 为水面以上 10m 处的风速；S_{0x} 和 S_{fx} 分别为 x 方向的水底底坡和摩阻坡度；S_{0y} 和 S_{fy} 分别为 y 方向的水底底坡和摩阻坡度；S_{wx} 和 S_{wy} 分别为 x 和 y 方向风应力；ρ_a 为空气的密度。

式(6.5)～式(6.7)也可写为如下格式：

$$\frac{\partial \boldsymbol{U}}{\partial t} + \frac{\partial \boldsymbol{F}_x}{\partial x} + \frac{\partial \boldsymbol{F}_y}{\partial y} = \boldsymbol{S}_0 \tag{6.14}$$

式中，

$$\boldsymbol{U} = \begin{bmatrix} h \\ hu \\ hv \end{bmatrix} \tag{6.15}$$

$$\boldsymbol{F}_x = \begin{bmatrix} hu \\ hu^2 + \dfrac{gh^2}{2} \\ huv \end{bmatrix} \tag{6.16}$$

$$F_y = \begin{bmatrix} hv \\ huv \\ hv^2 + \dfrac{gh^2}{2} \end{bmatrix} \tag{6.17}$$

$$S_0 = \begin{bmatrix} 0 \\ gh(S_{0x} - S_{fx}) \\ gh(S_{0y} - S_{fy}) \end{bmatrix} \tag{6.18}$$

式中，U 为守恒型物理矢量；$F = (F_x, F_y)$ 为通量矢量；S_0 为源项。

(2) 求解方法。

采用基于非结构化网格的有限体积法离散浅水方程组，网格支持三角形和四边形混合网格以适应复杂地形和边界。变量定义在单元中心，单元的边界为控制体界面，边外法向向量 $n = [n_x \quad n_y]^\mathrm{T}$，与 x 轴的夹角为 φ（自 x 轴起以逆时针方向为正方向）。

在控制体 Ω 上对式(6.14)进行积分，可得

$$\iint_\Omega \frac{\partial U}{\partial t} \mathrm{d}\Omega + \iint_\Omega \left(\frac{\partial E(U)}{\partial x} + \frac{\partial G(U)}{\partial y} \right) \mathrm{d}\Omega = \iint_\Omega S(U) \mathrm{d}\Omega \tag{6.19}$$

对第二项利用高斯散度定理，将其化为沿 Ω 边界的线积分，式(6.19)变为

$$\iint_\Omega \frac{\partial U}{\partial t} \mathrm{d}\Omega = -\int_{S_b} \left[E(U)n_x + G(U)n_y \right] \mathrm{d}s + \iint_\Omega S(U) \mathrm{d}\Omega \tag{6.20}$$

式中，$\mathrm{d}\Omega$ 和 $\mathrm{d}s$ 为面积分和线积分微元。

假设水力要素在各控制体内均匀分布，对式(6.20)采用前差格式，并记 $F_n = E(U)n_x + G(U)n_y$，得到基本数值解方程为

$$U_i^{n+1} = U_i^n - \frac{\Delta t}{\Delta V_i} \sum_{j=1}^m F_{nij} \Delta l_{ij} + \Delta t \overline{S}_b \tag{6.21}$$

式中，Δt 为时间步长；ΔV_i 为单元 i 的面积；F_{nij} 为通过单元 i 第 j 条边的通量；Δl_{ij} 为单元 i 第 j 条边的边长；$\overline{S}_b = \iint_\Omega S_b(U) \mathrm{d}\Omega$ 为源项的单元积分值，其中 S_b 为控制体 Ω 的边界，以逆时针方向为正方向，即 $S_b = \partial \Omega$。

求解式(6.21)的核心是法向数值通量 F_n 的计算。利用二维浅水方程旋转不变性这一性质，将界面通量计算转换为求解局部坐标系下的一维 Riemann 问题，则

$$F_n = E(U)\cos\varphi + G(U)\sin\varphi = T(\varphi)^{-1} E[T(\varphi)U] = T(\varphi)^{-1} E(\tilde{U}) \tag{6.22}$$

式中,

$$T(\varphi) = \begin{bmatrix} 1 & 0 & 0 \\ 0 & \cos\varphi & \sin\varphi \\ 0 & -\sin\varphi & \cos\varphi \end{bmatrix} \tag{6.23}$$

$$T(\varphi)^{-1} = T(\varphi)^{\mathrm{T}} \tag{6.24}$$

式中, $T(\varphi)$ 为坐标旋转角为 φ 的转化矩阵。

将守恒变量 U 局部转换成局部坐标系下的 $\tilde{U}$ 后,无须代入 $G(\cdot)$,仅代入 $E(\cdot)$ 即可求出法向通量 F_n 。在局部坐标系下,二维浅水方程转化成局部一维问题,即

$$\frac{\partial \tilde{U}}{\partial t} + \frac{\partial E(\tilde{U})}{\partial \tilde{x}} = 0 \tag{6.25}$$

因而,在网格边两侧存在一个间断的 Riemann 问题,即

$$\tilde{U}(\tilde{x},0) = \begin{cases} \tilde{U}_1, & \tilde{x} < 0 \\ \tilde{U}_r, & \tilde{x} \geqslant 0 \end{cases} \tag{6.26}$$

采用基于 Riemann 近似解的 Roe 格式求解局部界面数值通量,界面通量为

$$F_n = \frac{1}{2}\left[E(\tilde{U}_1) + E(\tilde{U}_r) - \left|\tilde{J}\right|(\tilde{U}_r - \tilde{U}_1) \right] \tag{6.27}$$

式中,

$$\tilde{J} = \frac{\partial E(\tilde{U})}{\partial \tilde{U}} = \begin{bmatrix} 0 & 1 & 0 \\ g\tilde{h} - \tilde{u}^2 & 2\tilde{u} & 0 \\ -\tilde{u}\tilde{v} & \tilde{v} & \tilde{u} \end{bmatrix} \tag{6.28}$$

$$\tilde{u} = \frac{u_r\sqrt{h_r} + u_1\sqrt{h_1}}{\sqrt{h_r} + \sqrt{h_1}} \tag{6.29}$$

$$\tilde{v} = \frac{v_r\sqrt{h_r} + v_1\sqrt{h_1}}{\sqrt{h_r} + \sqrt{h_1}} \tag{6.30}$$

$$\tilde{c} = \sqrt{\frac{g(h_r + h_1)}{2}} \tag{6.31}$$

$$\tilde{h} = \sqrt{h_r h_1} \tag{6.32}$$

式中, $\tilde{J}$ 为基于 Roe 平均下的雅可比矩阵; $\tilde{u}$ 、 $\tilde{v}$ 、 $\tilde{h}$ 为 Roe 平均变量。

继而 $\tilde{J}$ 的三个特征值为

$$\begin{cases} \lambda_1 = \tilde{u} - \tilde{c} \\ \lambda_2 = \tilde{u} \\ \lambda_3 = \tilde{u} + \tilde{c} \end{cases} \tag{6.33}$$

对应的特征向量为

$$\begin{cases} \boldsymbol{\gamma}_1 = [1 \quad \tilde{u} - \tilde{c} \quad \tilde{v}]^{\mathrm{T}} \\ \boldsymbol{\gamma}_2 = [0 \quad 0 \quad 1]^{\mathrm{T}} \\ \boldsymbol{\gamma}_3 = [1 \quad \tilde{u} + \tilde{c} \quad \tilde{v}]^{\mathrm{T}} \end{cases} \tag{6.34}$$

将 $\tilde{\boldsymbol{U}}_{\mathrm{r}} - \tilde{\boldsymbol{U}}_{\mathrm{l}}$ 沿特征向量方向进行特征分解，可得

$$\tilde{\boldsymbol{U}}_{\mathrm{r}} - \tilde{\boldsymbol{U}}_{\mathrm{l}} = \tilde{\boldsymbol{R}}\tilde{\boldsymbol{\alpha}} = \sum_{k=1}^{3} \tilde{\alpha}_k \boldsymbol{\gamma}_k \tag{6.35}$$

式中，

$$\tilde{\boldsymbol{\alpha}} = [\tilde{\alpha}_1 \quad \tilde{\alpha}_2 \quad \tilde{\alpha}_3] \tag{6.36}$$

$$\tilde{\alpha}_1 = \frac{1}{2}\left[h_{\mathrm{r}} - h_{\mathrm{l}} - \frac{\tilde{h}}{\tilde{c}}(u_{\mathrm{r}} - u_{\mathrm{l}}) \right] \tag{6.37}$$

$$\tilde{\alpha}_2 = \tilde{h}(v_{\mathrm{r}} - v_{\mathrm{l}}) \tag{6.38}$$

$$\tilde{\alpha}_3 = \frac{1}{2}\left[h_{\mathrm{r}} - h_{\mathrm{l}} + \frac{\tilde{h}}{\tilde{c}}(u_{\mathrm{r}} - u_{\mathrm{l}}) \right] \tag{6.39}$$

式中，$\tilde{\boldsymbol{\alpha}}$ 为特征强度。

因此，可得数值通量 $\boldsymbol{F}_n$ 表达式为

$$\boldsymbol{F}_n = \frac{1}{2}\left(\boldsymbol{E}(\tilde{\boldsymbol{U}}_{\mathrm{l}}) + \boldsymbol{E}(\tilde{\boldsymbol{U}}_{\mathrm{r}}) - \sum_{k=1}^{3} \tilde{\alpha}_k |\lambda_k| \boldsymbol{\gamma}_k \right) \tag{6.40}$$

模型对底坡源项进行特征分解、迎风处理，对摩阻源项采用半隐式离散法。

采用显式 Euler 法对时间进行积分，模型整体具有一阶精度，但可高效且较为精确地模拟大尺度区域的水动力过程，满足精度和误差要求。时间积分公式为

$$U_{n+1} = U_n + \Delta t F(U_n) \tag{6.41}$$

3) 一二维耦合数学模型

对于河湖相连的河网，可以使用一二维耦合数学模型。一维模型和二维模型的耦合连接方式主要包括标准连接、侧向连接、建筑物连接和城市连接等，分别可用于模拟河口三角洲、洪泛区、水工建筑物和城市排水系统等。其中，标准连接和侧向连接在流域模型中应用广泛。

一二维耦合模型的常用方法有重叠计算区域法、边界迭代法、基于堰流公式的水量守恒法以及基于数值通量的水量和动量守恒法。其中，重叠计算区域法和边界迭代法主要用于上下游型联解的一维和二维模型耦合。耦合界面处需满足水位相等、进出流量相等的连接条件。基于堰流公式的水量守恒法及基于数值通量的水量和动量守恒法主要用于侧向型联解的一维和二维模型耦合。对于侧向连接溃堤计算，由于溃口处可能存在大流速梯度和急流，此时合理描述模型间的水力传递关系尤为重要。基于堰流公式的水量守恒法具有原理简单、计算稳定等优点，在防洪保护区溃堤洪水演进模拟中得到了广泛应用。然而，该方法具有无法表达模型间动量交换、堰流公式中流量系数选取存在不确定性等缺点。同时，由于堰流公式中常将溃口概化为矩形、梯形等规则多边形，针对不存在溃口的漫堤洪水以及形状较为复杂的溃口，该方法的适应性较差[2]。

河道水体向陆面溢流的模型一般采用耦合边界的水力连接条件来实现模型联解。对于规模较大的堤防，溃口处洪水的流态与宽顶堰流较为接近，溃口流量可采用宽顶堰流公式计算[3]，即

$$Q_a = \begin{cases} C_D L_t (z_1 - z_w)^{1.5}, & \dfrac{2}{3}(z_1 - z_w) \geqslant z_2 - z_w \\ \dfrac{3^{1.5}}{2} C_m L_t (z_2 - z_w)(z_1 - z_2)^{1.5}, & \dfrac{2}{3}(z_1 - z_w) < z_2 - z_w \end{cases} \tag{6.42}$$

式中，C_m 为流量系数；L_t 为矩形溃口的宽度；Q_a 为耦合界面的流量绝对值；$z_1 = \max(z_{1d}, z_{2d})$，$z_2 = \min(z_{1d}, z_{2d})$，$z_{1d}$ 和 z_{2d} 分别为一维、二维模型在耦合边界处的水位；z_w 为耦合边界处的底高程。

一二维耦合水动力数学模型的建立过程中，耦合算法充分利用了显式连接的便利性，也考虑了初始条件、耦合边界时间滞后等带来的误差，在每一时间步内，仅对重叠区域内的一维断面和二维网格进行迭代修正，以微小的计算代价得到更精确的解。

耦合算法的主要方法为：首先动态修正每一时刻的二维时间步长，使得一维模型在计算完成后，可将边界流量传递至所有重叠二维网格。二维模型在计算完成后，将网格值传递至所有重叠一维断面，进一步以使重叠断面的圣维南差分方程残差和最小为目标，进行迭代修正。

在每一时间步开始时，以上一时刻的二维区域水位作为一维河网的边界进行一维计算，之后将流量传递给二维边界对二维进行求解。显然，此时重叠区域内一维断面与二维网格的水力要素值存在差异。将二维网格的水位和流量值传递给一维断面，根据上一时刻水力要素值求得的圣维南差分方程组，求出二维网格值代入后的误差，并借助该方程组求出新的流量值代入二维区域，以此往复求解直至误差减小至稳定，最后以新得到的水位边界重新刷新除重叠区域以外的一维河

网断面值，以消除初始以假设水位边界求解引入的误差，达到一维断面和二维网格耦合求解的目的。

4) 闸站泄流能力模拟

平原河网地区有大量的水闸及泵站工程。泵站工程通常以设定流量作为节点内边界条件处理。而水闸过流能力存在孔流、堰流、自由流及淹没流等复杂的流态，泄流量影响因素众多，因此水闸过流能力及其数值模拟一直是平原河网水动力精确模拟的关键技术难题。图 6.1 为水闸示意图。

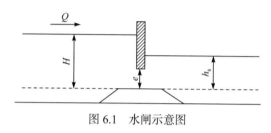

图 6.1　水闸示意图

根据闸门开启状态与上下游水位的不同，水闸过流状态可以分为堰流和孔流两种。堰流是闸门开度达到一定高度后，对水流不再具有调控作用，水面为一条光滑的降落曲线；孔流受到闸门的影响，水面线呈现为不连续状态。堰流与孔流流态之间的过流能力计算公式也是不同的。

水闸过流流量计算主要涉及两方面问题：一是过流流态的判断，二是过流系数的确定。对一些重要的水利工程，往往采用模型试验来实测出流规律，然而这些研究仅仅局限于具体工程，不具有通用性；也有张绪进等[4]、华子平[5]、袁新明等[6,7]、胡肖峰等[8]利用试验数据或现有工程的实测数据，提出了具有参考价值的计算公式。

孔流与堰流的判别标准是闸门开度与堰上水头的比值，被广泛采用的判别规则式为

堰流：
$$\frac{e}{H} \geqslant 0.65 \tag{6.43}$$

孔流：
$$\frac{e}{H} < 0.65 \tag{6.44}$$

式中，e 为闸门开度；H 为堰上水头，即闸上水位与闸底坎高程之差。

(1) 堰流模拟。

堰流的基本过流公式为

$$Q = mB\sqrt{2g}H_0^{3/2} \tag{6.45}$$

式中，m 为流量系数；H_0 为包括速度水头的堰上总水头，在水流流速较小的平原河网中，速度水头可以忽略，$H_0 = H$。

过流公式中的流量系数 m 与堰的类型、高度等众多因素有关，一般需要根据试验来确定，同时也有经验公式可供参考。表 6.1 为通过试验得出的流量系数，可供初步计算时参考。

表 6.1　流量系数参考取值

入口性质和堰型	m
无损失	0.385
具有很好的圆形入口	0.36
加圆的入口边缘的堰顶	0.35
钝角入口	0.33
不加圆的入口边缘的堰顶	0.32
不整齐而又粗糙的入口	0.30

对于堰流，如果堰下水位升高到一定程度，下游将对上游产生干扰，影响堰的过流能力，成为淹没堰流。对于宽顶堰，淹没堰流需根据淹没度进行判断，即闸下水头与闸上水头比值，一般选取的淹没条件为

$$\frac{h_s}{H_0} > 0.8 \tag{6.46}$$

式中，h_s 为堰下游水位与闸底板高程之差。

堰流为淹没出流时，受下游水位的影响，其过流能力要小于自由出流，其过流公式应当在堰流基本公式中乘以淹没系数 σ，得到淹没堰流计算公式，即

$$Q = \sigma m B \sqrt{2g} H_0^{3/2} \tag{6.47}$$

式(6.47)相对于式(6.45)增加了淹没系数。淹没系数的确定主要包括别列津斯基计算方法[9]和南京水利科学研究院计算方法[10]。别列津斯基淹没系数如图 6.2 所示。将别列津斯基淹没系数进行曲线拟合，发现当采用二次项拟合时，得到的曲线相关系数达到 0.9924；而采用更高次多项式拟合，如采用三次项拟合，相关系数也仅提高至 0.9973，因此可以采用二次项拟合结果作为淹没系数计算公式，即

$$\sigma = -21.016\left(\frac{h_s}{H_0}\right)^2 + 34.398\frac{h_s}{H_0} - 13.085 \tag{6.48}$$

郝增祥等[10]全面考虑了各种因素的影响，对宽顶堰的淹没出流进行了比较系统的研究，提出了宽顶堰淹没出流的判别标准，即

$$\frac{\Delta z}{z_k} \leqslant 1 \tag{6.49}$$

式中，Δz 为上下游水位差；z_k 为开始淹没时的上下游水位差的临界值。

$$z_k = 0.2435 h_k \left(\frac{2.1}{m\sqrt{2g}} \right)^{\frac{1}{2.53 - 2.13 b_0 / B_s}} \tag{6.50}$$

式中，b_0 为溢流宽度；B_s 为包括闸墩在内的闸身宽度；h_k 为临界水深，$h_k = \sqrt[3]{2m^2} H_0$。

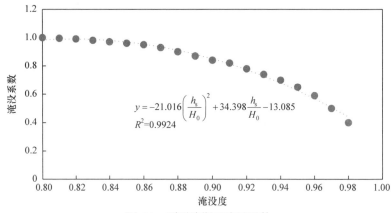

$$y = -21.016 \left(\frac{h_s}{H_0} \right)^2 + 34.398 \frac{h_s}{H_0} - 13.085$$
$$R^2 = 0.9924$$

图 6.2　别列津斯基淹没系数

淹没系数为

$$\sigma = \left[\left(2 - \frac{\Delta z}{z_k} \right) \frac{\Delta z}{z_k} \right]^{\frac{1}{2.3}} \tag{6.51}$$

根据《水闸设计规范》(SL 265—2016)[11]，当宽顶堰堰流处于高淹没度时，流量计算公式为

$$Q = \mu_s h_s B_s \sqrt{2g(H_0 - h_s)} \tag{6.52}$$

式中，μ_s 为淹没堰流综合流量系数，$\mu_s = 0.877 + (h_s / H_0 - 0.65)^2$。

在平原地区，由于上下游水头差较小，堰流常处于淹没堰流状态，因此有必要对不同过流公式进行研究比选。三河闸位于洪泽湖东南部，是淮河入江水道的重要控制口门，共有 63 个宽 10m 的闸孔，本节利用三河闸在 2007 年 7 月开闸放水过程中的实测水位与流量，分别用上述三种计算公式计算过流量[12]。对于流量系数 m，通过多组取值计算对比发现，当 $m = 0.3$ 时，别列津斯基计算方法得到的结果与实测值吻合较好；当 $m = 0.31$ 时，南京水利科学研究院计算方法得到的结果与实测值吻合较好。而《水闸设计规范》(SL 265—2016)[11]中提出的公式中采用的是一个综合流量系数，可根据公式求出。对应计算结果与实测值对比如图 6.3 和图 6.4 所示。

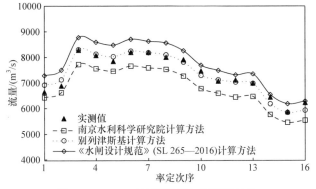

图 6.3　m=0.3 时计算结果与实测值对比

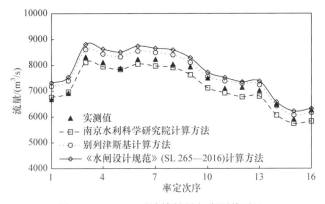

图 6.4　m=0.31 时计算结果与实测值对比

由图 6.3 和图 6.4 可以看出，通过对流量系数 m 适当取值，别列津斯基计算方法和南京水利科学研究院计算方法均可得到与实测值吻合较好的计算值。但对比发现，采用别列津斯基淹没系数得到的计算结果精度好于南京水利科学研究院公式，且南京水利科学研究院公式表达更为复杂，故本节计算中采用别列津斯基计算方法。

(2) 孔流模拟。

闸孔出流也分为自由出流和淹没出流两种。如果下游水位不影响闸孔出流，称为自由孔流；如果下游水位对出流产生影响，则称为淹没孔流。自由孔流与淹没孔流可以根据闸孔出流的跃后水深与下游水深的关系进行判别，跃后水深的计算公式为

$$h_c'' = \frac{\varepsilon_0 e}{2}\left(\sqrt{1 + \frac{16\mu_0^2 H_0}{\varepsilon_0^2 e}} - 1\right) \tag{6.53}$$

式中，h_c'' 为跃后水深；μ_0 为流量系数；ε_0 为闸门收缩系数，可用经验公式 $\varepsilon_0 = 0.6159 - 0.0343\dfrac{e}{H} + 0.1923\left(\dfrac{e}{H}\right)^2$ 计算；e 为闸门开度。

当 $h_s \leqslant h_c''$ 时，闸孔出流为自由出流，其过流公式为

$$Q = \mu_0 eB\sqrt{2gH_0} \tag{6.54}$$

当 $h_s > h_c''$ 时，闸孔出流为淹没出流，其过流公式为

$$Q = \sigma_s \mu_0 eB\sqrt{2gH_0} \tag{6.55}$$

式中，σ_s 为淹没系数。

当闸孔出流为自由出流，采用式(6.54)进行过流流量计算时，首先应该确定闸门的流量系数 μ_0，常用的经验公式为

$$\mu_0 = 0.60 - 0.18\frac{e}{H} \tag{6.56}$$

当发生淹没孔流时，除流量系数之外，还应确定闸门的淹没系数。闸门的淹没系数与闸门的相对开度、上下游水位差与闸上水头的比值有关。

2. 平原河网水动力高精度模拟方法

平原河网地区河道数量众多，以苏州阳澄淀泖地区河网为例，其河网密度高达 3.2km/km^2。同时，大量的小型湖荡存在于平原河网地区，这些湖荡或穿过主干河道，或通过小支流与主干河道相连，形成了复杂的河湖连通关系。因此，平原河网水动力模型概化还涉及穿河湖荡概化、弯曲河道概化、河道汊点等方面内容，不同概化方式对水动力模型结果有一定的影响。

1) 湖荡概化方法

小型湖荡常见于平原河网地区，其中有一部分穿过主干河道。如图 6.5 所示，

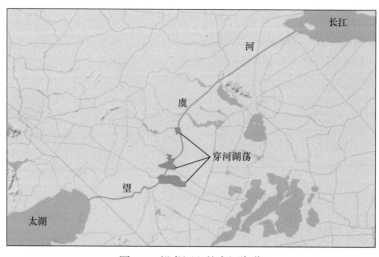

图 6.5　望虞河上的穿河湖荡

望虞河上有嘉凌荡、鹅真荡和漕湖三个穿河湖荡。在主干河道行洪时，这些小型湖荡起到了类似于蓄洪区的作用。对于平原河网水动力模型，若忽略这些小型湖荡，将使研究区域调蓄能力小于实际情况。

平原河网水动力模型中常用的湖泊处理方式有：①在湖泊所在计算节点添加调蓄水面；②把湖泊概化为河道，拓宽计算断面；③一二维耦合模型。其中添加调蓄节点的方式操作简单，为最常用方法。该方法仅在计算断面上概念性地增加调蓄面积，对水动力模型改动较小，且计算时间与无湖荡的河道一维模型相当。拓宽湖泊所在位置计算断面宽度的方式能够真实反映河道地形的沿程变化，但需要对所有湖泊范围内的计算断面逐一进行修改。一二维耦合模型计算精度在理论上优于前两种概化方式，但计算时间较长。

通过利用一维模型增加调蓄断面、一维模型扩大河道断面以及一二维耦合模型，分别建立穿河湖荡概化河道数值模型并进行比较，发现采用扩大河道断面的方式概化小型湖荡不仅使建模过程烦琐，而且容易造成模型计算不稳定，应当避免采用。采用增加调蓄断面的概化方法，基本不增加计算量和建模难度，且具有较高的模拟精度。对于较大的湖荡，如果覆盖多个计算节点，通过将调蓄面积平均分配到这些计算节点的方式难以显著提高模拟精度。随着流量增加，调蓄节点概化模型的精度逐渐降低，而一二维耦合模型能维持较高的精度。可见，对于距离较近的串联穿河湖荡，采用调蓄节点进行概化会使湖荡间的连接河段模拟精度较差，因此要根据精度要求采用一二维耦合模型或二维模型进行模拟。

2) 河段概化方法

我国平原地区河道经过大量人工改造，多数为顺直的渠化型河道，少数未经人工改造的河道还保持着天然河道的蜿蜒形态。弯曲河道由于水体在河道中经过偏转，会出现弯道二次流、螺旋流等现象[13,14]。尤其在水流流速较大时期，这种现象更为明显，水面呈现"凹岸壅高、凸岸降低"的现象。针对这一问题，刘曾美等[15]、蒋艳等[16]与史莹等[17]开展了相关研究，分别提出利用等效糙率和等效阻力系数对弯道产生的附加阻力进行概化的方法。将概化阻力引入水动力模型，成功改善了模拟精度。

根据平原地区弯道的特点构建一维弯曲河道数学模型，采用刘曾美等[15]提出的弯曲河道等效糙率概化弯道阻力，探讨弯道对平原地区河道行洪的影响。考虑到平原河道水流流速较小，一般为缓流明渠，横向环流产生的阻力很小，常规的平面二维模型可取得足够精度[17]。因此，采用曲线正交网格下的平面二维模型对比研究弯道阻力系数修正对一维水动力模型的影响。

定义转弯角度为河道上游顺直段和下游顺直段的夹角，设计了转弯角度分别为0°、60°、120°以及180°的四条河道。四条河道中 R1 为顺直河道，其余三条有不同角度的转弯，所有弯曲段入弯点和出弯点的直线距离均为 4km。试验河道分为三段，弯道前称为上游段，长度均为 10km，河底为平底；弯道后称为下游段，长度也为 10km。为使下游出口处水流能够调整为均匀流，设置距离出口 5km 河道坡降为 1‰，下游出口处河道底高程为 0m。弯曲河道数值试验概化河道示意图如图 6.6 所示。

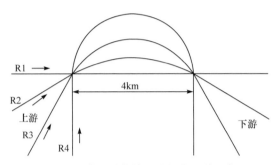

图 6.6 弯曲河道数值试验概化河道示意图

针对图 6.6 所示的河道分别建立一维和二维水动力模型，对比弯道观测断面水位值随流量的变化关系，发现不进行糙率修正的一维模型与二维模型结果更接近。随着转弯角度的增加，糙率较大的弯道段长度也在增加，导致修正糙率的一维模型在上游边界与入弯点处误差逐渐增加。随着流量的增加，修正糙率的一维模型在上游边界与入弯点处水位误差逐渐增大。表明在缓流条件下，按照刘曾美等[15]提出的方法修正弯道糙率会整体降低河道上游段的过流能力。

另外，平原地区河道总体水流流速较小，即使在洪水期，大多数河道也保持缓流状态。弯曲河段引起的环流阻水效应对整体河网水动力模型的影响较小，采用常规的一维水动力模型可满足精度要求。通过比较表明，糙率修正系数在平原地区缓流河道中不宜采用。平原地区河道采用该方法概化弯道会使弯道及其上游段水位明显偏高，而弯道出口处水位与二维模型接近。表明弯道处的局部糙率修正会使误差向上游传播。不对糙率进行修正的水动力模型计算结果精度较高。因此，在平原河网地区，根据河道实际河势和长度建立一维水动力模型，可满足精度要求。

3) 河道分汇流处理方法

河道分汊与汇流是平原河网地区的常见现象。河道分汇使流量按比例分配到下游干支流。分流比例与上游来流流量、下游支流的过流特性以及支流与干流夹角等因素有关[18]。在水流流速较大的河道中，水流分汇点处能量损失对数值模型计算结果影响较大。但是，对于水流流速较小、河道联系复杂的平原河网地区，汊点方程能量守恒性对计算结果的影响尚缺少定量研究。考虑到环状河网为平原河网地区更常见的水系形态，设计了河网数值试验，以期为复杂平原河网地区数值模型的建立提供参考。汊点能量守恒方程见文献[19]。

　　环状河网数值试验概化河道示意图如图 6.7 所示。图中河道 R1 为上游，R7
为下游，J1～J7 为汊点。按照汊点距离边界节点的最小分汇流次数，将 J1 和 J5
定义为一级汊点，J2、J3、J4、J6 定义为二级汊点，J7 定义为三级汊点。

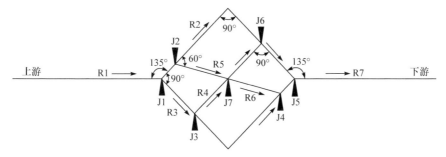

图 6.7　环状河网数值试验概化河道示意图

　　分别建立了考虑汊点能量守恒与质量守恒的河网水动力模型。为分析汊点能
量守恒对计算结果的影响，采用各个汊点处的水位与流量过程计算结果进行对比。
分流汊点采用分汊前节点的结果，汇流汊点采用汇流后节点的结果。结果表明，
汊点级数越高，两种模型所得流量结果偏差越大，可见低等级汊点计算结果偏差
会累积到高等级汊点。两种模型水位差结果表明，河网分汇流没有出现自下游向
上游的误差累积。

　　能量守恒模型在汊点处考虑能量损失的作用类似于在分流和汇流节点处增加
了"阻力"作用，可以使汊点上游水位壅高、下游水位降低。阻力效应也使河网
在分汇流过程中的过流能力减弱，汊点流量普遍小于仅考虑质量守恒的模型。由
于水流流速的增加会引起汊点处的能量损失增加，随着流量的增加，两种模型计
算结果的差值逐渐增大。总体上，两种模型的计算结果接近，在平原河网地区缓
流条件下都能满足要求。但当河网汊点总数或高级别汊点较多、河道水流流速较
大时，两种模型的偏差会增大，采用能量守恒的模型理论上可提高模拟精度。

　　4) 分级河网概化方法

　　在平原河网地区建立数值模型一般需要对复杂的河网结构进行概化。不同的
河网概化方式可能对水动力模型产生不同的影响。常用的概化方式中存在大量不
确定因素和人为判断，容易出现计算河道断面大小不同、河网的概化密度不同等
问题。现有研究表明，河网连通度与河网密度对河网的调蓄能力有重要影响，这
意味着不同概化方式会影响水动力模型计算结果。

　　为研究河网概化程度以及调蓄能力近似对概化河网水动力过程的影响，建立了
如图 6.8 所示的数值试验概化河网，图中河道正方向如箭头所示。根据河宽对河道
进行分级，R1～R5 定义为一级河道，R6～R13 定义为二级河道，R14～R17 定义为
三级河道，R18 定义为四级河道，R19～R21 定义为五级河道。为使模型更接近平

原地区实际情况,将河宽较小的河道设置在河宽较大的河道范围内。模型中各河道的断面形状为梯形断面,各河道堤顶高程均为 6m,其余参数如图 6.9 所示。为符合平原地区小型河道水深较浅的特点,随着河道级别的提高,河底高程也逐渐抬升。

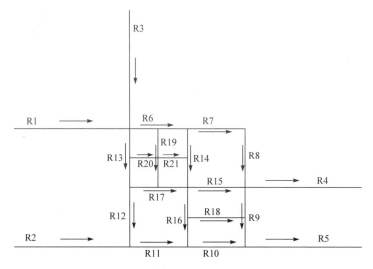

图 6.8　数值试验概化河网示意图

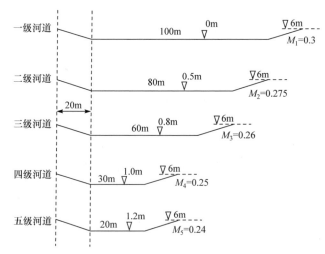

图 6.9　各级河道断面形状参数示意图(M 为边坡系数)

　　分别计算了概化河道为五级、四级以下和三级以下时的叠加宽度与高程。①五级河道概化:将五级河道 R19~R21 的调蓄体积分配到相近的四条河道上。②四级以下河道概化:以五级河道概化的结果为基础,R18 河道的调蓄体积可以分配到其附近的 R9、R10、R15 以及 R16 河道中。③三级以下河道概化:在上述基础上,把三、四、五级河道的总调蓄体积分配到二级河道 R6~R13 中。

　　为避免概化河道汊点分汇流的影响，选取 R1～R5 以及中间无汊点的二级河道(R7、R8、R10、R11、R12)中间断面处洪峰流量与最高水位为指标，对不同工况计算结果进行比较。通过计算结果对比可知：①不同概化方式下，一级河道的计算结果均好于二级河道，表明靠近计算边界位置的河道在边界条件的约束下可获得较高精度，受区域内部水动力过程的影响较小；②对比不同概化等级下的计算结果，发现概化河道越少，概化模型与原型结果越接近；③对比概化模型与直接删除概化河道模型的计算结果发现，删除概化河道模型的流量计算结果偏差大于经过概化的模型，但当概化河道级别较高时，两种模型均存在较大误差，表明河网经过概化后很难反映原有的水系连通关系与过流流量；④随着河道概化程度的增加，河道流量偏差急剧增加，所以当需要获得较高精度的流量结果时，要尽可能减少对河网的概化。

　　通过开展河网概化程度对水动力模拟的影响，发现河网概化使水系连通性改变，严重影响流量模拟精度。当需要获得较高精度的流量模拟结果时，应尽量减少对河网的概化。水位计算结果虽然同样受到河网概化程度的影响，但是可以通过采用调蓄能力近似的河网概化方法提高模拟精度。在河网水动力数值模拟中，保持概化模型与原河网的调蓄能力近似具有重要意义。

　　5) 水闸处理方法

　　水闸泄流过程中将可能出现堰流、孔流、自由流、淹没流等多种流态，不同流态的泄流量计算公式不同，因此水闸流态的转化将导致流量计算结果的不连续现象，引起数值计算的不稳定。河网中水闸的存在，使得河道水力要素不再连续，可以将其看成一种内边界条件，主要存在两种处理方法：迭代法和线性处理法。

　　在迭代法中，李大鸣等[20]提出的一种双向迭代内边界控制法具有很强的代表性，其做法为将具有闸坝的河道按照其所在位置的上下游过水断面 L1、L2 分割为上下游两个河道 LL1、LL2，如图 6.10 所示。然后按以下步骤计算：①由上一时刻的上下游两个断面 L1、L2 的水位 Z_1、Z_2，按照自由出流、淹没出流不同的出流方式计算上下游两个断面的流量 Q_1、Q_2，并且有连续方程 $Q_1 = Q_2$；②对于 LL1、LL2 这两个河道，按河网求解方法计算下一时刻上下游两个断面 L1、L2 的水位 Z_1、Z_2；③重复①、②两步，通过水位和流量的双向迭代求解具有闸坝的特殊河道的水位和流量。

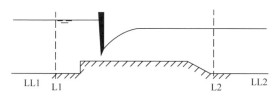

图 6.10　闸门示意图

　　线性处理法是指采用一定的处理方法将过流公式线性化后，将其类比到河网求解模型中，建立与河网求解相一致的求解格式，以达到求解的目的。常用的线性化处理方法有泰勒展开法与近似替代法，其中泰勒展开法是指采用泰勒公式对过流公式进行展开，忽略二阶项，从而得到流量与水位的线性关系；近似替代法是在平原河网计算时段步长较小的前提下，认为水位及相关水力要素均变化不大，可以将过流公式中的一部分用上一时刻的值进行替代，得到流量与水位的一次方程。刘芹等[21]对两种方法进行了对比，认为两种方法均在一定程度上进行了简化，从公式结构而言，泰勒展开法表达更为复杂，所包含的信息要素更多；从结果上来说，两者模拟结果相近，并没有太大区别。

　　在对闸门过流公式线性化之后，将闸上和闸下分别设置两个节点，使节点之间成为一个计算河道。在采用追赶法求解河道时，可以将线性化后的公式简化为与正常河道追赶方程一致的形式，将水闸河道联立到河网中，达到求解的目的。

　　无论对于迭代法还是传统的线性处理法，从上述求解过程可以看出，都需要在闸门处单独设置计算节点，至少将闸门所在河道分为上下两个河道进行计算，这对河道众多的平原河网来说，无疑增加了河网计算模型的复杂性。一种简化的处理方法是对于具有闸门的河道不再分段，河道首断面即为水闸的闸上断面，末断面即为水闸的闸下断面，这种方法虽然处理起来较为简便，但若河道较长，其计算精度将会较低。姜恒志等[22]根据泰勒展开公式，对过流公式进行了一定处理，对堰闸所在河段的追赶系数进行了修正，建立了与正常河段一致的追赶方程，但其推导公式较为复杂，在实用性上受到了限制。

　　在实际应用中，由于迭代法需要反复迭代计算，计算量较大，线性处理法在使用上更为广泛一些。这种方法理解简单，但在将线性处理后的公式与追赶方程相对应时，由于追赶系数最后都要归结到河道首末断面上，而闸门过流量只与其上下游断面水位有关，就会出现上述增加河网复杂性或降低计算精度的问题。为了使河网计算中水闸计算更加方便灵活，可尝试采用以下新的处理方法。

　　根据前述内容可知，追赶系数是根据河道差分方程组推求的，如果直接对水闸所在河段的差分方程进行修正，将水闸过流公式处理为与一维数学模型的河段差分方程组一致的形式，使"特殊"河段不再"特殊"，就可以将水闸河段耦合到河网求解中，建立包含水闸的河网求解模型。通过这种方法，只是改变了水闸所在河段的差分方程系数，不需改变整个方程组的结构，后续求解过程中不需要做出任何调整即可完成整个模型的求解。对于一个已经建模完成的河网，也只需给出水闸所在的位置就可以任意添加水闸工程，无须对河网模型进行过多修改，具有较强的灵活性。

$$\begin{cases} Q_{i+1} - Q_i + C_i Z_{i+1} + C_i Z_i = D_i \\ G_i Q_{i+1} + E_i Q_i + F_i Z_{i+1} - F_i Z_i = \Phi_i \end{cases} \tag{6.57}$$

式中，C_i、D_i、E_i、F_i、G_i、Φ_i 均为参数，可由上一时段结果计算得到。

如图 6.11 所示具有闸门的河段，假设其处于堰流状态，此时对过流公式进行泰勒展开并保留一阶项可得

$$Q_i = Q_{i+1} = m'' B \sqrt{2g} \left(Z_i^j - Z_d \right)^{3/2} + \frac{3}{2} m'' B \sqrt{2g(Z_i^j - Z_d)} \left(Z_i^{j+1} - Z_i^j \right) \tag{6.58}$$

式中，Z_i^j 为前时段闸坝上游水位；Z_i^{j+1} 为当前时段闸坝上游水位；m'' 为流量系数，当闸门为自由堰流时 $m'' = m$，当闸门为淹没堰流时 $m'' = \sigma m$。

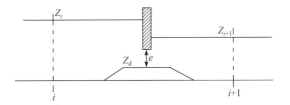

图 6.11　闸门计算河段示意图

进一步采用近似替代法对式(6.58)做近似处理，可得

$$Q_{i+1} - Q_i = 0 \tag{6.59}$$

$$Q_{i+1} + \frac{3}{2} m'' B \sqrt{2g(Z_i^j - Z_d)} Z_{i+1}^{j+1} - \frac{3}{2} m'' B \sqrt{2g(Z_i^j - Z_d)} Z_i^{j+1}$$
$$= m'' B \sqrt{2g} \left(Z_i^j - Z_d \right)^{3/2} + \frac{3}{2} m'' B \sqrt{2g(Z_i^j - Z_d)} \left(Z_{i+1}^j - Z_i^j \right) \tag{6.60}$$

联立式(6.60)和式(6.61)与式(6.57)，可得

$$\begin{cases} C_i = 0 \\ D_i = 0 \\ E_i = 0 \\ G_i = 1 \\ F_i = \frac{3}{2} m'' B \sqrt{2g(Z_i^j - Z_d)} \\ \Phi_i = m'' B \sqrt{2g} \left(Z_i^j - Z_d \right)^{3/2} + \frac{3}{2} m'' B \sqrt{2g(Z_i^j - Z_d)} \left(Z_{i+1}^j - Z_i^j \right) \end{cases} \tag{6.61}$$

同理，对闸孔出流公式进行处理，可以得到对应的差分系数，结果如表 6.2 所示。

表 6.2　不同过流方式对应的差分系数

过流方式	C_i	D_i	E_i	G_i	F_i	Φ_i
堰流	0	0	0	1	$\dfrac{3}{2}m''B\sqrt{2g(Z_i^j-Z_\mathrm{d})}$	$m''B\sqrt{2g}\left(Z_i^j-Z_\mathrm{d}\right)^{3/2}+\dfrac{3}{2}m''B\sqrt{2g(Z_i^j-Z_\mathrm{d})}\left(Z_{i+1}^j-Z_i^j\right)$
孔流	0	0	0	1	$\dfrac{\mu''eB\sqrt{2g}}{2\sqrt{Z_i^j-Z_\mathrm{d}}}$	$\mu''eB\sqrt{2g(Z_i^j-Z_\mathrm{d})}+\dfrac{\mu''eB\sqrt{2g}}{2\sqrt{Z_i^j-Z_\mathrm{d}}}(Z_{i+1}^j-Z_i^j)$

6.1.3　平原河网智能模拟

虽然大型河网的数值模拟仍可按一维考虑，但对于多至几百条、上千条的河道，方程组矩阵化后的大型稀疏矩阵求解很困难。河网数值模拟的瓶颈问题主要表现在：①河道糙率等水流参数较难确定，导致率定困难；②河网各河段与汊点之间的关系较难识别，导致汊点方程组的形成困难；③河网非恒定流分级解法的关键是对于汊点的计算，导致汊点方程组求解困难；④对不同边界条件和河道地形的适应能力差，导致模型通用性不强；⑤直接解法需要求解每个河道，分级解法需要求解大型稀疏矩阵方程组，计算量大，计算耗时长，影响实时模拟能力。

针对河网数值模拟的瓶颈问题，可采用水流智能模型理论来解决，从而实现河网非恒定流的智能模拟，其基本步骤为：①利用分级解法将河网各河段和汊点水位过程线的求解独立开来；②针对河道糙率难确定的问题，采用遗传算法反演河网各河段的糙率；③利用神经网络理论建立河网汊点水位计算模型，从而对各汊点水位过程线进行智能模拟；④用一维圣维南方程求解各个河段；⑤将河网恒定流计算结果作为非恒定流计算的初始条件，同时为了保证模拟的快速性，利用水流静态系统神经网络辨识模型理论建立河网恒定流智能模型；⑥神经网络模型的学习资料由数学模型或实测资料提供。这样河网智能模拟的主要流程可用图 6.12 表示。

1. 河网水流参数智能反演理论

选取正确的水流参数，是影响水流模拟准确性的决定性因素。河网水沙污染物耦合输移理论可以给定河网水动力模型中的大部分参数，但河网中河道众多，仍有不少参数由于水文资料的缺失或者调试工作量过于巨大而无法快速给定，如糙率 n。基于参数反演的重要性，糙率参数自动反演模型逐渐发展。Fread 等[23]将河网划分为单个河道，采用最小化误差方法对每个河道分别进行校正，但由于河道划分的人为性，该方法算不上是完全意义上的机器调参。金忠青等[24,25]采用复合形法优化河网糙率，但由于仅考虑了流量的验证，对大型河网而言，精度不够

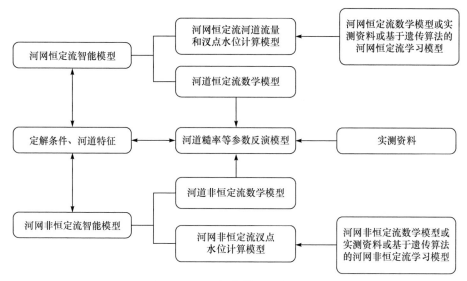

图 6.12　河网智能模拟的主要流程

理想。Atanov 等[26]采用待定拉格朗日算子变分法反演糙率，但此方法只适用于规则棱柱形河道。李光炽等[27]采用卡尔曼滤波方法反演河道糙率，得到了随时间变化的动态糙率，但该方法对实时数据的要求较高。Ding 等[28]利用有限记忆准牛顿法求解糙率反演问题，但只适用于浅水河道。程伟平等[29]利用广义逆理论反演河网糙率，其理论体系过于复杂。人工智能方法(如遗传算法)的出现为复杂河网的参数反演提供了新的工具。雷燕等[30]将河网水动力模型与遗传算法耦合，建立了河网糙率参数优化反演模型。

　　河网水流参数智能反演理论是采用遗传算法建立河网水流参数的通用反演模型，反演流程如图 6.13 所示。具体步骤如下：首先建立水流参数反演基本方程并离散，将反演问题转化为优化问题，然后构造目标函数，根据目标函数建立个体适应度评价函数，最终设计遗传算法并进行参数反演，实现河网水动力模拟多参数全局优化的智能反演方法。

　　基于遗传算法的水流参数反演原理可描述为：设有由一组水流观测数据组成的矩阵 $\boldsymbol{A}=[A_1\ A_2\ \cdots\ A_i\ \cdots\ A_n]$，其中，$A_i=[a_{i,1}\ a_{i,2}\ \cdots\ a_{i,j}\ \cdots\ a_{i,m}]^{\mathrm{T}}$，需要反演 t 个水流参数 $\boldsymbol{\varphi}=[\theta_1\ \theta_2\ \cdots\ \theta_k\ \cdots\ \theta_t]$。首先根据水流基本方程建立水流参数反演基本方程 $f(\boldsymbol{B})=0$，并进行离散。构造目标函数为

$$E(\boldsymbol{\varphi})=\Im\Im|\boldsymbol{A}-\boldsymbol{B}|=\sum_{i=1}^{n}\Im|\boldsymbol{A}_i-\boldsymbol{B}_i|=\sum_{i=1}^{n}\sum_{j=1}^{m}|a_{i,j}-b_{i,j}| \tag{6.62}$$

式中，

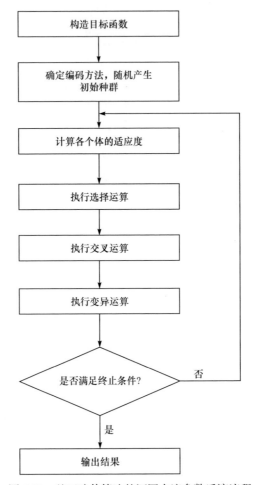

图 6.13　基于遗传算法的河网水流参数反演流程

$$\Im|A-B| = \sum_{i=1}^{n}|A_i - B_i| \tag{6.63}$$

式中，B 为对应于 A 的反演基本方程计算数据；$|\cdot|$ 为矩阵的绝对值运算，为矩阵各元素绝对值组成的矩阵；m 为其中单次观测数值向量的元素个数；n 为水流观测数据组矩阵向量的元素个数。

根据水流参数反演基本方程，通过改变参数使目标函数达到最小值，将水流参数反演问题转化为约束条件下的优化问题，得到水流参数反演数学模型为

$$\min\quad E(\boldsymbol{\varphi}) = \Im\Im|A-B|$$
$$\text{s.t.}\quad \begin{cases} f(\boldsymbol{B}) = 0 \\ \boldsymbol{\varphi} \in [\boldsymbol{\varphi}^{a}\ \boldsymbol{\varphi}^{b}] \end{cases} \tag{6.64}$$

式中，$\boldsymbol{\varphi}^{\mathrm{a}}$、$\boldsymbol{\varphi}^{\mathrm{b}}$ 为 $\boldsymbol{\varphi}$ 的变化区间向量，$\boldsymbol{\varphi}^{\mathrm{a}}=[\theta_1^{\mathrm{a}}\ \theta_2^{\mathrm{a}}\ \cdots\ \theta_k^{\mathrm{a}}\ \cdots\ \theta_t^{\mathrm{a}}]$，$\boldsymbol{\varphi}^{\mathrm{b}}=[\theta_1^{\mathrm{b}}\ \theta_2^{\mathrm{b}}\ \cdots\ \theta_k^{\mathrm{b}}\ \cdots\ \theta_t^{\mathrm{b}}]$。

采用遗传算法对上述优化问题进行求解，得到基于遗传算法的水流参数反演模型为

$$\min\quad E(\boldsymbol{\varphi})=\Im\Im|A-B|$$
$$\text{s.t.}\quad\begin{cases}f(\boldsymbol{B})=0\\\boldsymbol{\varphi}\in[\boldsymbol{\varphi}^{\mathrm{a}}\ \boldsymbol{\varphi}^{\mathrm{b}}]\\\mathrm{SGA}=(M_{\mathrm{C}},\varepsilon_{\mathrm{f}},P_0,M_{\mathrm{p}},\varPhi_0,\varGamma,\varPsi_0,T_0)\end{cases}\tag{6.65}$$

式中，M_{C} 为个体的编码方法；ε_{f} 为个体适应度评价函数；P_0 为初始种群；M_{p} 为种群大小；$\varPhi_0$ 为选择算子；$\varGamma$ 为交叉算子；$\varPsi_0$ 为变异算子；T_0 为遗传运算终止条件。

2. 河网非恒定流智能模型

针对河网常缺乏足够的实测资料和河网水动力学模型计算量大、计算速度慢、难以满足实时预测的要求等问题，提出河网非恒定流智能模型。该模型由河网非恒定流初始条件计算模型、河道非恒定流数学模型、河网非恒定流汉点水位计算模型、河网非恒定流学习模型四部分组成。

1) 河道非恒定流数学模型

河道非恒定流数学模型的基本方程为圣维南方程组，包括连续方程和运动方程，见式(6.1)。离散格式可以采用四点偏心格式。

2) 河网非恒定流汉点水位计算模型

河网模拟的关键点是汉点的处理。关于汉点处理方法，最简单且得到广泛应用的是斯托克斯假设。该假设适用于一般河网模拟。河网数值计算目前常用的是三级联解法，河网模拟最后集中到汉点水位方程组的求解上，这是河网模拟的瓶颈之一。本节提出一种基于人工神经网络的河网汉点水位计算模型，力图绕开汉点水位方程组的求解。对于定解条件一定的具体河网，采用数学模型可以求得其唯一解，此时河网汉点水位过程线也是唯一的，即汉点水位由河网边点条件和初始条件决定。基于此可进一步假设，汉点水位由边点条件和汉点初始水位(上一时刻水位)控制，可写成

$$Cw_p^t=f(Cw_1^{t-\Delta t},Cw_2^{t-\Delta t},\cdots,Cw_p^{t-\Delta t},\cdots,Cw_{\mathrm{num2}}^{t-\Delta t},Bc_1^t,Bc_2^t,\cdots,Bc_i^t,\cdots,Bc_{\mathrm{num1}}^t)\tag{6.66}$$

式中，Cw_p^t 为 t 时刻第 p 个汉点的水位值；$Cw_p^{t-\Delta t}$ 为上一时刻第 p 个汉点的水位值；Δt 为时间步长，常取常量；num1 为河网边点个数；num2 为河网汉点个数；

Bc_i^t 为 t 时刻第 i 个边点条件。

根据人工神经网络理论，上述映射函数可用一个三层误差反向传播人工神经网络模型进行非线性模拟。采用外河道的边界条件和上一时刻汉点水位作为神经网络的输入，汉点水位作为神经网络的输出。这样神经网络输入层节点数为 num1+num2，输出层节点数为 num2，隐含层节点数可以用试错法确定，并可以用遗传算法进行优化。得到的基于人工神经网络的河网非恒定流汉点水位计算模型拓扑结构如图 6.14 所示。

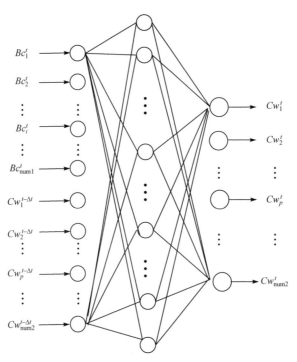

图 6.14　河网非恒定流汉点水位计算模型拓扑结构

3) 河网非恒定流学习模型

天然河网往往缺乏足够的非恒定流实测资料，为了能给河网非恒定流智能模型提供充分的训练资料，需要对河网非恒定流学习模型进行研究。

河网非恒定流汉点处的水流连续条件为

$$\sum_{i=1}^{n} Q_i^m = \frac{\partial V_m}{\partial t} \tag{6.67}$$

汉点水位过程线求解的目标函数和适应度函数仍可以依据上式构建，为了简化问题，这里仍采用斯托克斯假设。河网非恒定流斯托克斯假设实质是用恒定流水流条件处理汉点，因此 t 时刻 m 汉点的水流关系为

$$\begin{cases} \sum_{i=1}^{n_c} Q_i^{m_n}(t) = 0 \\ Z_1^{m_n}(t) = Z_2^{m_n}(t) = \cdots = Z_{n_c}^{m_n}(t) = \overline{Z^{m_n}}(t) \end{cases} \tag{6.68}$$

式中, n_c、m_n 分别表示与某一汊点相连的河段数和汊点号; $Q_i^{m_n}(t)$ 为 t 时刻第 i 个汊道的流量; $Z_i^{m_n}(t)$ 为 t 时刻第 i 个汊道的断面水位; $\overline{Z^{m_n}}(t)$ 为 m_n 汊点的平均水位, 以后直接写成 Z_{m_n}。

根据智能模拟理论, 汊点水位过程线优化求解的目标函数可以写成

$$\min J(Z_1(t), Z_2(t), \cdots, Z_{m_n}(t), \cdots, Z_{n_num_q 2}(t)) = \sum_{m_n=1}^{n_num_q 2} \left| \sum_{i=1}^{n_c} Q_i^{m_n}(t) \right| \tag{6.69}$$

$Q_i^{m_n}(t)$ 可以通过河道非恒定流数学模型——明渠圣维南方程组计算得到。因此, 基于遗传算法的汊点水位过程线计算模型可写成

$$\begin{cases} \varepsilon = g(J) \\ Z_j(t) \in [Z_j^a(t), Z_j^b(t)] \\ GA = (C, \varepsilon, P_0, M, \Phi, \Gamma, \Psi, T) \end{cases} \tag{6.70}$$

将模型(6.70)联合河道非恒定流数学模型可以独立地求解河网非恒定流, 将这里的模型称为基于遗传算法的河网非恒定流智能模型。

基于遗传算法的河网非恒定流智能模型是通过遗传优化来求解汊点水位过程线, 它不需要求解大型稀疏矩阵, 比数学模型简单、通用, 且对于不同的河道, 可以采用不同的非恒定流求解方法, 缺点是求解速度较慢。

6.1.4 平原河网多目标水力调控智能决策方法

水动力重构理论方法以及河网数学模型和智能模型为基于水动力重构实现平原河网水问题综合治理提供了重要的理论和研究技术保障, 但还面临着两大挑战。首先, 不同目标对水动力的需求不甚协调甚至是矛盾的, 各目标之间的关系是动态非线性变化的, 而且河网区水动力弱、水能有限, 因此目标之间的均衡优化也至关重要; 其次, 平原河网水问题时常伴有突发性和不可预见性, 如突发污染事件、台风等, 因此要求模拟和调控方案的生成具有实时性。本节提出一种平原河网多目标水力调控智能决策方法, 可以实现方案智能优选, 调控方案生成的效率大大增加。

1. 机理模型与智能模型的等价原理

系统辨识是研究怎样利用未知系统的试验或运行数据来建立系统数学模

型，它已形成一门专门学科。系统数学模型的建模方法分为两类：一类是解析
建模法，即利用物理、化学或力学原理中各种定理来提供比较精确的数学解析
解或模型(如函数方程、微分方程等)，通常称为机理模型；另一类是试验研究
法，其建模又有两种情况，一是对系统特性毫无验前信息，这时系统称为黑箱，
二是对系统有部分验前信息，这时系统称为灰箱，显然它们都不能提供出完整
的机理模型。

在多目标水闸联合调控中，不同目标对水动力的需求相互制约，考虑目标间
的动态平衡是实现多目标水闸联合调控的关键之一。然而，多目标动态平衡的规
律是隐性的、非结构化的，无法用方程直接描述。本节提出水流模型等价原理，
将模型用驱动方式 DR、运行机制 RU 和模型功能 FU 三个指标来表征，即两类模
型 MODEL$_1$(DR$_1$, RU$_1$, FU$_1$)、MODEL$_2$(DR$_2$, RU$_2$, FU$_2$)，只要驱动方式 DR$_1$⇔
DR$_2$ 和运行机制 RU$_1$⇔RU$_2$，则模型功能 FU$_1$⇔FU$_2$，MODEL$_1$⇔MODEL$_2$。该
原理从理论上解决了各类模型的适用性评价和统一性问题，为水闸调控多目标动
态平衡的模化提供了理论支撑。

遵循模型等价原理，理论上物理模型、数学模型、智能模型(包括专家系
统、模糊逻辑、遗传算法、神经网络模型等)、回归模型、混合模型(包括物理
模型和数学模型合交的复合模型，以及各类模型的杂合)是等价的，它们都是原
型的仿真模型，都需要原型进行检验，模型之间的相互检验只是检验之间的传
递关系。

2. "调控-工程-水动力"非线性作用机理辨识方法

"调控-工程-水动力"关系是非线性的，当调控对象和调控目标增多后，情况
更加复杂，对其非线性作用机理进行辨识是实现复杂河网多目标水闸联合调控的
关键之二。本节提出水流非线性系统辨识方法，它是使用实测的反映水流系统力
学行为的某些物理信息，做两类研究：根据实测信息的变化规律辨识出与实际水
流规律最接近的最佳模型，称为模型辨识；通过反演模型推算出水流系统的一些
水流参数，称为参数辨识。设水流系统 sys 的状态集 Q、水流系统的原型 pho、水
流系统的模型 mod、描述水流系统的模型参数集 O、刻画水流系统的条件集 T、
评价水流系统模型的准则函数 I，则水流系统辨识的数学形式可统一写成

$$\min I = I\left(\left\|\mathrm{mod}(T,O,Q) - \mathrm{pho}(T,Q)\right\|_{\mathrm{sys}}\right) \tag{6.71}$$

式中，$\|\cdot\|_{\mathrm{sys}}$ 为定义在水流系统 sys 上的某一范数。

3. 平原河网多目标水力调控智能决策方法

将模型等价原理、非线性作用机理辨识方法、人工智能理论与数学模型相结

合，可以建立具有先验知识概念和智能化特征的复杂河网多目标水力调控智能决策方法。

平原河网多目标水闸调控不确定性因素多，传统的调控方案采用枚举比选、逐步递推的方法得到，方案主观成分多、人工参与量大、优化程度低、时效性差、不能实现自动决策。本节建立的河网多目标水力调控智能决策方法主要步骤如下：

(1) 假设若干调控方案，通过数学模型对这些方案进行模拟，可以得到预案库。

(2) 使用预案库训练基于人工神经网络的水力调控决策模型。

(3) 根据调控目标以及实时监测的水情水质数据等，经水力调控决策模型形成初步的河网水力调控方案。

(4) 通过数学模型对调控方案进行预判，若达到目标，即为最终的调控方案；若达不到目标，则需人工或自动干预对调控方案进行修正，再预判，直至最终的调控方案。

(5) 此时调控方案可作为新预案加入预案库，供水力调控决策模型学习。

图 6.15 为平原河网水力智能调控模型框架。

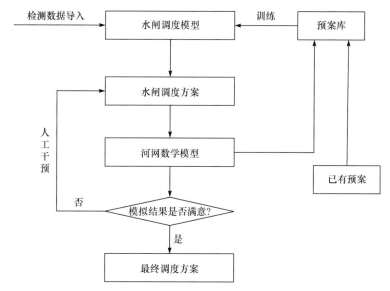

图 6.15　平原河网水力智能调控模型框架

6.2　应　用　实　例

本节以上海浦东新区多目标水力调控为例，详细介绍该技术的工程应用效果。此外，简单介绍该技术在长江三角洲平原、淮河流域、河口建闸等方面的应用情况。

6.2.1 上海浦东新区多目标水力调控

1. 浦东新区河网概况

上海市浦东新区处于长江三角洲前缘的冲积平原,属平原感潮河网水系。通过多年的水利建设,新区水系形成了一个由水闸口门控制的相对独立的内河水系,如图 6.16 所示。新区内有 13 座水闸口门(黄浦江支流上的东沟、西沟、高桥、张家浜西、洋泾、白莲泾、北港、杨思、三林水闸,沿长江口的三甲港、张家浜东、五好沟、外高桥闸),通过发挥这些水闸挡潮、引水、排涝、通航的功能,将内河水位控制在一个合理的范围内,以此保障防洪除涝;同时,通过对各水闸调度需要实现"活水畅流",改善动力条件,提升内河水质,充分发挥水闸综合运用管理的效益变得非常重要。因此,团队为新区河闸管理署建立了浦东新区河网水闸综合运用管理系统,该系统不仅可以迅速有效地收集第一手水文及运行管理信息,同时还能实现全区范围内水闸多目标的水力智能调控。下面对该系统的核心部分——水闸智能调度模型进行详细介绍。

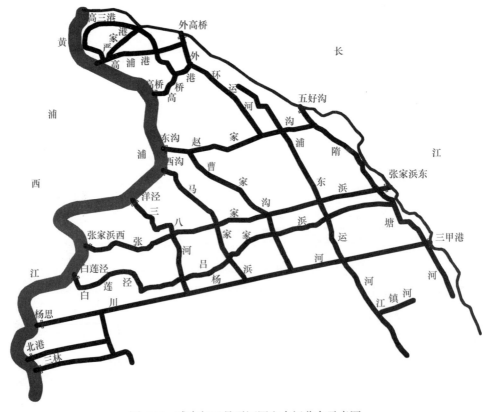

图 6.16　浦东新区骨干河网和水闸分布示意图

2. 浦东新区水闸智能调度模型的建立

浦东新区水闸智能调度模型是基于误差反向传播神经网络开发的智能模型，目标是根据不同水动力需求快速、高效地进行水闸群的联合调控。首先需要确定模型的输入、输出物理量。影响水闸调度的因素有很多，这里仅考虑主要影响因素，忽略影响较小的次要因素。水闸调度的主要影响因素(即模型输入)有潮形、外河水位、内河水位、期望内河水位(水闸关闭后内河稳定水位)。分析 2002 年和 2003 年的潮汐资料，发现潮形可以通过三个极值点 o、p、q 来刻画，如图 6.17 所示。因此，调度模型的输入物理量有：潮形极值点 o、p、q (开闸前)，水闸外河水位 z (开闸前)，开闸前内河水位 Z(可近似为开闸后的闸内水位均值)，关闸后稳定的内河水位或期望内河稳定水位 Z'(可近似为关闸前的闸内水位均值)。水闸的调度指标(即模型输出)主要为不同水闸的开启度和开启时间。为了简化问题，对于多孔水闸，水闸的开启度以各孔开启度之和取平均进行衡量。例如，对于一个三孔水闸，水闸平均开启度 E 的计算公式为

$$E = \frac{1}{3}\left(\frac{l_1}{L_1} + \frac{l_2}{L_2} + \frac{l_3}{L_3} \right) \tag{6.72}$$

式中，l_i、L_i 分别为第 i 孔闸门提升高度、最大提升高度。

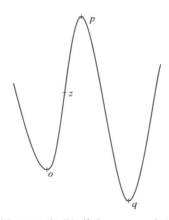

图 6.17　潮形极值点 o、p、q 定义

尽管水闸调度需求可分为五类：防汛、排涝、日常引水、日常排水、预降水位，但它们都可以归结为两类调度方式，即引水调度和排水调度，因为防汛、排涝、水质改善、日常供水等要求，最终都是通过水位控制实现的，只不过在不同的调度要求下引排调度目标参数不同而已。这时可以由技术人员根据不同的要求灵活决定引排水日期，调用相应的引排水调度模型。下面按引水和排水两种调度

方式分别建立水闸调度模型。

1) 引水调度模型

由于长江口水质明显好于黄浦江水，浦东新区调水方案主要采用"东引西排"原则。北港、三林水闸可根据内河水位情况，引进黄浦江上游水流，以保持内河常水位，外高桥泵闸可视所在水域的水质和水位情况决定是否引水。因此，可以确定浦东新区河网引水水闸主要有五好沟、张家浜东、三甲港水闸。由此确定引水调度模型的输入有：开闸前五好沟、张家浜东、三甲港水闸外河的潮形极值点 (o_1, p_1, q_1)、(o_2, p_2, q_2)、(o_3, p_3, q_3)，开闸前闸外河水位 z_1、z_2、z_3，开闸前内河水位 $Z_引$，关闸后稳定的内河水位或期望内河稳定水位 $Z'_引$；引水调度模型的输出有：五好沟、张家浜东、三甲港水闸的开启度 E_1、E_2、E_3 和开启时间 t_1、t_2、t_3。此处引水调度模型采用的是三层误差反向传播神经网络。引水调度模型拓扑结构如图 6.18 所示。

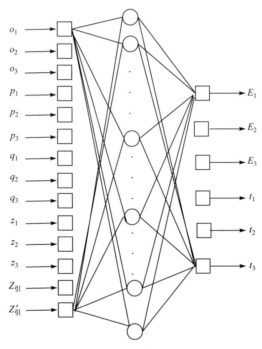

图 6.18　引水调度模型拓扑结构

2) 排水调度模型

根据"东引西排"的原则，浦东新区河网排水水闸主要有：高桥(不常用)、东沟、西沟、洋泾、张家浜、白莲泾、杨思水闸，三林、北港水闸可根据三林地区的水位及水质状况适时排水。由此确定排水调度模型的输入有：开闸前高桥、东沟、西沟、洋泾、张家浜、白莲泾、杨思水闸外河的潮形极值点 (o_4, p_4, q_4)、

(o_5, p_5, q_5)、(o_6, p_6, q_6)、(o_7, p_7, q_7)、(o_8, p_8, q_8)、(o_9, p_9, q_9)、(o_{10}, p_{10}, q_{10})，开闸前闸外河水位 z_4、z_5、z_6、z_7、z_8、z_9、z_{10}，开闸前内河水位 $Z_{排}$，关闸后稳定的内河水位或期望内河稳定水位 $Z'_{排}$；排水调度模型的输出有：高桥、东沟、西沟、洋泾、张家浜、白莲泾、杨思水闸的开启度 E_4、E_5、E_6、E_7、E_8、E_9、E_{10} 和开启时间 t_4、t_5、t_6、t_7、t_8、t_9、t_{10}。采用上述三层误差反向传播神经网络来建立排水调度模型，模型拓扑结构如图 6.19 所示。

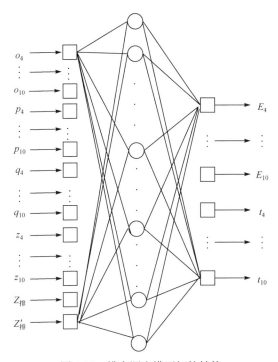

图 6.19　排水调度模型拓扑结构

　　针对内河水位的控制范围，浦东新区河闸管理署规定：①汛期内河警戒水位 3m；②汛期内河常水位一般控制在 2.6～2.8m；③非汛期内河常水位一般控制在 2.3～2.6m。在对现有的水闸调度运行方案整合的基础上，可以将不同调度目的下的水闸调度模型统一训练，水闸的不同组合方式由神经网络自动识别。在模型运用时，汛期和非汛期的内河常水位均按照上述规定设置。这样得到水闸智能调度操作路径如下(见图 6.20)：当内河常水位大于或等于 3m 时，各水闸全力开闸排涝；当内河常水位大于 2.8m 但小于警戒水位 3m 时，人工组织水闸排涝，三甲港、杨思水闸视情况而定，这时的排水调度模型可参考日常排水调度模型建立；当内河常水位小于或等于 2.8m 时，根据监测数据和潮汐资料，得到相应调度目标下的调度方案。

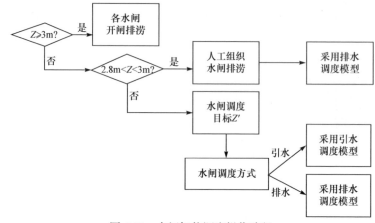

图 6.20　水闸智能调度操作路径

3. 模型训练及调度效果分析

对建立的浦东新区河网水闸智能调度模型的可靠性进行测试，测试方法为：由校正过的浦东新区河网水动力模型(这里未介绍)建立水闸智能调度预案库，假设这些预案是较为理想的水闸调度方案，通过对这些预案的学习得到水闸调度神经网络模型，然后输出假设工况和内河期望水位的调度方案(输出预案)，将该方案在数学模型上进行模拟(模拟方案)，将模拟结果与事先知道的调度方案(未参加学习的已知预案)模拟结果进行对比。

1) 样本的获取

采用 2003 年 9 月 24 日 0:00 至 28 日 5:00 的调水试验工况做水闸调度预案，取 2003 年 9 月 24 日 0:00 作为初始时刻，调水试验期间的水闸外河水位变化过程可参照 2003 年潮汐表得到。首先可以利用河网水动力数学模型来模拟之前假设的若干调控方案，待生成预案库后，再对数学模型进行率定。

河网水动力模型率定资料为 2003 年 9 月 24 日～28 日实测的内河水位变化和实测分析得到的各水闸引水、排水总量。调水期间，开启五好沟、三甲港、张家浜东水闸引水，开启高桥、东沟、西沟、洋泾、张家浜西、白莲泾、杨思水闸排水。

调水内河水位验证结果如图 6.21 所示。可以看出，计算的水位变化过程与实测的水位变化过程相似，最大误差一般小于 10cm。计算的各水闸引水、排水总量与实测值的相对误差一般小于 10%，表明该数学模型可以用来分析浦东新区河网水流运动规律以及用于引排水量计算。

利用率定好的河网水动力模型计算得到 58 个水闸引水调度预案和水闸排水调度预案，其中，56 个预案用于水闸智能调度模型训练，2 个预案用于模型验证。

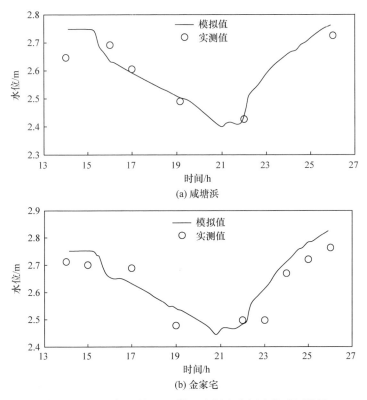

图 6.21 2003 年 9 月 24 日第一次调水内河水位验证结果

2) 水闸调度模型训练

使用以下标准化公式：

$$x' = \frac{x_0}{X} \tag{6.73}$$

式中，x_0 为标准化前的变量；x' 为标准化后的变量；X 为变量的极值，对于水位，$X=5m$，对于开启度，$X=1$，对于开启时间，$X=10h$。

通过试取，引水调度模型的网络结构为 14-4-6，排水调度模型的网络结构为 30-3-14，学习率统一取 0.3，训练 100000 次以后，可以获得引、排水调度模型的权矩阵(调度模型参数)。

3) 联合调控效果分析

引排水调度方案及方案水闸引水量比较如表 6.3～表 6.8 所示。其中，已知预案为借助数学模型事先假设的，输出预案由水闸智能调度模型给出，而模拟方案是在输出预案的基础上由数学模型得到。图 6.22 和图 6.23 分别为引水和排水调度时的水闸流量过程线。可见只要获取的调度预案满足调度需求，调度模型就能给出一个较为合理的调度方案。因此，建立水闸智能调度模型以及水闸综合运用管理系统可以为浦东新区河网水闸群水环境改善等日常调度和防汛排涝等应急调度提供重要的辅助决策支持。

表 6.3 引水调度方案闸门开启度比较

闸门开启度	已知预案	输出预案	模拟方案
E_1	0.3	0.28	0.28
E_2	0.42	0.36	0.36
E_3	0.6	0.39	0.39

表 6.4 引水调度方案闸门开启时间比较

闸门开启时间	已知预案/h	输出预案/h	模拟方案/h
t_1	3.57	3.66	3.61
t_2	3.34	3.58	3.42
t_3	3.95	3.7	3.96

表 6.5 引水调度方案水闸引水量比较

水闸引水量	已知预案/$10^4 \mathrm{m}^3$	模拟方案/$10^4 \mathrm{m}^3$
五好沟 W_1	30.92	25.73
张家浜东 W_2	77.93	73.95
三甲港 W_3	59.07	57.82
总量	167.92	157.5

表 6.6 排水调度方案闸门开启度比较

闸门开启度	已知预案	输出预案	模拟方案
E_4	0.4	0.22	0.22
E_5	0.8	0.73	0.73
E_6	0.24	0.39	0.39
E_7	0.3	0.28	0.28
E_8	0.41	0.35	0.35
E_9	0.4	0.19	0.19
E_{10}	0.2	0.38	0.38

表 6.7 排水调度方案闸门开启时间比较

闸门开启时间	已知预案/h	输出预案/h	模拟方案/h
t_4	4.89	5.02	5.05
t_5	4.32	4.5	4.37
t_6	4.86	4.87	4.89
t_7	4.38	4.61	4.47
t_8	4.93	5.02	4.98
t_9	5.08	5.18	5.11
t_{10}	5.15	5.21	5.17

表 6.8　排水调度方案水闸排水量比较

水闸排水量	已知预案/$10^4 m^3$	模拟方案/$10^4 m^3$
高桥 W_4	15.53	20.92
东沟 W_5	34.56	24.46
西沟 W_6	40.15	40.36
洋泾 W_7	29.03	28.76
张家浜西 W_8	30.36	35.35
白莲泾 W_9	45.63	46.25
杨思 W_{10}	98.28	78.43
总量	293.54	274.53

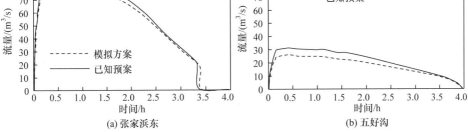

图 6.22　引水调度时水闸流量过程线

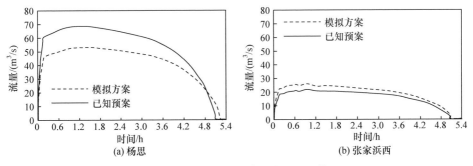

图 6.23　排水调度时水闸流量过程线

6.2.2　长江三角洲平原多目标治理工程设计

本节将简要介绍上海世博园区防洪-水环境多目标水力调控、扬州城市调水引流工程设计两个案例。

1. 上海世博园区防洪-水环境多目标水力调控

1) 上海世博园区水问题与治理方法

上海世博园区北临黄浦江，东侧为黄浦江支流白莲泾。白莲泾上游与汤家浜、中汾泾、春塘河等交汇，最终与川杨河相通，形成一个河道交叉分布的小型河网水系。上海世博园区河网水系图如图 6.24 所示。在世博会开幕前，水质总体上处于劣 V 类，局部时段存在黑臭现象。而且，开园期间正值夏季，防洪安全必须保障。因此，该河网水问题治理不仅要改善水质，还必须保障防汛安全。

图 6.24　上海世博园区河网水系图

白莲泾河网已经建成相对完善的水利工程体系，现有白莲泾水闸等 5 处水闸、3 处泵站，为通过水动力重构进行防汛抗污提供了工程条件。白莲泾河网与黄浦江紧密相连，黄浦江水质要明显好于白莲泾河网。涨潮时潮位较高，黄浦江水涌入白莲泾河网，达到活水提质的效果。因此，在调控过程中应尽可能使用潮汐能。在黄浦江涨潮时上游河道闸门开启引水及泵站抽水，在落潮时下游河道开闸放水，从而形成定向流动，有效增加河道内的水流流速和紊动，活水增氧，增强水体自净能力，改善水质。

但在实际调度过程中，由于闸门、泵站数量较多，分布较广，在应对不同的污染情况下，选择不同的调度方案会得到差异较大的调水效果。因此，本节建立白莲泾河网水动力智能调控模型，可以提供各种切实、有效、实时的调控方案，应对各种世博园开园期间的水情水质状况。

2) 模拟结果与调控效果

以现场水文资料以及调水试验为依据，建立河网水动力及水质模型，率定糙率以及氨氮特征污染物的水质模型参数，使控制断面计算水位、断面平均流速、水质值与实测值相吻合。利用河网水动力及水质模型以及实测资料建立水闸智能调控方案库，通过对这些方案的学习得到水动力智能调控模型，从而计算得到针对假设工况(该工况未参加学习)和期望氨氮浓度下的调度方案，将该方案在数学模型上进行模拟，将模拟结果与已知的优化方案进行对比，直至模型的可靠性满足工程要求。

选取一个调度方案进行效果分析，由河网水动力及水质数学模型计算的不同时刻模拟的氨氮浓度场如图 6.25 所示。世博泵闸内初始氨氮浓度为 1.56mg/L，调控后期望的氨氮浓度为 0.25mg/L，实际模拟的氨氮浓度为 0.27mg/L，满足期望要求。

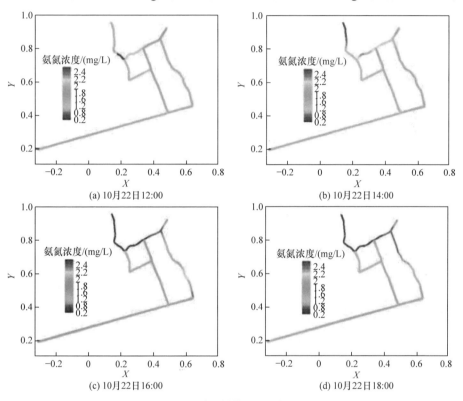

图 6.25　不同时刻模拟的氨氮浓度场

最终，提出了可以应对日常环境调控、防汛调控、雨水径流污染、突发水污染、调控工程故障等各种状况的调水方案。方案实施后，上海世博会期间，水质明显好转，劣 V 类水质天数基本消失，还出现了较多天的 III 类水质，确保了园区周边良好的水环境需求。

2. 扬州城市调水引流工程设计

1) 扬州河网水问题与治理方法

扬州市地处江淮交汇区域，境内河湖交错，水网纵横，是典型的平原河网地区。城区西部为丘陵山区、地势较高，东部沿江沿淮及里下河地区地势低洼，70%

以上的地面高程低于江淮历史洪水位，洪涝易发。20 世纪 70 年代以来，为了抵御淮水，城区相继建成瓜洲闸、扬州闸等 69 座水闸和 64 座泵站，逐渐形成各片"封闭分治"的防洪格局和排涝体系。扬州城区区域水系如图 6.26 所示。近年来，随着扬州市社会经济的高速发展，生产、生活废污水排放量增加，总磷、总氮等有机物污染超标，主城区和瘦西湖核心景区水质多为 V 类到劣 V 类，水体透明度低，局部河段水体"黑臭"。该地区面临着严峻的防洪安全保障、片区供水、景区水环境提升、水生态保障等水问题综合治理难题。

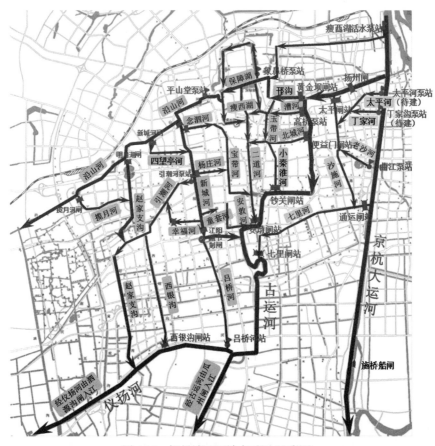

图 6.26　扬州城区区域水系图(见彩图)

　　为保障瘦西湖水系和西部水系供水，扬州市相继建成管道、河道两条入湖补水路线，城区内水系可与外围的京杭大运河、古运河、仪扬河等形成引排水线路。河道补水路线实现了中部水系与西部水系的互联互通，瘦西湖成为连接城区中部水系和西部水系的过流通道，每日引入瘦西湖-保障湖水系的水量约为 1.6 亿 m³，但景区水质提升效果却十分有限。其原因主要有以下三点：

(1) 扬州主城区地势以平原、圩区为主，加之闸站控制，片区内水系相对独立，水位变化不大，如蜀岗-瘦西湖水系片区河道常水位为 4.8～5m。整个河网的水位差小，水流流动性很差。区域内水流流速缓慢，甚至出现滞流，局部河道往往死水一潭，引发"黑臭"现象。因此，需要通过泵站进行引排，或利用水闸拦蓄水源，存蓄势能形成水头差，再由引水工程进行引排。但是，区域内河道自然禀赋比较差，如蜀岗-瘦西湖水系片区源水自邗沟入保障湖，河道断面突增，局部水头损失明显；瘦西湖景区内河道蜿蜒曲折，沿程水头损失加剧。因此，若不合理运用外加动能和存蓄势能，既会消耗大量能量，又不能有效地改善河道流动性。

(2) 对河网中泥沙、污染物等介质与水动力之间的作用关系没有很好的认识，导致无法确定合理的水动力阈值。例如，引水规模过大，导致水体长期处于流动紊乱状态，缺乏必要的净化沉淀机会。同时由于频繁换水，湖泊内部难以形成稳定的生境，在水动力作用下，底泥中富集积聚的污染物还会不断释放到河道中。据 2018 年 7 月底泥监测结果显示，底泥有机质中总磷浓度为 2000～2500mg/kg，并以 3000～8000mg/(m² · d)的速度释放至水体中。2020 年 3 月关闭平山堂泵站后，湖区水体透明度反而平均提升了 15%～80%，个别点提升了 150%。

(3) 闸泵工程体系的布局和调度方式也存在一定问题。在原有工程布局和调度规则下，瘦西湖内部水流方向总体自北向南，平山堂泵站引水方向自东向西，两股水流交叉影响，仅约 25%的水量进入瘦西湖核心景区。当上游引水流量较大，达到 10m³/s 时，瘦西湖核心景区流速也只有 0.01～0.02m/s，局部还存在往复流；尤其在夜间，平山堂泵站引水比例提升，湖区由南向北的回流现象更为明显，进入河道的污水在河网中积存回荡，使河道水质进一步恶化。此外，分别控制漕河、北城河、小秦淮河等河道水流的高桥闸、便益门闸、钞关闸日常关闭，导致这些河道水体基本处于静止状态，加之沿线生活污水入河影响，河道水质较差。而黄金坝闸站引水携带漕河、北城河部分污水西入瘦西湖，进一步影响瘦西湖水质。

从以上分析发现，以往的水利工程调控比较单一，无法满足防洪以及日常水环境维持的要求。究其原因，是强调水量对水环境提升的作用，忽视了水动力的影响，更无法认清河网中水动力与边界、水动力与介质、水动力与工程三大关系，既浪费了水资源，又没有达到良好的治理效果。基于水动力重构的理论，厘清三大关系，利用河网中已建的水闸、泵站等水利工程体系联合调控水动力是该河网水问题综合治理的重要措施。

2) 系统构建与实施成效

(1) 基于多尺度水动力重构理论，确定满足防洪除涝、活水提质等多目标的水动力时空格局。利用植被、沙波等效阻力计算方法可以确定河网各河道的糙率大小，利用水文资料以及调水试验，可以检验糙率参数的准确性。考虑底泥对磷、氨氮等的吸附作用，确定西部城区和瘦西湖景区的生态流量阈值分别为 5m³/s 和

3m³/s。从优化河网活水格局的角度，为使工程联合调控能达到利于水体复氧、长效维持河道的水质状态的效果，要保证调水时水流呈自北向南的单向流动，同时保证水流流速大于 0.1m/s。

(2) 系统识别水动力场对扬州河网 69 座水闸和 64 座泵站的响应关系。建立水动力水质数学模型，计算各调控方案下的河网水动力及水质时空分布，结合调水试验，建立闸泵工程调控方案库。通过对这些方案的学习，建立水动力智能调控模型。该智能调控模型可以很好地模拟汛期洪水过程以及日常的水质变化过程，为该地区防洪除涝和水质预测提供重要的技术支撑。

(3) 基于水力调控智能决策模型，通过对瘦西湖景区和西部城区的水质提升的工程布局和调度方案进行优化比选，最终提出满足引水规模合适、流量分配合理需求的扬州城市活水提质工程设计和调度方案：在河网中、西部实施水系水源分离工程，使得瘦西湖活水水源单独供给，在中部水系采用闸泵调度优化和河道清淤等措施，提升瘦西湖核心景区水流流动性和水环境容量，改善景区外围河道水动力状况，实现扬州市主城区水系水环境的综合治理。

新城河四望亭路桥断面和瘦西湖水系的水动力和氨氮浓度分布变化如图 6.27

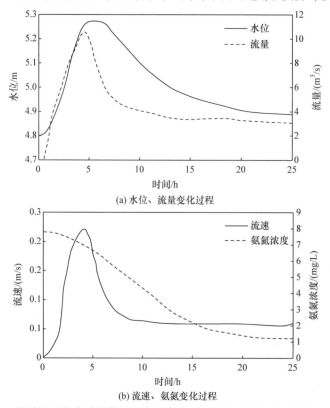

图 6.27　新城河四望亭路桥断面和瘦西湖水系的水动力和氨氮浓度分布变化图

所示。可以看出，方案执行后，河道水体由静到动，达到生态流量阈值要求。与此同时，方案执行后景区内部核心河段由往复流动变为单向流动。活水格局得到明显改善，进入西部城区和东部湖区的水量分配合理，河道的生态需水量得到有效保障，氨氮浓度随着调水过程逐步下降，水质均能够得到有效改善和维持，城区水环境明显改善。

6.2.3 淮河干流-洪泽湖多目标治理工程设计

1. 淮河水问题

淮河地处我国东部腹地，发源于河南省桐柏山，东流经鄂、豫、皖、苏四省，主流在三江营入长江，全长 1000km，总落差 200m(其中，中下游河长 640km，地面落差仅 22m)。洪泽湖是淮河中下游结合部的大型平原水库，承泄上中游 15.8 万 km^2 面积的洪水，规划蓄水位 13.5m，相应水面积 1780km^2、库容 39.57 亿 m^3。

淮河流域由于降水年内年际分配很不均匀、下游平原区地势平坦等水文地理禀赋，洪涝灾害频发。受到 12 世纪"黄河夺淮"的影响，洪涝形势越发严峻：长期的黄泛影响，打乱了原有排水体系，破坏了中下游河道，并使淮河失去入海尾闾；中游河道比降平缓，淮南以下河底高程低于洪泽湖湖底高程，甚至呈倒比降，致使淮河中游洪水无法顺畅下泄。因此，每当淮河大水时，干支流洪水并涨，大量洪水滞留在中游，洪水位长时间居高不下，使干流防洪压力大，支流与沿淮洼地受干流高水位顶托，造成了淮河流域的洪涝灾害。淮北地区从 16 世纪至 19 世纪的 400 年间，发生过洪涝灾害 190 余次，平均约 2 年一次。治淮 19 项骨干工程已基本完成，但是随着经济社会的发展，淮河中下游仍存在大水期间干流河道高水位持续时间长、行洪区启用频繁、因洪致涝现象严重等问题。

经过多年的探索，淮河防洪工程体系对洪水调控水平有了很大提高。然而淮河上中游修建了大量水库与蓄水枢纽工程，加剧了淮河下游区水资源的紧缺程度，导致淮河下游用水部分依靠引江济淮工程和开发地下水补充，水资源供需矛盾突出；淮河地处平原地区，河水和河床的比降相当小、水流流速缓慢，干流比降平均仅为 0.02‰，水体流动缓慢，而且存在水流流向不定或多变的特征，自净能力差，水环境问题突出；淮河流域防洪工程类型多、数量大，且防洪任务重，洪水调控能力与防洪工程体系多目标协同调控要求不匹配，防洪-供水-水生态等多目标协同调控决策支持能力薄弱。

因此，急需建立淮河流域防洪工程体系多目标协同调控技术。利用流域防洪工程体系，研究开发防洪工程体系多目标协同调控技术体系，针对不同的洪水及其空间组成，提出科学的调度方案，实现超额洪水的安全排海和水资源的高效利用,是流域社会经济可持续发展的迫切要求。淮河干流-洪泽湖多目标治理工程设计的实施可显著提高淮河流域防洪工程体系的多目标综合效益,并提升淮河流域防洪工程体系科学管理技术水平。

2. 多元扰动下水动力非线性系统辨识

经过多年的治理,淮河流域防洪事业取得巨大成就,淮河水系基本形成了水库、分洪河道、堤防、行洪区、蓄洪区、湖泊等"六位一体"的防洪工程体系。淮河防洪工程体系的完善使得对洪水的调控能力有了很大提高。然而淮河流域防洪工程类型多、数量大,闸坝群、行蓄洪区等不同扰动源组合对河道水动力特征产生影响,给淮河流域的综合治理造成了巨大的困难。因此,要建立淮河水系河流系统多元扰动下水动力非线性系统辨识,需定量分析闸坝群、行蓄洪区、河道水系整治等不同扰动源组合下水流运动特征的变化,量化行蓄洪区启用方式和时机对河道水流过程的联动效应,研究行洪区行洪过程对河道水动力特征的影响。

1) 河网水流的扰动因素辨识

关于行蓄洪区的运用对干流主要断面洪水过程的影响,分析了王家坝、润河集、鲁台子三个控制站共 390 场次的大、中、小洪水的水位流量关系。

关于大型水库控制区洪水对下游河道断面洪水的影响程度与影响范围,选取洪峰流量与洪量两个指标进行分析。在此基础上考察各水库上游洪水在下游断面与其他洪水遭遇的情况,筛选出对下游断面防洪具有错峰价值的水库群,并定量评价了大型水库对下游控制站的影响。根据洪水同步性分析,淮河骨干水库对其下游防洪断面的错峰作用及补偿范围各有不同,各防洪断面受到其上游水库(群)的影响程度也有所不同。例如,淮干鲁台子站受汝河宿鸭湖水库、史河梅山水库、淠河响洪甸水库和佛子岭水库影响强,受灌河鲇鱼山水库影响较强,受浉河南湾水库影响较弱,受沙河白龟山水库影响弱。

关于闸坝启闭调度对下游控制站以及干流站洪水过程的影响,建立了 17 座控制性闸坝至下游控制站河道的洪水演进模型,提出闸坝调度对干支流河道控制节点的洪水扰动度的指标,揭示了闸坝启闭时水流的变化规律。

通过对中游河道控制站过水断面、洪水传播时间以及水位流量关系分析,淮河干流中游经过 1991 年大水后的大规模治理,拓宽了行洪通道,扩大了河道过水断面,加快了洪水波的传播速度,缩短了传播时间,控制站附近断面扩大和河道下泄畅通,使河段的行洪能力有明显提高。总体上看,中游河道过水断面治理后平均增加 12%,洪水传播时间缩短 10h,鲁台子以上河段在中高水期间,同水位级下流量比工程治理前一般增加 $500 \sim 1000 \text{m}^3/\text{s}$,鲁台子以下河段在中高水期间,同水位级下流量比工程治理前一般增加 $200 \sim 500 \text{m}^3/\text{s}$;淮河中游干流同流量级下水位降低 $0.2 \sim 0.7 \text{m}$。

2) 蓄洪区启用方式和时机及河道水流过程的联动效应

蓄洪区通过分蓄部分河道洪水,以减少河道下泄水量,降低河道水位,减轻河段防洪大堤的压力。利用水力学模型对蓄洪区启用方案进行模拟情景构建,分析蓄洪区启用对上下游的影响。发现蓄洪区启用对上游水位影响不明显,但由于蓄洪区的启用,上下游水面比降加大,加快了上游河段洪水下泄,对减轻上游河段防洪压力具有一定的作用。

3) 行洪区行洪过程对河道水动力特征的影响

行洪区启用初期,河道洪水通过行洪区口门涌入行洪区洼地,使邻近河段水位迅速降低,造成河段洪水水位与流量的关系及槽蓄关系变得更为复杂。为验证预报方案参数对大洪水的适用性,对参数灵敏度进行过分析(即对马斯京根流量演算参数 K、x 在其合理取值范围内,通过参数变化计算不同参数的演算流量)。计算结果表明,K、x 在±10%内变化时,不同参数演算的洪峰流量与使用原参数的演算值相差不超过±2%。可以认为能够采用现行水文预报方案中的参数,对控制站以上来水进行流量演算,以此作为行、蓄洪区不启用情况下控制站的流量过程,用于估算行、蓄洪区启用对王家坝站及以下各控制站的综合影响。

以淮河干流王家坝、润河集、正阳关(鲁台子)、蚌埠(吴家渡)为控制站,分别计算和分析各站之间行、蓄洪区启用对控制站的影响。假设三河闸敞泄洪水条件下,通过调洪演算确定对洪泽湖日平均水位的影响。

行、蓄洪区启用对淮河主要站洪峰综合影响非常明显。王家坝、润河集站主要受蒙洼蓄洪区启用影响,洪峰流量分别削减 18%和 7%,洪峰水位分别降低0.26m 和 0.18m。正阳关站第一次洪峰主要受上游行、蓄洪区启用影响,洪峰流量削减 12%,洪峰水位约降低 0.35m。蚌埠(吴家渡)站洪峰流量削减 10%,洪峰水位降低 0.15～0.25m。小柳巷站洪峰流量削减约 6%,洪峰水位约降低 0.1m。经调洪演算,洪泽湖水位降低 0.05～0.10m。

3. 河-湖-库-闸全耦合嵌套模型的建立

淮河中下游地处平原河网区,淮干沿线众多支流汇入,湖泊众多、涉水工程密布,入湖河流有淮干、怀洪新河、新汴河、新(老)濉河、徐洪河和安东河等近 20 条之多,下游入江水道沿线有高邮湖、邵伯湖,洲滩发育,河、湖、滩、圩交错相连,出入水道及口门众多,地形、植被、地貌极为复杂。高精度的水动力模拟必须包括涉水工程、水工控制工程水动力影响的精细模拟,必须进行河-湖-工程多要素的耦合模拟,因此开发了多尺度耦合的水动力自适应智能模拟技术。

针对河流系统组成要素间时空尺度差异(空间大小、时间长短引起的网格不匹配)以及调控对模型时效性的要求(数学模型的复杂性导致实时性差),采用数据驱动模型复制物理机制模型，对不同区域、不同时间尺度分别建立模型，然后进行组装，形成时空尺度耦合的水动力自适应智能模型。

1) 河流系统水动力模拟参数自适应算法

淮河流域"工程-河网-区域"复杂水系动力模型的模拟结果受多元扰动影响大，模型中的参数率定和校正难度大。考虑到水动力模型参数一般较少，但是参数较为敏感，设定合理的动态参数可以较好地提高模拟精度。这里采用人工试错和自动优选相结合的办法进行水动力模型的参数率定。基于粒子群优化算法的参数动态自适应的计算流程如图 6.28 所示。

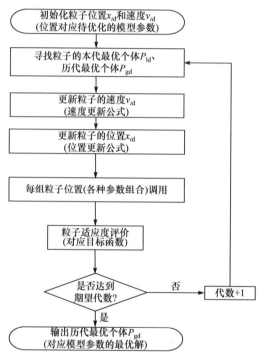

图 6.28 基于粒子群优化算法的参数动态自适应的计算流程

2) 河-湖-库-闸全耦合嵌套模型的同步数值求解技术

淮河流域河道、湖泊、水库及行蓄洪区、水利工程众多，其水流运动规律也各不相同，这些具有不同水流运动规律的对象，在模型上为不同的水文特征单元。把流域看成由流域的基本对象组成，分析建立流域基本对象的模拟模型，由一系列基本对象的模拟模型组合构造任何一个自然流域的洪水模型。流域洪水演进多对象耦合模型结构如图 6.29 所示。河网采用一维、二维模型，湖泊、行蓄洪区、圩区单元采用零维、二维模型，闸坝工程概化为汇流单元，采用零维间耦合、一维河道与零维间耦合、一维河道间耦合、一维河道与二维河道间耦合、一维河道与行洪区二维间耦合、二维河道间耦合等模拟技术，实现了淮河流域多要素全耦合嵌套精确模拟。

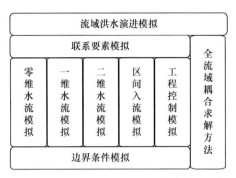

图 6.29 流域洪水演进多对象耦合模型结构

4. 淮河行洪能力复核

洪泽湖是淮河中下游结合部的巨型平原水库，而洪泽湖大堤是淮河下游地区 3000 万亩耕地和 2000 多万人口的重要防洪屏障。一旦洪泽湖大堤溃决、里运河大堤失守，将严重威胁人民生命财产安全。根据淮河洪水"入江为主、入海为辅、相机入沂"的原则，淮河入江水道与淮河入海水道是淮河防洪最重要的两个安全阀，对保证淮河中下游防洪安全方面起到举足轻重的作用。同时，南水北调东线一期工程也将利用淮河入江水道三河段向洪泽湖送水。因此，入江水道不仅对淮河中下游地区的防洪安全起决定性作用，同时对南水北调东线工程的顺利实施也具有重大影响。

在流域尺度上，采用多元扰动下水动力非线性系统辨识技术与方法，结合疏密嵌套、多维耦合数值技术，分别建立了"淮河入江水道河网水动力系统与防洪能力模拟平台"与基于 GIS 的"淮河入海水道信息管理系统"，对入江水道与入海水道沿线行洪能力及水动力过程进行了精确模拟，研究入江水道与入海水道在泄洪及排涝条件下的沿程水位及过流能力情况。

入江水道行洪能力复核数值研究成果表明,在入江水道下泄设计流量工况下，三河及改道段部分河段和中下游部分敞口河道仍有局部堤防高程低于安全堤顶高程的情况，需通过局部加高加固堤防、拓浚河道增大行洪断面以保证入江水道的设计行洪能力。

入海水道行洪能力复核数值研究成果表明，当沿程枢纽上下游水位均不超过正常设计水位时，最大泄洪流量可以达到 $2464\text{m}^3/\text{s}$，当沿程枢纽上下游水位均不超过强迫泄流设计水位时，最大泄洪流量可以达到 $3121\text{m}^3/\text{s}$，比设计流量略大。

5. 防洪-供水-生态多目标协同调控

经过多年的防洪实践，淮河流域防洪工程体系的联合调度已经成为流域防洪减灾的重要手段。然而，淮河流域防洪、生态、供水等不同目标间存在矛盾。在汛期，具有结合库容的水库，防洪调度目标和兴利调度目标存在争夺库容利用的矛盾；在枯季，生态和供水目标间存在水量利用的矛盾冲突。

1) 湖-库-闸蓄水工程多目标优化调度

对于防洪、生态、供水三目标问题，考虑到防洪、生态目标的重要性，将防洪目标、生态目标作为约束条件强制实现，将供水目标作为主目标进行优化，建立能模拟不同目标组合情景的多目标优化调度模型，采用 ε 约束法生成非劣解集，采用多情景模拟，对比不同生态需水约束阈值对供水量的影响，通过多目标决策理论确定目标之间的置换关系。

2) 湖-库-闸蓄水工程多时间尺度嵌套优化

防洪、供水、生态三目标的作用时间尺度不匹配(其中，供水、生态调度涉及时间尺度大，而防洪调度涉及时间尺度小)。同时，不同时间尺度下开展水库调度所依据的径流预报信息精度存在差异，短期调度具有高精度预报信息支撑，但无法契合长期调度效益需求；长期调度所依据的预报信息精度较低，且无法反映时段内来水不均匀性对调度的影响。因此，只有建立具有不同时段长与调度期的相互耦合的分层模型系统，才能既匹配长短期调度效益又能精确反映短期来水不均匀性的影响。这里建立长、中、短三种时间尺度的嵌套优化模型以提高模型适用性，以长期、中期调度模型处理供水、生态目标的矛盾关系，以短期调度模型协调防洪调度目标，实现多时间尺度决策优化。

3) 湖-库-闸多目标联合调度风险评估与调控方法

这里主要从风险控制和风险评估两个维度研究应对不完全信息条件的风险决策方法。一方面，研究采用最高水位动态控制的方法降低甚至规避由于不完全预报信息而造成的调度风险，提高淮河流域防洪工程体系实时调度运行的安全性；另一方面，在明晰实时防洪调度风险源的基础上，分别采用随机微分方程和解析法对水库自身和下游河道控制断面进行风险评估，提高实时调度运行的可靠性。

4) 湖-库-闸联合调度风险决策方法

将 SMAA 和 TOPSIS 法进行耦合，用 TOPSIS 型效用函数改进原始 SMAA-2 中的线性加和型效用函数，所构建的 SMAA-TOPSIS 模型既是 SMAA 理论的又一延伸，同时也是 TOPSIS 法在随机环境下处理不确定信息的新形式，提高了模型求解效率和计算精度。为了同时考虑指标值和指标权重的双重不确定性，将指标值描述为服从一定分布的随机变量，建立了随机决策矩阵，并提出了指标权重的四种不同形式和定量描述方法。采用基于拉丁超抽样的蒙特卡罗算法对所构建的 SMAA-TOPSIS 模型进行求解。基于拉丁超抽样的蒙特卡罗算法求解流程如图 6.30 所示。

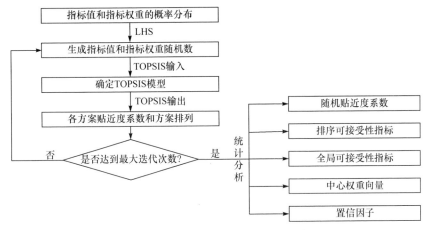

图 6.30　基于拉丁超抽样的蒙特卡罗算法求解流程

将多目标协同模拟与调控进行应用，构建了典型示范区，包括：淮河干流、8 条支流，3 条分洪河道；20 座大型水库；4 座大型闸坝；17 个行洪区；4 个蓄洪区。运用建好的模型对淮河干流淮滨至蚌埠段水位流量进行验证，计算结果与实测水位流量变化吻合较好，并将该平台应用于 2016 年、2017 年洪水预报和调控中，取得了很好的效果。

6.2.4　甬江河口建闸方案的水动力优化

修建河口挡潮闸是控制网外潮流对上游河流影响的重要工程手段。建闸将改变感潮河流原来的自然状况，对水资源利用、河道淤积、港口航道、内河交通、防洪排涝、生态环境、城市景观、沿江产业布局等都会带来影响，具有高度的敏感性和复杂性。本节以甬江为例，简要介绍河口建闸可行性论证过程中的水动力优化治理方法、关键技术与效果。

1. 甬江三江河道水问题与治理方法

甬江流域位于浙江省东部沿海，杭州湾之南，其主要河流包括奉化江、姚江及甬江干流，俗称"三江"。图 6.31 为甬江流域示意图。

2010 年以来，三江河道边滩淤积明显，水质不达标，且呈不断发展并进一步恶化的趋势，给宁波市城市防洪排涝、景观、环境、航运等产生了诸多不利的影响，主要体现在以下三个方面：①近年来河床抬升、边滩淤涨，河道过流能力减弱，对流域防洪排涝安全带来隐患；②边滩淤涨使得滩面杂草丛生，同时滩地淤泥还是滞留储存各种污染物的聚集地，导致生态环境遭到破坏；③河道淤积引起主槽缩窄和航深变浅，严重影响了三江河道的通航。

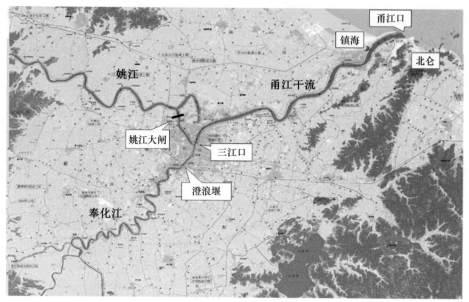

图 6.31　甬江流域示意图

三江河道水问题的主要原因在于三江口受潮流影响，咸水上潮，且三江水系连通处水沙关系不协调。甬江干流穿越宁波市区，自三江口至口门全长 25.6km，为感潮河流。在甬江中下游适当位置建设挡潮闸，配合潮汐运动规律进行合理水动力调控，使闸上游的甬江段和姚江、奉化江由浑浊的潮汐江变成清澈的淡水江，实现多目标需求。

2. 水动力优化方案设计与分析

针对上述三江河道水问题，并根据现状地形、地质条件以及多目标水动力调控目标，初步拟定四个闸址方案，分别位于宁波大学(方案一)、镇海电厂附近河道(方案二)、甬江河口内侧(方案三)及河口外侧(方案四)。基于建立的平原感潮河流水沙运动数学模型，对四个方案进行建闸工程冲淤分析。图 6.32 为闸址方案布置及模型计算范围图。

该模型主要包括潮流数学模型、悬沙输运数学模型以及甬江及其外海水沙数学模型，分别对洪、枯两季的大、中、小潮潮流场和悬沙场进行了验证，验证精度良好。应用模型计算并分析不同闸址方案、不同潮型及不同水闸启闭状态下的洪、枯两季潮流场、悬沙场及年地形冲淤变化。其中，水闸启闭状态包括水闸全年无下泄径流、水闸敞泄以及典型年的水闸调度运行。

四种方案建闸后，闸下附近的高潮位比建闸前普遍抬高，低潮位降低、潮差增大，但不同闸址方案的潮差改变量不同。关于建闸前后水流流速变化，四种方案越靠近闸下的位置，水流流速减小幅度越大，但是对于不同的涨落潮时刻，水

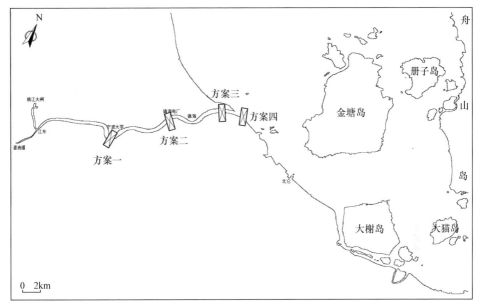

图 6.32　闸址方案布置及模型计算范围图

流流速变化特点不相同。在建闸前，落潮的潮量包含甬江径流量，使其通常大于涨潮的潮量。然而，在建闸后，挡潮闸与闸下河道岸线构成了一个半封闭的河道，涨潮的潮量和落潮的潮量大致相等。与工程前相比，甬江纳潮面积缩小，甬江的纳潮量在各个方案中都有不同程度的减少。方案中的闸口离河口越近，纳潮面积减少越多，从而纳潮量也越小。此外，建闸后，涨落潮的输沙量相比建闸前有所减少，工程后的落潮输沙量普遍小于涨潮。这个现象表明闸下河道发生了淤积。如果闸口离河口更近，那么纳潮面积就会更小，因此涨落潮的输沙量和闸下河道的淤积量也会更小。

　　建闸前甬江河道的年泥沙淤积量为 341.6 万 m³，在水闸全年无下泄径流的极端条件下，各个闸址方案对北仑港区的泥沙淤积均没有影响，但对镇海港区有影响，其中，宁波大学闸址方案和镇海电厂闸址方案对镇海港区的泥沙淤积影响较大。根据初步拟定的甬江大闸的调度原则，相对于甬江河道的淤积现状，各个方案实施后的河道淤积呈现以下特点：闸上河道淤积减少，闸下河道淤积增加；闸址离河口越近，河道泥沙淤积量增加越少，甚至可减少当前的淤积量。

　　3. 甬江河口建闸综合效益分析

　　(1) 闸上水位。甬江干流建闸将使闸上河道水体变清、日常水位升高。甬江建闸以后，闸上河道型水库正常蓄水位为 1.33m，最低蓄水位为 0.93m。根据水资源利用分析计算，建闸以后，观察多年平均情况，闸上河道型水库水位保持在正常蓄水位 1.33m 至最低蓄水位 0.93m 之间的时间约为每年 270 天，建闸后大幅度提高了干流日常水位。

(2) 闸下淤积。通过建闸工程闸下淤积数学模型分析，甬江干流建闸将引起闸下河道淤积，但是科学调度、合理冲淤可以有效地减缓闸下泥沙淤积。而闸门常年关闭是不可能发生的极端情况。建闸以后，潮流挟带的泥沙将不再侵入闸上河道，在水闸泄流时，还可将原沉积在闸上河道的部分泥沙带入水闸下游，从而使部分闸上河道得以刷深。

(3) 防洪排涝。建闸将提高三江六岸地区防洪标准、改善排涝条件。甬江建闸工程的实施，原来危害严重的风暴潮被挡在大闸以外，宁波市中心城区(三江六岸)可有效防御外海风暴潮危害，甬江干流防洪(潮)能力可由原来的 100 年一遇提高到 200 年一遇而无须加高现有堤防；平原排涝能力满足 20 年一遇设计标准，并略有改善。

(4) 水资源配置。甬江干流建闸将增加淡水资源可利用量，缓解宁波市缺水压力。在 50%保证率水文年条件下，因建闸所增加的淡水资源可利用量为 1.32 亿 m³，约为 2020 年宁波市中心城区河网规划调水量的 1.4 倍。可供两岸平原工农业用水，缓解自姚江调水的压力，增加平原河网环境用水，为宁波地区内河河网水资源配置提供更大空间。

(5) 生态环境。甬江干流建闸可能降低闸上河道水质，并对洄游性生物产生阻隔。自奉化江和姚江的来水，无论是标准来水还是现状来水，在 90%及 75%保证率下，闸上化学需氧量浓度基本能满足Ⅳ类水标准，但在 90%保证率下，闸上 NH₃-N 浓度均超过Ⅳ类水标准。在 75%保证率下标准来水时，NH₃-N 浓度基本能达到Ⅳ类水标准，满足水功能区划要求。在水生态系统现状评价的基础上，针对建闸后水文情势变化，进行了建闸对水生态系统的影响预测。建闸对水生生物起阻隔作用，闸上"咸水"变"淡水"，"动水"变"静水"，下游水文情势发生变化和泥沙淤积，将改变现状水生态系统，影响其种群结构、生物群落和数量组成。其中，大闸对洄游性生物的阻隔作用影响最显著。

(6) 地区航运。建闸将改善闸上航道通航条件。除宁波大学闸址外，常水位下可基本满足甬江航道通航 3000 吨级海轮的要求。甬江建闸将使甬江航道部分或全部转变为内河闸控航道。航道内建闸将相应增加船舶运输成本和在途时间。甬江口建闸将使镇海港区从河口港转变为内河港，部分现有岸线和陆域空间将被占用。对甬江口内侧方案，镇海港区主体范围几乎全部被水闸工程占用，因此镇海港区需另外选址。对甬江口外侧方案，镇海港区甬江口外侧 17#～19#泊位和甬江口内侧 12#～16#泊位将被水闸工程占用，失去液体化工功能片区，镇海港区功能将受较大影响。在甬江口建闸，镇海港区将遭受重大的经济损失，并进而可能引起地区运输业业内重组。

(7) 经济效益。甬江干流建闸与保护、整治、开发相互协调的河道整治相结合，将使宁波这个沿海、沿江城市的自然、人文资源得到合理配置，使得各类产业相互衔接形成产业纽带，促进城市产业结构的优化升级。甬江干流建闸将加快宁波城市向北拓展的步伐，促进三江片、镇海片、北仑片的融合发展，形成宁波中心城组团发展格局，进一步提升宁波中心城发展水平，强化城市创新和服务功能，提升城市文化和生活品位。

6.3 本 章 小 结

本章介绍了平原河网多维度、多工程耦合模型，平原河网水动力过程高精度模拟技术方法；针对河网水动力模型计算量大、计算速度慢、难以满足实时预测的要求等问题，以及由于缺乏部分实测资料而难以准确模拟河网水位的难点，提出了基于人工智能的平原河网实时模拟理论，包括河网水流参数智能反演理论和河网非恒定流智能模型；将模型等价原理、非线性作用机理辨识方法、人工智能理论与数学模型相结合，建立了具有先验知识概念和智能化特征的复杂河网多目标水力调控智能决策方法。最终介绍了河网多目标水力调控技术在长江三角洲、淮河流域的多目标治理工程以及甬江河口建闸论证中的成功应用。

水动力是平原河网复合水问题的共同本源。水动力重构理论和多目标水力调控技术的提出，可以针对水动力不适应的问题，利用现有工程体系重构满足多目标需求的水动力时空分布，为实现"节水优先、空间均衡、系统治理、两手发力"十六字治水方略提供重要的技术支撑。

参 考 文 献

[1] 张二骏, 张东生, 李挺. 河网非恒定流的三级联合解法. 华东水利学院学报, 1982, 10(1): 4-16.

[2] Leendertse J J, Alexander R C, Liu S K. A three-dimensional model for estuaries and coastal seas: Volume Ⅳ, turbulent energy computation. RAND Report, 1977.

[3] 陈文龙, 宋利祥, 邢领航, 等. 一维-二维耦合的防洪保护区洪水演进数学模型. 水科学进展, 2014, 25(6): 848-855.

[4] 张绪进, 樊卫平, 张厚强. 低闸枢纽泄流能力研究. 水利学报, 2005, 36(10): 1246-1251.

[5] 华子平. 对淹没宽顶堰泄流能力计算公式的探讨. 河海大学学报(自然科学版), 1998, 26(3): 97-101.

[6] 袁新明, 邓继军, 祁国军. 高淹没度下平底宽顶堰流量计算问题探讨. 水利水电科技进展, 2010, 30(4): 22-24.

[7] 袁新明, 洪家宝. 平底板水闸闸孔淹没出流的判别和流量计算. 扬州大学学报(自然科学版), 1998, 1(3): 67-69.

[8] 胡肖峰, 谷汉斌, 周华兴. 平板门闸孔淹没出流流量系数推求. 水科学与工程技术, 2006, (4): 20-22.

[9] Beliziansky V M. Design and Operation of Hydraulic Structures. Moscow: Gosstroyizdat, 1966.

[10] 郝增祥, 张震, 陈德祥. 南科院宽顶堰过流公式的改进. 水利水电技术, 2004, 35(4): 54-56.

[11] 中华人民共和国水利部. 水闸设计规范(SL 265—2016). 北京: 中国水利水电出版社, 2004.

[12] 武汉水利电力学院水力学教研室堰闸水力特性科研小组. 闸孔出流水力特性的研究. 武汉大学学报(工学版), 1974, (1): 43-72.

[13] 杨松彬, 董志勇. 河网概化密度对平原河网水动力模型的影响研究. 浙江工业大学学报, 2007, 35(5): 567-570.

[14] 吴挺峰, 周鳄, 崔广柏, 等. 河网概化密度对河网水量水质模型的影响研究. 人民黄河, 2006, 28(3): 46-48.

[15] 刘曾美, 吴俊校, 黄国如. 河渠弯道缓流水面曲线计算探讨. 水利水运工程学报, 2008, (2): 54-59.

[16] 蒋艳, 雷正雄. Preissmann 隐式格式在弯曲河道中的应用. 水资源保护, 2001, 17(3): 39-41.

[17] 史莹, 江春波, 陈正兵, 等. 弯曲河道对水流流态影响数值模拟. 水利学报, 2013, 44(9): 1050-1057.

[18] Zanichelli G, Caroni E, Fiorotto V. River bifurcation analysis by physical and numerical modeling. Journal of Hydraulic Engineering, 2004, 130(3): 237-242.

[19] Brunner G W. HEC-RAS River Analysis System. Hydraulic reference manual. Version 1.0. Davis: Hydrologic Engineering Center, 1995.

[20] 李大鸣, 林毅, 刘雄, 等. 具有闸、堰的一维河网非恒定流数学模型及其在多闸联合调度中的应用. 水利水电技术, 2010, 41(9): 47-51.

[21] 刘芹, 方国华, 孙洪滨, 等. 环状河网堰闸过流追赶系数计算方法研究. 水动力学研究与进展(A 辑), 2015, 30(5): 571-579.

[22] 姜恒志, 汪守东. 具有堰的环状河网中追赶系数的新求法. 水动力学研究与进展(A 辑), 2010, 25(3): 398-405.

[23] Fread D L, Smith G F. Calibration technique for 1-D unsteady flow models. Journal of the Hydraulic Division, 1978, 104(7): 1027-1043.

[24] 金忠青, 韩龙喜, 张健. 复杂河网的水力计算及参数反问题.水动力学研究与进展(A 辑), 1998, 13(3): 280-285.

[25] 韩龙喜, 金忠青. 三角联解法水力水质模型的糙率反演及面污染源计算. 水利学报, 1998, 29(7): 30-34.

[26] Atanov G A, Evseeva E G, Meselhe E A. Estimation of roughness profile in trapezoidal open channels. Journal of Hydraulic Engineering, 1999, 125(3): 309-312.

[27] 李光炽, 周晶晏, 张贵寿. 用卡尔曼滤波求解河道糙率参数反问题. 河海大学学报(自然科学版), 2003, 31(5): 490-493.

[28] Ding Y, Jia Y F, Wang S S Y. Identification of Manning's roughness coefficients in shallow water flows. Journal of Hydraulic Engineering, 2004, 130(6): 501-510.

[29] 程伟平, 刘国华. 基于广义逆理论的河网糙率反演研究. 浙江大学学报(工学版), 2005, 39(10): 1603-1608.

[30] 雷燕, 唐洪武, 周宜林, 等. 遗传算法在河网糙率参数反演中的应用. 水动力学研究与进展(A 辑), 2008, 23(6): 612-617.

彩　　图

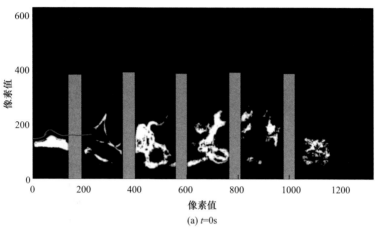

(a) *t*=0s

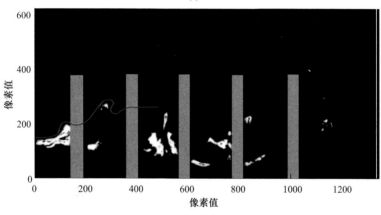

(b) *t*=1.36s

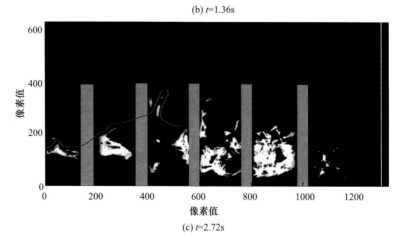

(c) *t*=2.72s

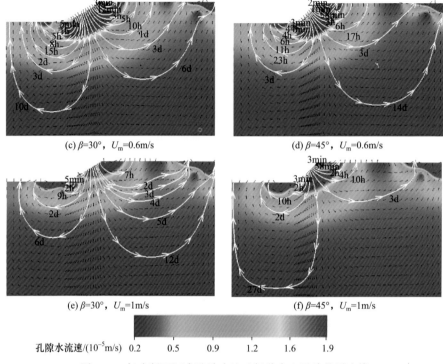

(c) $\beta=30°$，$U_m=0.6m/s$

(d) $\beta=45°$，$U_m=0.6m/s$

(e) $\beta=30°$，$U_m=1m/s$

(f) $\beta=45°$，$U_m=1m/s$

孔隙水流速/$(10^{-5}m/s)$ 0.2   0.5   0.9   1.2   1.6   1.9

图 4.38   复式断面河床孔隙水流速场分布和示踪粒子迹线

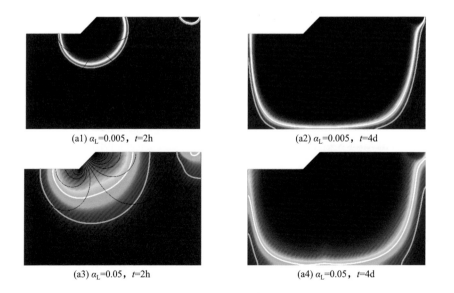

(a1) $\alpha_L=0.005$，$t=2h$

(a2) $\alpha_L=0.005$，$t=4d$

(a3) $\alpha_L=0.05$，$t=2h$

(a4) $\alpha_L=0.05$，$t=4d$

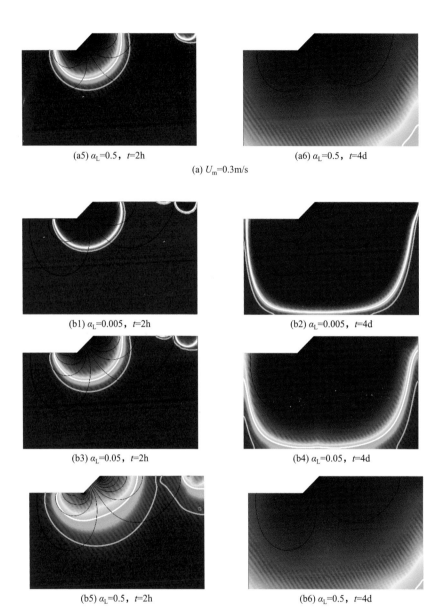

(a5) $\alpha_L=0.5$，$t=2h$ (a6) $\alpha_L=0.5$，$t=4d$

(a) $U_m=0.3m/s$

(b1) $\alpha_L=0.005$，$t=2h$ (b2) $\alpha_L=0.005$，$t=4d$

(b3) $\alpha_L=0.05$，$t=2h$ (b4) $\alpha_L=0.05$，$t=4d$

(b5) $\alpha_L=0.5$，$t=2h$ (b6) $\alpha_L=0.5$，$t=4d$

(b) $U_m=0.6m/s$

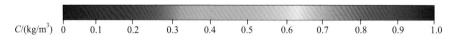

$C/(kg/m^3)$ 0   0.1   0.2   0.3   0.4   0.5   0.6   0.7   0.8   0.9   1.0

图 4.42　污染物进入河床的浓度分布图

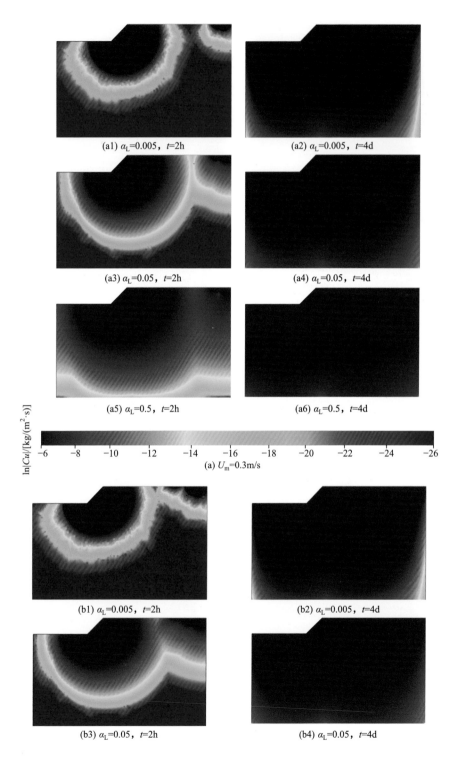

(a1) α_L=0.005, t=2h   (a2) α_L=0.005, t=4d

(a3) α_L=0.05, t=2h   (a4) α_L=0.05, t=4d

(a5) α_L=0.5, t=2h   (a6) α_L=0.5, t=4d

$\ln|Cu|/[kg/(m^2 \cdot s)]$

-6   -8   -10   -12   -14   -16   -18   -20   -22   -24   -26

(a) U_m=0.3m/s

(b1) α_L=0.005, t=2h   (b2) α_L=0.005, t=4d

(b3) α_L=0.05, t=2h   (b4) α_L=0.05, t=4d

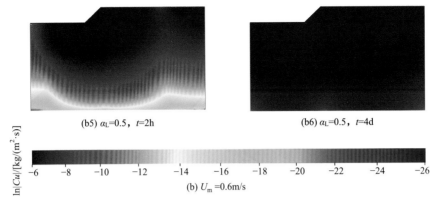

(b5) $\alpha_L=0.5$，$t=2$h   (b6) $\alpha_L=0.5$，$t=4$d

$\ln|Cu|/[\mathrm{kg}/(\mathrm{m}^2\cdot\mathrm{s})]$

-6 -8 -10 -12 -14 -16 -18 -20 -22 -24 -26

(b) $U_m=0.6$m/s

图 4.45 不同上覆水平均流速与不同水动力弥散系数下的对流通量 $|Cu|$ 分布

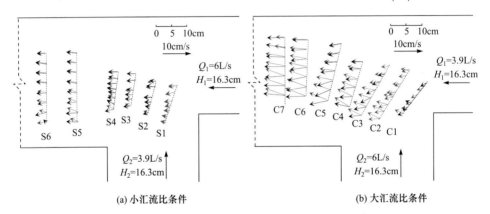

(a) 小汇流比条件   (b) 大汇流比条件

图 4.48 交汇区近水面和近底面的时均水平流速场

H_1. 主流的水深；H_2. 支流的水深；Q_1. 主流的流量；Q_2. 支流的流量；C1~C7. 大汇流比条件下的断面；S1~S6. 小汇流比条件下的断面；←— 近水面；⬅— 近底面

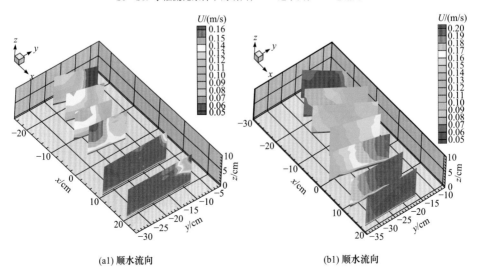

(a1) 顺水流向   (b1) 顺水流向

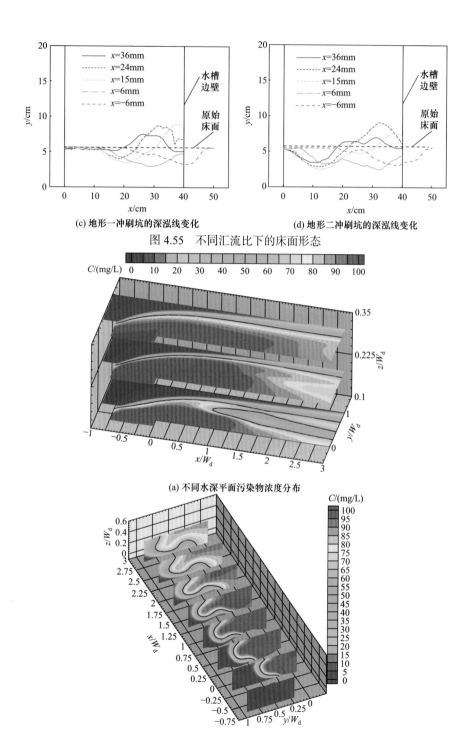

(c) 地形一冲刷坑的深泓线变化　　　　　　(d) 地形二冲刷坑的深泓线变化

图 4.55　不同汇流比下的床面形态

(a) 不同水深平面污染物浓度分布

(b) 沿程断面污染物浓度分布

图 4.61　污染物浓度分布

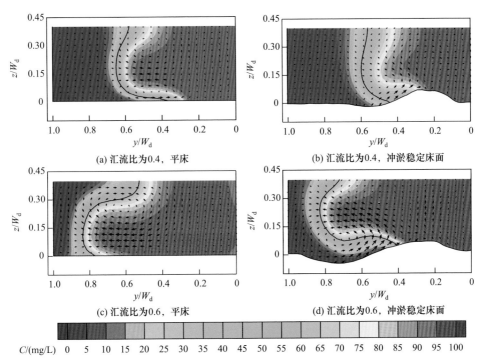

(a) 汇流比为0.4，平床   (b) 汇流比为0.4，冲淤稳定床面

(c) 汇流比为0.6，平床   (d) 汇流比为0.6，冲淤稳定床面

图 4.64   90°交汇 x/W_d=0.75 断面污染物浓度及断面流速矢量分布图(断面流速矢量大小为 0.1m/s)

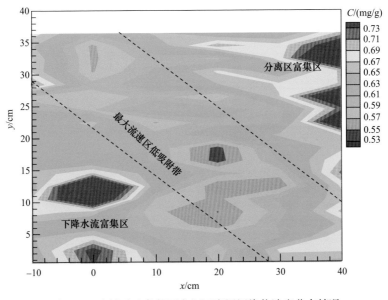

图 4.67   水槽试验条件下交汇区底泥污染物浓度分布情况

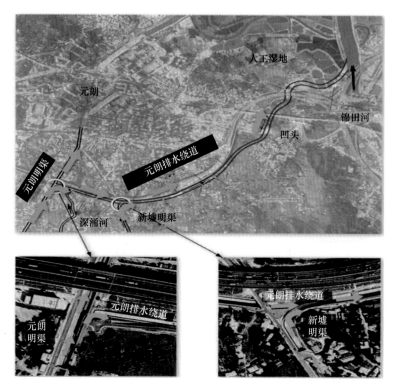

图 5.3 元朗排水绕道工程地理位置及实施效果图

图 5.18 正向引水时消能消力池水流流态

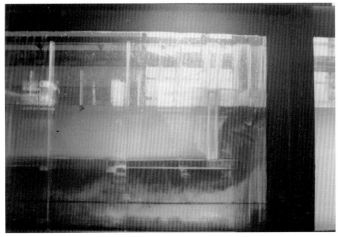
图 5.19   泵站底层流道自引水流流态

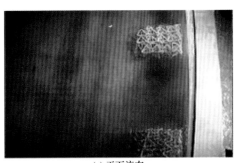

(a) 平面流态

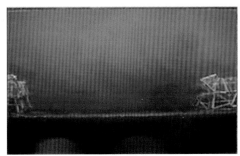

(b) 立面流态

图 5.25   框架群间隔区示踪液分布图

  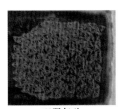 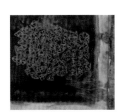

初始状态　　　　　　单翼起动　　　　　　双翼起动　　　　　　整体破坏

(a) 光滑床面

 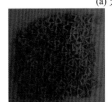 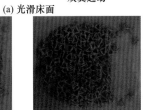 

初始状态　　　　　　单翼起动　　　　　　双翼起动　　　　　　整体破坏

(b) 粗糙床面

图 5.33   四面体透水框架群整体破坏过程

(a) 未放置旋翼式扬沙器的泥沙淤积形态　　　　(b) 放置旋翼式扬沙器后的泥沙淤积形态

图 5.48　放置旋翼式扬沙器前后的泥沙淤积形态

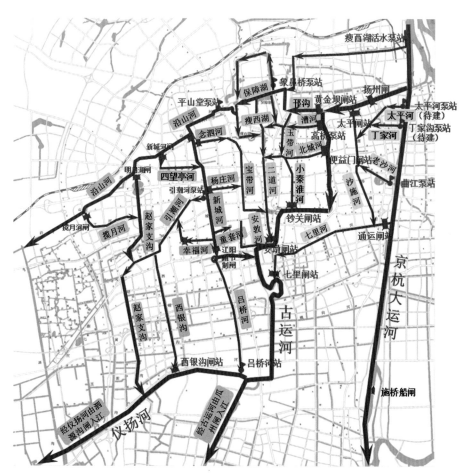

图 6.26　扬州城区区域水系图